中等职业教育国家规划教材

全国中等职业教育教材审定委员会审定

金属熔焊基础

（焊接专业）

第 3 版

主 编　赵 枫　英若采　王英杰

参 编　赵 辉　刘 宇　刘东虹　胥 俊

　　　　赵学东　王丽宁　梁青云

机 械 工 业 出 版 社

本书内容共分六章。前三章为金属材料基础知识，主要介绍了金属材料的性能、金属的结构和组织、钢的热处理、常用金属材料等，增加了焊接常用的工程结构用钢内容；后三章主要对熔焊热过程的特点、焊缝冶金与结晶过程及组织性能变化规律做了较系统的论述，同时较详细地介绍了焊接材料的种类及选用方法，并分析了焊接缺陷的形成原因与防止措施，内容针对性强，重点突出。

全书修订后，内容注重介绍焊接成熟性理论知识，并注意与实践相结合，因此突出了学习重点。每章后均有小结和习题，以便掌握所学知识。为便于教学，本书另配备了电子教案和习题答案，选择本书作为教材的教师可登录 www.cmpedu.com 注册及免费下载。

本书主要作为中等职业学校焊接专业的专业课教材，也可作为焊接技工及技术人员的参考书。

图书在版编目（CIP）数据

金属熔焊基础/赵枫，英若采，王英杰主编 . —3 版 . —北京：机械工业出版社，2018.7（2023.9 重印）
中等职业教育国家规划教材　全国中等职业教育教材审定委员会审定
ISBN 978-7-111-60145-6

Ⅰ.①金…　Ⅱ.①赵…　②英…　③王…　Ⅲ.①熔焊—中等专业学校—教材　Ⅳ.①TG442

中国版本图书馆 CIP 数据核字（2018）第 122251 号

机械工业出版社（北京市百万庄大街 22 号　邮政编码 100037）
策划编辑：齐志刚　责任编辑：朱琳琳
责任校对：肖　琳　封面设计：马精明
责任印制：常天培
北京机工印刷厂有限公司印刷
2023 年 9 月第 3 版第 4 次印刷
184mm×260mm · 14 印张 · 334 千字
标准书号：ISBN 978-7-111-60145-6
定价：45.00 元

电话服务　　　　　　　　网络服务
客服电话：010-88361066　　机 工 官 网：www.cmpbook.com
　　　　　010-88379833　　机 工 官 博：weibo.com/cmp1952
　　　　　010-68326294　　金 书 网：www.golden-book.com
封底无防伪标均为盗版　机工教育服务网：www.cmpedu.com

中等职业教育国家规划教材出版说明

为了贯彻《中共中央国务院关于深化教育改革全面推进素质教育的决定》精神，落实《面向 21 世纪教育振兴行动计划》中提出的职业教育课程改革和教材建设规划，根据教育部关于《中等职业教育国家规划教材申报、立项及管理意见》（教职成〔2001〕1 号）的精神，我们组织力量对实现中等职业教育培养目标和保证基本教学规格起保障作用的德育课程、文化基础课程、专业技术基础课程和 80 个重点建设专业主干课程的教材进行了规划和编写，从 2001 年秋季开学起，国家规划教材将陆续提供给各类中等职业学校选用。

国家规划教材是根据教育部最新颁布的德育课程、文化基础课程、专业技术基础课程和 80 个重点建设专业主干课程的教学大纲（课程教学基本要求）编写的，并经全国中等职业教育教材审定委员会审定。新教材全面贯彻素质教育思想，从社会发展对高素质劳动者和中、初级专门人才需要的实际出发，注重对学生的创新精神和实践能力的培养。新教材在理论体系、组织结构和阐述方法等方面均做了一些新的尝试。新教材实行一纲多本，努力为教材选用提供比较和选择，满足不同学制、不同专业和不同办学条件的教学需要。

希望各地、各部门积极推广和选用国家规划教材，并在使用过程中，注意总结经验，及时提出修改意见和建议，使之不断完善和提高。

教育部职业教育与成人教育司

第3版前言

中等职业教育国家规划教材（焊接专业）系列丛书自出版以来，深受中等职业教育院校师生的认可，经过多轮的教学实践和不断修订完善，已成为焊接专业在职业教育领域的精品套系。为深入贯彻落实《国家教育事业发展"十三五"规划》文件精神，确保经典教材能够切合现代职业教育焊接专业教学实际，进一步提升教材的内容质量，机械工业出版社于2017年3月在渤海船舶职业学院召开了"中等职业教育国家规划教材（焊接专业）修订研讨会"，与会者研讨了现代职业教育教学改革和教学实际对该专业教材内容的要求，并在此基础上对系列教材进行了全面修订。

考虑到近年来各校在教学过程中发现的问题和弧焊电源与设备的不断发展、更新，结合部分使用本书师生的意见和建议，并经会议研讨，我们对教材的内容进行了修订，使修订版更为完善和实用，并符合职业教育的特色和"双证制"教学的需要。修订版保留了原教材的基本体系和风格，主要从以下几方面进行了修订。

1）对教材中的部分表格进行了修改和更换，使内容更精炼、直观和典型。

2）文字叙述更精炼、更准确，通俗易懂。在教材中采用了现行国家标准。

3）对教材中的个别图进行了替换和修改，使图的形式更统一和准确，而且更形象和直观。

4）对教材中的部分定义和概念进行了修订，如过冷奥氏体的连续冷却、退火、完全退火、球化退火、去应力退火、正火、淬火、回火、表面淬火、化学热处理等概念。

5）补充了部分实物图片，增强了直观性。

6）补充了部分新内容，如增加了拓展知识、史海探析、分析与对比等栏目。

7）在"习题与思考题"中，增设了"课外交流与探讨"活动。

本次重印修订坚决贯彻党的二十大精神和理念，以学生的全面发展为培养目标，融"知识学习、技能提升、素质教育"于一体，严格落实立德树人根本任务。

本书由赵枫、英若采、王英杰担任主编，参加编写和修订的还有赵辉、刘宇、刘东虹、胥俊、赵学东、王丽宁和梁青云。

在修订过程中参考了大量的文献资料，在此向文献资料的作者致以诚挚的谢意。虽经过了修订，书中难免仍有不妥之处，恳请广大读者指正。

编　者

第2版前言

本书是经中等职业教育教材委员会审定，依据"教育部关于制定《2004—2007年职业教育教材开发编写计划》的通知"等文件的精神，在第1版的基础上修订而成的。

此次修订保留了原教材的编写特点，即本书由"金属材料及热处理"和"熔焊原理"两大部分技术基础理论组成。包括六个章节的内容。在修订本书时主要进行的工作有：

1）注意使"金属材料"部分与"熔焊原理"部分的知识衔接和呼应，保证前后内容及专业体系的完整性。

2）根据中等职业教育的特点和要求，教材的理论部分论述更简明，突出应用的特点，删去了较深的理论。

3）在金属学基础的内容中完善了"金属的性能"一节，使学生对金属材料的性能有一个全面的了解。

4）常用金属材料部分增加了"焊接中常见的工程构件用钢"内容。

5）精减了"焊接冶金基础"的内容，注意介绍成熟的基础理论，减少了不必要的探讨和推导，使论述更清楚、明了。

6）注意加强焊接材料内容的更新，并增加了"焊接气体"一节内容。

7）每章后面都增加了小结，并对习题内容做了重新编写，以加强学生对知识的理解和增加学生对学习的兴趣。

本书由赵枫、英若采主编，赵辉修订、编写第三章、第六章，刘宇修订、编写第四章，刘东虹修订、编写第五章，胥俊修订、编写第二章，其余由赵枫修订、编写。全书最后由赵枫整理定稿。

本书是在第1版的基础上修订而成的，对于原作者的前期大量工作，编者向他们表示深切的谢意。

限于编者的水平，书中难免存在疏漏和不妥之处，敬请广大读者批评指正。

编　者

第1版前言

本教材为《面向 21 世纪中等职业教育国家规划教材》之一。根据国家教育部职教司 2001 年颁布的中等职业学校焊接专业"金属熔化焊基础"课程教学大纲编写。

《金属熔化焊基础》是中等职业学校焊接专业一门重要的专业课教材。其任务是使学生在具备一定的基础知识和操作技能的基础上，掌握培养目标所必备的专业基础理论，并为学好后续课程打下基础。根据中等职业教育培养中、初级专门人才的目标，适当考虑毕业生在日后工作中进一步提高的需要，教材内容以培养学生分析和解决生产中实际问题的能力为中心，在体系与内容安排上，打破原中专课程体系，将原来涉及二三门课程的内容有机结合在一起。这样不仅可以在很大程度上克服过去由于强调学科完整性而造成的理论过多、过深的弊端，以减轻学生的负担，而且也有利于淡化中专与职业高中培养对象的差异，淡化技术人员和操作人员的界限。

全书共分六章，第一章介绍金属学的基础知识；第二章介绍热处理工艺及基本理论；第三章介绍工业中常用的金属材料；第四章介绍金属在熔化焊过程中成分、组织及性能变化的规律；第五章介绍常用的焊接材料；第六章介绍生产中常见焊接缺陷的产生与防止。

本书由四川工程职业技术学院英若采、杨智民编写。其中第一、二、三章由杨智民编写，其余部分由英若采编写。由英若采担任主编，经董芳审阅。

本书由燕山大学崔占全教授担任责任主审，由崔占全、赵品老师审稿。他们在审稿中对书中内容及体系提出很多中肯的宝贵意见，在此表示衷心的感谢。

在编写中，四川工程职业技术学院有关领导及焊接实验室在人力、物力上给予了大力支持，对此亦表示感谢。

由于编者水平有限，书中缺点与错误在所难免，恳请广大读者批评指正。

编　者

目　　录

绪　　论

材料是人类社会发展的物质基础，材料科学的发展代表着科学技术的发展，而焊接技术的进步是与材料的发展密切相关的。大部分金属材料，尤其工程结构材料的焊接性是一项重要的工艺性能指标。

焊接是现代化工业生产中金属加工的主要方法之一，其广泛应用于机械制造、建筑、电力、造船、航空（天）、核能等行业，尤其在机车车辆、石油化工机械、工业设备、船舶、压力容器、管道等制造业中占有重要地位。

一、金属材料的分类及在国民经济中的作用与地位

1. 金属材料的相关概念

金属是指具有良好的导电性和导热性，有一定的强度和塑性，并具有光泽的物质，如金、银、铜、铝、锌、铁等。金属材料是由金属元素或以金属元素为主要材料、其他金属或非金属元素为辅构成的，并具有金属特性的工程材料。

金属材料包括纯金属和合金。纯金属是指不含其他杂质或其他金属成分的金属。纯金属虽然具有一定的用途，但由于其强度和硬度一般都较低，而且冶炼纯金属的技术比较复杂，其价格也较高，因此，在工农业生产的应用方面受到较大的限制。目前，在工农业生产、建筑、国防建设中广泛使用的大多是合金状态的金属材料。

合金是指两种或两种以上的金属元素或金属与非金属元素组成的金属材料。例如，青铜一般是由铜和锡组成的合金，普通黄铜是由铜和锌组成的合金，普通白铜是由铜和镍组成的合金，非合金钢是由铁和碳组成的合金，合金钢是由铁、碳加合金元素组成的合金等。与纯金属相比，合金除具有良好的力学性能外，还可以通过调整组成元素之间的比例，获得一系列性能各不相同的合金，满足不同的使用性能需要。

2. 金属材料的分类

金属材料的种类很多，为了分类方便，可将金属材料分为钢铁材料和非铁金属两大类（图0-1）。

（1）钢铁材料　钢铁材料（或称黑色金属）是指以铁或以铁为主而构成的金属材料，如工业纯铁、碳素钢、铸铁以及各种用途的结构钢、耐磨钢、工具钢、不锈钢、耐热钢、高温合金、精密合金等。广义的钢铁材料还包括铬、锰及其合金。

生铁是由铁矿石经高炉冶炼获得的，它是炼钢和铸件生产的主要原材料。钢材生产首先将生铁装入高温的炼钢炉里，通过氧化作用降低生铁中碳元素和杂质元素的含量，并使其达到需要的钢液成分，然后将钢液浇注成钢锭或连续坯，再经过热轧或冷轧后，制成各种类型的型钢（如板材、管材、型材、线材及异形钢材）。

钢材按脱氧程度的不同，可分为特殊镇静钢（TZ）、镇静钢（Z）、半镇静钢（b）和沸腾钢（F）四种。其中，特殊镇静钢的质量最好，镇静钢次之，半镇静钢再次之，沸腾钢最差。

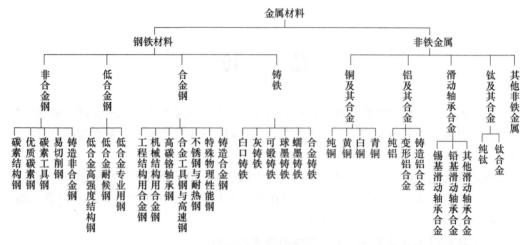

图 0-1　金属材料分类

【史海探析】　1953 年在河北兴隆地区发掘出的用来铸造农具的铁模子，证明早在公元前 6 世纪即春秋末期，我国就已出现了人工冶炼的铁器，当时铁制农具已大量地应用于农业生产中。我国古代还创造了三种炼钢方法：第一种是战国晚期从矿石中直接炼出的自然钢，用这种钢制作的刀剑在东方各国享有盛誉，后来在东汉时期传入欧洲；第二种是西汉期间经过"百次"冶炼锻打的百炼钢；第三种是南北朝时期的灌钢，即先炼铁，后炼钢的两步炼钢技术，这种炼钢技术我国比其他国家早 1600 多年，直到明朝之前的 2000 多年间，我国在钢铁生产技术方面一直领先于世界。

但在相当长的历史时期内，由于受到采矿和冶炼技术的限制，大规模的炼钢技术直到 18 世纪欧洲工业革命后才开始在世界范围内逐渐兴起，钢铁材料也因此成为现代工业的主要工程材料。

（2）非铁金属　非铁金属（或称有色金属）是指除铁、铬、锰以外的所有金属及其合金，如金、银、铜、铝、镁、锌、钛、锡、铅、钼、钨、镍等。在国民经济生产中，非铁金属一般用于特殊场合。非铁金属按密度大小分类，通常可分为轻金属（金属密度小于 5×10^3 kg/m^3）和重金属（金属密度大于 $5 \times 10^3 kg/m^3$）。非铁金属按其在地球上的储量和价值，可分为贵金属（如金、银、铂等）、稀有金属（如钨、钼、钒、锂、钴等）和稀土金属等。非铁金属按熔点的高低分类，可分为难熔金属和易熔金属。熔点高的金属称为难熔金属（如钨、钼、钒等），可以用来制造耐高温零件，它们在火箭、导弹、燃气轮机和喷气飞机等方面得到了广泛应用。熔点低的金属称为易熔金属（如锡、铅等），可以用来制造印刷铅字（铅与锑的合金）、熔丝（铅、锡、铋、镉的合金）和防火安全阀等零件。非铁金属按是否具有放射性来分，可分为放射性金属（如镭、铀、钍等）和非放射性金属。

【史海探析】　我国使用青铜（铜锡合金）的历史可以追溯到夏代以前，虽然我国在青铜冶炼技术方面晚于古埃及和西亚，但发展较快。到了商代和周代，青铜冶炼技术已经发展到较高水平，青铜已经用于制造各种工具、器皿和兵器。春秋战国时期，我国劳动人民通过实践，总结出了青铜化学成分与其性能和用途之间的关系。例如，《周礼·考工记》中总结出"六齐"规律（齐是指合金，金是指铜）："六分其金而锡居一，谓之钟鼎之齐；五分其金而锡居一，谓之斧斤之齐；四分其金而锡居一，谓之戈戟之齐；三分其金而锡居一，谓之大刃之齐；五分其金而锡居二，谓之削杀矢之齐；金、锡半，谓之鉴燧之齐。"到了秦朝，青铜在军队兵器制造方面的技术已相当高，并在全国范围内将青铜兵器的化学成分、性能和用途进行了标准化生产和管理，统一了各种兵器的制造标准和要求。

3. 金属材料在国民经济中的作用与地位

金属材料与人类文明的发展以及社会的进步密切相关，是社会发展的物质基础和重要的里程碑，它象征着人类在征服自然、发展社会生产力方面迈出了具有深远历史意义的一步，有力地促进了社会生产力的发展。人类使用和加工金属材料的历史已有 6000 多年。人类利用金属材料制作了工具、设备及设施，不断改善了自身的生存环境与空间，创造了丰富的物质文明和精神文明，尤其是大规模生产钢铁材料（黑色金属）及非铁金属（有色金属）技术的出现，使金属材料的应用得到迅速增长，并成为国民经济的重要基础和支柱性产业之一。目前，随着农业现代化、工业现代化、国防和科学技术现代化的发展，金属材料的消耗量不断增加，金属材料在国民经济中的作用和地位也越来越突出。例如，机械装备、铁路、建筑（图 0-2）、桥梁、化工、汽车、舰船（图 0-3）、枪械以及飞机、航天飞机、导弹、火箭、卫星、计算机等高科技领域都需要使用金属材料。因此，金属材料在一个国家的国民经济中具有重要的作用和地位，它是国民经济、人民日常生活及国防工业、科学技术发展必不可少的基础性材料和重要的战略物资。

图 0-2　建筑

图 0-3　航空母舰

二、焊接与熔焊

1. 焊接

焊接是通过加热或加压，或两者并用，并且用或不用填充材料，使工件达到结合的一种方法。根据焊接时加热的程度以及是否加压，可将焊接分为熔焊、压焊、钎焊三大类（图 0-4）。焊接时，将待焊处的母材金属熔化以形成焊缝的焊接方法称为熔焊；焊接过程中，必须对焊件施加压力（加热或不加热）以完成焊接的方法称为压焊；采用熔点比母材熔点低的金属材料作钎料，将焊件与钎料加热到高于钎料熔点，低于母材熔化温度，利用液体钎料润湿母材，填充接头间隙，并与母材相互扩散实现连接的方法称为钎焊。本教材的内容就是介绍与熔焊相关的基础知识。

2. 熔焊

相对于压焊和钎焊，熔焊时焊缝将工件连成一个整体，焊接的力学性能（或化学性能）可与母材达到一致，焊接接头强度高、成分与焊件相同。因此，在制造业中，熔焊大多用于

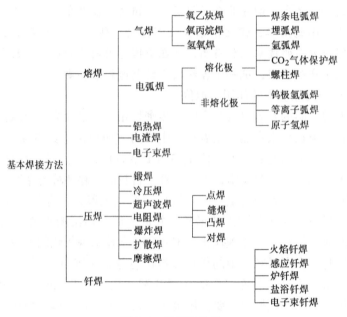

图 0-4　焊接的分类

受力大、要求高的重要构件制作，熔焊方法在焊接生产中占据着主导地位，尤其在锅炉、船舶、压力容器制造生产中具有不可替代的位置。

在机械制造中，连接的方法很多，除焊接外，还有螺栓连接、铆钉连接、粘接等（图 0-5）。其中螺栓连接是可以拆卸的；而其他几种连接只有将接头破坏才能拆开，属于不可拆卸（或永久性）的连接。

与其他连接方法相比，熔焊具有以下优点：

（1）节约材料　焊接接头在连接部位没有重叠部分，也不需要附加的连接件（如铆钉），从而减少了材料的消耗，降低了结构自重及生产成本。

（2）工艺过程比较简单　焊件不需开孔加工，也不需制造连接附件，同时焊接本身生产率高，大大缩短了制造周期。

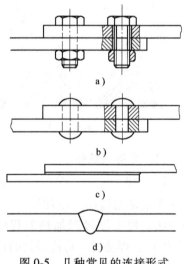

图 0-5　几种常见的连接形式
a）螺栓连接　b）铆钉连接
c）粘接　d）熔焊

（3）质量高　熔焊的结合部位（焊接接头）不仅可以获得与母材相同的力学性能，而且其他使用性能（耐热性、耐蚀性等）也都能够与母材相匹配，特别是不需采用特殊措施即可获得优良的密封性，使其成为在压力容器与船舶制造中首选的连接方法。

（4）可充分发挥设备和材料的潜力　焊接可以将较大的产品分段制造，不仅能制造由不同材料连接而成的双金属结构，还可将不同方法制造的毛坯连接成铸—焊、铸—锻—焊复合结构。这样，既可充分利用不同材料的特性，又可用较小的设备制造出尺寸较大的产品。

（5）劳动条件好　劳动强度低，噪声小。

由于具备了上述优点，熔焊获得了广泛应用。在工业发达国家，制造焊接结构所用的钢材约占钢材总量的一半。

但也要指出，熔焊过程中由于高温加热，会使某些金属材料的性能降低，甚至影响产品的安全运行。因此，目前还不能说熔焊技术可适用于任何一种金属材料。但可确信，随着焊接技术的发展，熔焊的应用范围会进一步扩大。

三、焊接技术发展简介

熔焊技术在 19 世纪 80 年代末开始用于工业生产，虽然时间不长，但发展非常迅速。焊接技术的发展与进步主要表现在新材料、新焊接方法的应用，设备的机械化、自动化程度不断提高以及应用范围日益扩大等几个方面。从材料的角度看，焊接技术的发展主要有以下几个方面：

1）被焊金属的强度越来越高。例如，钢的焊接，被焊材料的抗拉强度已经从 400MPa 发展到 1200MPa 以上。

2）新型焊接材料的大量使用。例如，以前大量使用的药皮焊条已逐步被更高效的药芯焊条、粉芯焊条所替代。

3）高效焊接工艺方法不断涌现。例如，自动焊接、半自动焊接方法的广泛应用，大大提高了焊接生产率。

可以认为：新材料的开发和应用，为焊接新工艺的研制提供了基础，从而使焊接技术的应用范围不断扩大。高、新、精金属产品的不断问世，对焊接技术提出了更高要求，将会使焊接技术发展到一个新的水平。目前焊接技术已发展成为一门独立的学科，成为工业生产不可缺少的加工工艺。

我国的焊接事业基本上是新中国成立后才开始起步的，但在较短的时间内就取得了惊人的进步和可喜的成就。20 世纪 50 年代初，我国就掌握了桥式起重机和客货轮的焊接技术。在 20 世纪 60 年代，成功地设计与制造了全焊结构的 1.2×10^8N 水压机，解决了当时缺乏大型加工及冶金设备的困难。

改革开放以来，随着国家重点开发材料、能源、交通、石油化工等基础工业的战略实施，焊接技术的应用与进步取得了举世瞩目的成就。焊接技术不仅成功地应用于大型水力和火力发电成套设备、国内容积最大的高炉、跨度最大的大吨位桥式起重机的制造中，还成功地用于核电站，以及过去完全依赖进口的热壁加氢反应器等建造中。与此同时，在引进国外先进技术的基础上，还对大中型骨干企业进行了设备更新和改造。先进的焊接技术与控制系统已在较大范围内得到了应用。

在我国的许多重点项目，如秦山核电站、西气东输、三峡水利枢纽，以及国家体育场（鸟巢）等工程中，焊接技术占有举足轻重的地位。随着新材料、新工艺、新设备的应用，我国的焊接技术水平将会不断提高，不断缩短与发达国家的差距。今后，在推广焊接新技术、研制焊接专机与辅机、以电子技术改造传统技术等方面还有大量的工作要做，不仅需要较多的高层次人才，而且需要大量的在生产第一线工作的高素质的劳动者以及中、初级技术人才。

四、本教材的主要内容

"金属熔焊基础"是焊接专业的主要技术基础理论课。本教材内容包括两大部分：

（1）金属材料基础知识 这部分是前三章内容，主要介绍了金属材料的性能、金属的结构及结晶过程、合金相图、钢的热处理以及常用金属材料。

（2）金属熔焊基础知识 这部分是后三章内容，主要介绍了金属熔焊冶金基础知识、焊接材料的分类及使用，以及焊接缺陷的产生原因及预防方法。

五、本课程教学目的与学习方法

1. 本课程的教学目的

1）本课程的教学目的是使学生具备金属材料与金属熔焊的基本知识和基本技能，为学生进行后续专业知识的学习奠定基础。

2）通过本课程的学习，了解有关专业术语和标准，培养严谨的学习态度和工作作风，学会利用专业基础知识观察和分析实际现象，掌握解决实际问题的基本思路和方法。

3）了解金属材料的常用性能指标，理解钢铁材料的化学成分、组织结构与性能之间的关系，了解常用热处理方法和金属材料的分类及应用范围，熟悉金属材料牌号和焊接材料牌号的表示方法。

4）熟悉在熔焊条件下，钢铁材料焊缝的冶金结晶和热过程对焊接接头性能的影响，能够正确地使用焊接材料，了解焊接缺陷的种类，初步学会判断焊接缺陷产生的原因及解决方法。

2. 对学习方法的建议

1）在理论课学习过程中，除了做好习题，加深理解学习内容之外，还应坚持理论联系实际，学会利用所学知识解释在实践中所见的现象。

2）通过实验课学习，了解金属的微观组织变化与性能的关系，加深对理论知识的认知。在学习中，注意掌握常用金属材料和焊接材料的牌号和用途。

3）通过实训、到工厂实习，注意观察产品制作过程，熟悉本专业有关设备及工艺等情况，联系并巩固所学知识。

4）多看本专业相关的技术资料，如焊接国家标准、焊接技术手册、焊接技术书籍和杂志等。参加焊接技术交流活动，如技术讲座、技术博览会等，拓宽知识面，了解焊接技术的发展动态和趋势。

【史海探析——焊接】 焊接技术发展始于商朝，是随着金属的应用而出现的。古代的焊接方法主要是铸焊、钎焊和锻焊。商朝时期制造的铁刃铜钺就是铁与铜的铸焊件，其表面铜与铁的熔合线蜿蜒曲折，接合良好。春秋战国时期曾侯乙墓中的建鼓铜座上有许多盘龙，就是采用分段钎焊连接的，经分析，所用的钎料与现代软钎焊成分相近。据明朝宋应星所著《天工开物》一书记载，我国古代采用了分段锻焊工艺制造大型船锚。公元前3000多年，埃及出现了锻焊技术。中世纪，在叙利亚大马士革也曾用锻焊技术制造兵器。总体来说，古代焊接技术长期停留在铸焊、锻焊和钎焊的技术水平上，使用的热源都是炉火，温度低，能量不集中，无法用于大截面、长焊缝工件的焊接，只能用以制作装饰品、简单的工具和武器。19世纪初，英国人发现了电弧和氧乙炔焰两种能局部熔化金属的高温热源。1885年，俄国的别纳尔多斯发明了碳极电弧焊。20世纪初，碳极电弧焊和气焊得到了应用，同时还出现了薄药皮焊条电弧焊，手工电弧焊进入实用阶段。电弧焊从20世纪20年代起成为一种重要的焊接方法，以后陆续不断地发明了各种新颖的焊接方法。

进入21世纪，焊接技术正向提高焊接生产率、焊接过程自动化与智能化、热源研究与开发、节能技术、新材料、新技术等方向发展。

第一章　金属材料基础

工业上使用的材料虽然品种繁多，但归结起来，可分为金属材料与非金属材料两大类。由于金属材料具有优良的使用性能，并可通过不同的加工方法生产出性能与形状都能满足使用要求的机械零部件、工具及其他制品，因而在工农业和国防各个领域中均获得广泛的应用，如在各种机器设备、车辆、舰船、航空航天器以及工程结构等所用的材料中，金属材料占 90%以上，人们日常生活用品也大量使用了金属材料。

金属学是学习金属材料课程的基础，它是研究金属和合金的成分、组织（结构）与性能之间关系的一门科学。对于焊接工艺人员，只有掌握了必要的金属学基础知识，熟悉金属的性能、构成和结晶特点，才能对金属材料在熔焊过程中所发生的变化（包括焊接接头成分、组织性能的变化）规律有所理解，做到正确合理地选用材料，制订切合实际的生产工艺。

第一节　金属材料的性能

金属材料的性能一般分为两类：一类是使用性能，它反映金属材料在使用过程中所表现出来的特性，主要包括力学性能、物理性能和化学性能，它决定了金属材料的应用范围、安全可靠性和使用寿命；另一类是工艺性能，它反映了金属材料在加工制造过程中的各种特性，如铸造性、可锻性、焊接性和切削加工性等，它决定了金属材料在制造、加工机械零件时的难易程度。本节主要介绍金属材料的使用性能。

一、金属的力学性能

通常机器零件或工程结构在工作中都要受到外力的作用，金属在外力的作用下所表现的性能称为力学性能。

外力（载荷）按作用性质的不同，可分为静载荷、冲击载荷和交变载荷。在不同性质的载荷作用下，金属所表现的特性与抵抗破坏的能力是不同的，因而需要采用的力学性能指标也是不同的。金属常用的力学性能指标有硬度、强度、塑性和韧性等。在产品设计和选材时，材料的力学性能是确定产品主要尺寸的依据。

1. 硬度

硬度是表示固体材料表面抵抗局部变形，特别是塑性变形、压痕或划痕的能力，是衡量金属软硬程度的力学性能指标。此外，硬度又是反映材料的成分、组织与力学性能的综合指标。一般来说，金属的硬度越高，则强度越高，而塑性和韧性越低。因此，硬度虽然不是零件设计计算的依据，但是对工作条件不同的零件，为保证其使用寿命，也会提出不同的硬度要求。由于硬度试验设备简单，操作方便、快捷，并可直接在零件或工具上进行测试而不破坏试样，故应用最广泛。

测定硬度的方法很多，在生产中应用最多的是压入硬度测试法中的布氏硬度法、洛氏硬度法和维氏硬度法。

（1）布氏硬度　布氏硬度试验是将一定直径的硬质合金球以相应的试验力压入试样的表面，保持规定时间使其达到稳定状态后，卸除试验力（图1-1），测量试样表面压痕直径，将试验力与球面压痕单位表面积的比值称为布氏硬度值，用符号 HBW 表示。

计算公式如下：

$$HBW = 0.102 \times \frac{2F}{\pi D \ (D - \sqrt{D^2 - d^2})} \tag{1-1}$$

式中　HBW——布氏硬度值（MPa）；

　　　　F——试验力（N）；

　　　　D——球直径（mm）；

　　　　d——压痕平均直径（mm）。

由上式可知，当 F、D 一定时，布氏硬度值仅与压痕直径 d 有关。d 越小，布氏硬度值越高，即材料的硬度越高。在实际测定时，并不需要每次都按式（1-1）进行计算，而是用专用的读数放大镜测出压痕直径（图1-2）后，直接从硬度换算表中查出硬度值。

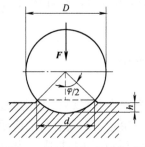

图1-1　布氏硬度试验原理图

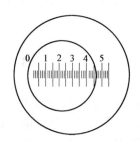

图1-2　布氏硬度试验压痕测量图

布氏硬度试验范围上限为650HBW。按 GB/T 231.1—2009 的规定，布氏硬度的标记应包括布氏硬度符号、球直径、试验力数字和试验力保持时间，如：

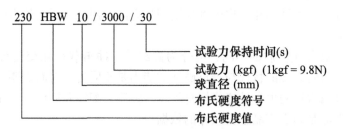

当试验力保持时间为 10~15s 时，通常在工艺文件上只标注前两项，如230HBW10/3000。

布氏硬度试验的优点是误差较小、数据稳定、重复性强，常用于测量灰铸铁、结构钢、非铁金属及非金属材料等的硬度，但它测量费时，压痕较大，不适于成品零件或薄件的硬度测量。

（2）洛氏硬度　洛氏硬度是用压头（金刚石圆锥、钢球或硬质合金球）压入试样表面，根据压痕深度来确定金属硬度的。金刚石圆锥压头用于测定较硬的材料，如淬火后的钢件；钢球或硬质合金球压头则用于测定较软的钢件。试验时，为了使压头与试样表面接触良好，以保证测量结果准确，先加初试验力 F_0，然后再加主试验力 F_1，总试验力 F 为 F_0 与 F_1 之和（$F = F_0 + F_1$）。压头在总试验力的作用下压入试样表面，经规定的保持时间后卸除 F_1，在保持初试验力 F_0 的情况下测量残余压痕深度，用此值来计算被测材料的洛氏硬度值。洛氏硬度试验原理示意图如图 1-3 所示。

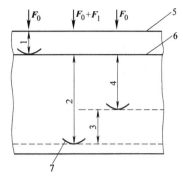

洛氏硬度用符号 HR 表示。为了扩大硬度计的测量范围，采用不同压头和试验力，可组成多种不同的硬度标度，并在符号 HR 后缀字母加以标明。最常用的是 HRC、HRB 和 HRA 三种，见表 1-1。

图 1-3　洛氏硬度试验原理示意图
1—在初试验力 F_0 下的压入深度
2—由主试验力 F_1 引起的压入深度
3—卸除主试验力 F_1 后的弹性
回复深度　4—残余压入深度 h
5—试样表面　6—测量基准面
7—压头位置

洛氏硬度与布氏硬度之间没有理论上的对应关系，不能通过计算进行对比。但对同类材料，在相同状态下和一定硬度值范围内，在试验的基础上可得到一些经验换算关系。例如，当材料硬度>220HBW 时，有 1HRC≈10HBW 的近似关系。

表 1-1　常用洛氏硬度标尺的试验条件与适用范围

硬度符号	压头类型	总试验力/N	硬度值有效范围	应用举例
HRC	金刚石圆锥	1471.0	20~70HRC	一般淬火钢件
HRB	φ1.5875mm 球	980.7	20~100HRB	软钢、退火钢、铜合金等
HRA	金刚石圆锥	588.4	20~88HRA	硬质合金、表面淬火钢等

洛氏硬度试验操作迅速简单，压痕小，不损伤试样表面，测量范围大，故应用范围较广。但也因压痕小，对于组织粗大且不均匀的材料，测试结果误差较大，数值重复性差。通常要求在试样不同位置测试三点，然后取平均值。

按 GB/T 230.1—2009 规定，洛氏硬度的标记包括洛氏硬度符号、所用标尺代号及洛氏硬度值，如：

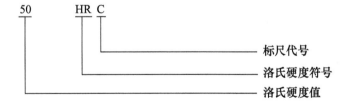

（3）维氏硬度　维氏硬度试验原理与布氏硬度基本相同，也是根据压痕单位面积上所承受的压力大小来计量硬度值。区别是维氏硬度试验是用两面夹角为 136° 的金刚石四棱锥体作压头。维氏硬度试验原理如图 1-4 所示。

试验时，在一定试验力 F 的作用下将压头压入试样表面，在试样表面压出一个四方锥形的压痕，测量压痕对角线长度 d_1 和 d_2，以其平均值计算出压痕表面积 S，用 F/S 表示维氏硬度值，符号为 HV。

$$HV = \frac{F}{S} = \frac{0.1891F}{d^2} \qquad (1-2)$$

式中　F——试验力（N）；

　　　S——压痕表面积（mm^2）；

　　　d——压痕两对角线长度的算术平均值（mm）。

根据试样大小、厚度和其他条件，试验力可在一定范围内选择。

压痕对角线长度是用试验硬度计上的测微器测量的，求出 d 后可通过计算或查表得出维氏硬度值（查 GB/T 4340.4—2009）。

维氏硬度的测量范围为 1~1000HV，标注方法与布氏硬度相同。与布氏、洛氏硬度试验相比，维氏硬度试验的优点是：压头压痕小，可检测试件微小区域的硬度

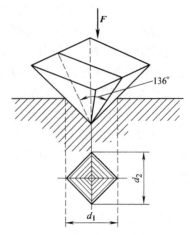

图 1-4　维氏硬度试验原理图

值；不存在受布氏硬度中试验力与压头直径比例关系的约束；也不存在压头变形问题；而且压痕清晰，保证了测量的精确度，硬度值误差较小。所以此法更适合测定极薄试样、焊接接头焊缝及焊接影响区的硬度。但是由于维氏硬度值需要测量对角线长度，并进行计算或查表，故其效率比洛氏硬度试验低，不宜用于成品生产的常规测量。

维氏硬度试验广泛用来测定金属镀层、薄片、化学热处理后的表面硬度，尤其在焊接中用来测定焊接接头热影响区的显微硬度，可以判定金属材料焊接性的好坏。

【拓展知识——莫氏硬度】　莫氏硬度是表示矿物硬度的一种性能测试标准，它是1824年由德国矿物学家莫斯（Frederich Mohs）首先提出的。该性能测试标准由常见的 10 种矿物组成，滑石、石膏、方解石、萤石、磷灰石、长石、石英、黄玉、刚玉、金刚石依次规定其硬度为1~10。鉴定时，在未知矿物上选一个平滑面，用上述矿物中的一种在选好的平滑面上用力刻划，如果在平滑面上留下刻痕，则表示该未知物的硬度小于已知矿物的硬度。莫氏硬度也用于表示其他固体物质的硬度。

2. 强度

强度是金属材料在外力作用下抵抗变形和破坏的能力。由于作用力的性质不同，其判据可分为屈服强度、抗拉强度、抗压强度、抗弯强度、抗剪强度等。在生产中，最常用、最基本的是屈服强度、抗拉强度。强度测试方法为拉伸试验法。

为便于对不同材料的强度进行对比，拉伸试验所用试样的形状和尺寸应符合 GB/T 228.1—2010《金属材料　拉伸试验　第 1 部分：室温试验方法》的规定。图 1-5 所示为圆形横截面比例拉伸试样的示意图。图中 d_0 为试样直径，L_0 为标距长度。根据规定，试样分为长试样（$L_0 = 10d_0$）和短试样（$L_0 = 5d_0$）两种。

在拉伸过程中，随外力增加，试样将伸长，应力与试样长度的变化关系如图 1-6 所示。

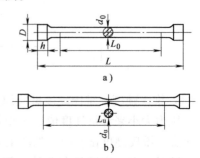

图 1-5　圆形横截面比例拉伸试样

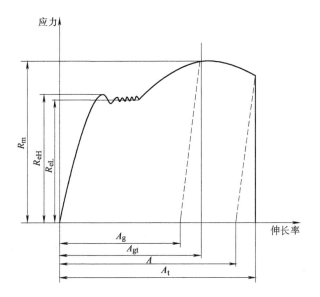

A_g:最大力非比例伸长率
A_{gt}:最大力总伸长率
A:断后伸长率
A_t:断裂总伸长率
R_m:抗拉强度
R_{eH}:上屈服强度
R_{eL}:下屈服强度

图 1-6 应力-伸长率曲线图

材料受外力作用,其内部产生了与外力大小相同、方向相反的抵抗力,即内力。单位面积上的内力称为应力,用符号 R 表示,即

$$R=\frac{F}{S_0}$$ (1-3)

式中　R——应力（MPa）;

　　F——拉伸力（N）;

　　S_0——试样原始横截面积（mm^2）。

根据拉伸曲线可以求出材料的强度指标,主要有:

（1）抗拉强度　抗拉强度是试样在断裂前所承受的最大标称拉应力,以 R_m 表示。

（2）屈服强度　当金属材料呈现屈服现象时,在试验期间达到塑性变形发生而力不增加的应力点称为屈服强度,它分为上屈服强度和下屈服强度（图 1-6）。

上屈服强度（R_{eH}）是试样发生屈服而力首次下降前的最高应力。

下屈服强度（R_{eL}）是试样在屈服期间,不计初始瞬时效应时的最低应力。

3. 塑性

塑性是金属在外力作用下,断裂前发生不可逆永久变形的能力。

金属材料的塑性指标分为断后伸长率与断面收缩率,它们同样可通过拉伸试验测定。

（1）断后伸长率　试样拉断后标距长度的伸长量与其原始标距之比的百分率称为断后伸长率,它用符号 A 表示,即

$$A=\frac{L_u-L_0}{L_0}\times100\%$$ (1-4)

式中　L_u——试样拉断后的标距长度（mm）；

　　　　L_0——标距的原始长度（mm）。

（2）断面收缩率　试样拉断后断面面积的收缩量与其原始面积比值的百分率称为断面收缩率，它用符号 Z 表示，即

$$Z = \frac{S_0 - S_u}{S_0} \times 100\% \qquad (1\text{-}5)$$

式中　S_0——试样的原始横截面积（mm^2）；

　　　　S_u——试样拉断后的横截面积（mm^2）。

A 和 Z 值越大，表明金属材料的塑性越好。

4. 韧性

韧性是指金属在断裂前吸收变形能量的能力。对于有些在使用过程中承受动载荷的零件，如锻锤的锤杆、连杆等，需要制定其在冲击载荷下的性能指标，以判定金属材料韧性的好坏。在断裂前发生明显塑性变形的材料称为韧性材料。

韧性通常通过摆锤式一次冲击试验测定。图 1-7 所示为冲击试验装置示意图。试验所用试样尺寸如图 1-8a 所示。我国有关标准规定，试样缺口以 U 形与 V 形缺口为主。

试验时，将试样放在试验机的支承架面上，缺口背向摆锤方向（图 1-8b），然后将重力为 G 的摆锤由高度 H 自由落下，击断工件后升至高度 h。因此，摆锤冲击试样时，断口处所消耗的冲击吸收能量可用下式计算：

$$K = G(H - h) \qquad (1\text{-}6)$$

式中　K——被冲断试样断口吸收的冲击吸收能量（J）；

　　　　G——摆锤重力（N）；

　　　　H——冲断试样前摆锤高度（m）；

　　　　h——冲断后摆锤回升高度（m）。

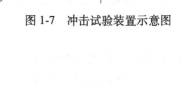

图 1-7　冲击试验装置示意图

试样断口单位面积所消耗的冲击吸收能量称为冲击韧度，以 $a_K^{\ominus}$（J/cm^2）表示，即

$$a_K = \frac{K}{S_0} \qquad (1\text{-}7)$$

式中　S_0——试样断口的原始横截面积（cm^2）。

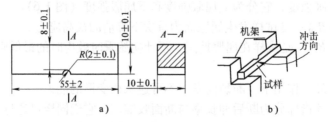

a）　　　　　　　　　　　b）

图 1-8　冲击试样及安装位置

a）冲击试样　b）试样安装

⊖ 冲击韧度 a_K 在新的国家标准中已废止，但有些手册仍然有 a_K 数据，故本书仍保留。

K 和 a_K 是表征材料抵抗冲击负荷能力的一个参考性指标，也代表了材料在断裂时吸收能量的能力。冲击试验集中了高冲击速度及缺口的作用，对金属的韧性可做出更为安全合理的评价。

冲击韧度值随试验温度与缺口形式而变化，所以，对冲击试验结果必须注明试验温度和缺口形式。

冲击韧度值不仅可表示金属材料在冲击载荷作用下抵抗破坏的能力，而且还反映了产品发生脆性断裂倾向的大小。因此，在生产中，不仅要对长期在冲击载荷下工作的零件进行冲击试验，而且对在静载荷作用下的重要产品（如低温压力容器、高压容器），其材料也要求进行冲击韧度试验。

二、金属的物理性能

物理性能是指金属在固态下所表现出的一系列物理现象，它包括密度、熔点、热膨胀性、导热性、导电性等。物理性能属于材料的使用性能，它不仅影响金属材料的应用范围和产品质量，而且对加工工艺，特别是对焊接的工艺性与质量有较大影响。

1. 密度

密度是单位体积物质的质量，用符号 ρ 表示，单位为 g/cm^3。计算公式为

$$\rho = \frac{m}{V} \tag{1-8}$$

式中　m——物质的质量（g）；

　　　V——物质的体积（cm^3）。

不同的金属其密度不同。按密度的大小进行分类，可将金属分为轻金属与重金属两类。密度 $\rho < 5g/cm^3$ 的金属称为轻金属，如铝、镁、钛等金属及其合金；密度 $\rho > 5g/cm^3$ 的金属称为重金属，如铁、铜、锡、铅等金属及其合金。

在生产中，常利用金属的密度来计算毛坯或零件的质量。此外，密度又是选用零件材料的依据。例如，飞机、船舶、航天器等产品为了减轻自重、节约燃料、提高承载能力，需要选用密度小而强度高的轻金属；而深海潜水器、平衡重锤等为了提高稳定性，需要增加自重，常选用重金属制造。

常见金属及其合金的密度见表 1-2。

表 1-2　常见金属及其合金的密度　　（单位：$g \cdot cm^{-3}$）

名称	铝	铁	铜	锡	铅	钛	铸铁	碳钢	黄铜	铝合金
密度	2.7	7.8	8.9	7.3	11.3	4.5	6.6~7.4	7.85	8.85	2.55~3.1

2. 熔点

金属的熔点是指金属由固态熔化为液态的温度。

纯金属的熔点是固定不变的，如纯铁的熔点为 1538℃。合金从开始熔化到熔化完了是在一定的温度范围内进行的，习惯上将合金加热到最初微量液体出现时的温度作为熔点。

按熔点的高低进行分类，常将金属分为易熔金属与难熔金属两类。熔点低于 700℃ 的金属称为易熔金属，如锡、铅、铋及其合金；熔点高于 700℃ 的称为难熔金属，如铁、钨、钼、铜等及其合金。工业上常利用易熔金属熔点低的特点，制造电器熔断器及防火安全阀等；用难熔金属制造锅炉、加热炉燃烧室和发动机排气口等在高温下工作的结构

件。常见金属及合金的熔点见表1-3。

表1-3 常见金属及合金的熔点 （单位：℃）

名称	铝	铜	铁	锡	铅	钨	铬	锰	碳钢	黄铜
熔点	660	1083	1538	231.9	327.5	3410	1868	1244	1394~1538	930~980

3. 热膨胀性

热膨胀性是指固态金属在温度变化时热胀冷缩的能力，在工程上常用线膨胀系数来表示，符号为 α_1，计算公式为

$$\alpha_1 = \frac{L_0 - L_u}{L_0 \ (T_1 - T_0)} \tag{1-9}$$

式中 L_0——材料的原始长度（mm）；

L_u——材料从温度 T_0 加热到 T_1 后的长度（mm）；

T_0——原始温度（K）；

T_1——加热后的温度（K）。

α_1 的物理意义是：温度从 T_0 到 T_1 每升高 1K 时物体单位长度的变化率。

熔焊时，由于热源对焊件进行局部加热，使焊件上的温度分布极不均匀，造成焊件上出现不均匀的热膨胀，从而导致局部的变形和焊接应力，而且被焊材料的线膨胀系数越大，引发的焊接应力与变形就越大。

常见金属及合金的线膨胀系数见表1-4。

表1-4 常见金属及合金的线膨胀系数 （单位：℃$^{-1}$）

名称	线膨胀系数	名称	线膨胀系数	名称	线膨胀系数
铝	23.6×10^{-6}	铁	11.76×10^{-6}	碳钢	$(10.6 \sim 12.2) \times 10^{-6}$
铜	17.0×10^{-6}	铸铁	$(8.7 \sim 11.7) \times 10^{-6}$	不锈钢	$(14.4 \sim 16.0) \times 10^{-6}$ (20℃)

4. 导热性

金属的导热性是指金属传导热量的能力，用热导率 λ 表示，单位为 W/(m·℃) 或 W/(m·K)。

不同金属的导热能力不同，纯金属的热导率 λ 一般大于合金的热导率。在常用金属中，银、铜、铝的 λ 值最高。

导热性好的金属，在焊接加热时转移到焊件金属内部的热量损失多，热源不容易集中，故利用率低；而导热性差的金属，虽然热量损失少，但焊件上的温度分布不均匀，温度差增大，会导致较大的焊接应力与变形。常用金属的热导率见表1-5。

表1-5 常用金属的热导率 （单位：W·m^{-1}·℃$^{-1}$）

名称	λ	名称	λ	名称	λ
铝	237	铁	80.3	铬	90
铜	398	银	427	钛	22

5. 导电性

金属传导电流的能力称为导电性，常用电导率表示，符号为 γ，单位为 S/m，是电阻率的倒数。电导率越大，金属的导电能力越强。

金属导电能力大小的顺序与热导率基本相同，一般纯金属的导电性比合金的导电性好。导电性是随合金化学成分的复杂化而降低的，以银、铜、铝为最佳。工业上常用电导率高的材料制造电器零件，如电线、电缆、电器元件等；用电导率低的金属，如康铜（铜合金）、铁铬铝、铬镍合金等制造电阻器或电热元件。

三、金属的化学性能

金属的化学性能是指金属在室温或高温时抵抗各种化学作用的能力，即抵抗活泼介质的化学侵蚀能力，如耐蚀性（耐酸性、耐碱性）、耐高温、抗氧化性等。

对于在具有腐蚀性的介质中或在高温时工作的构件，不仅要求满足金属材料的力学性能要求，更应注意金属材料的化学性能要求。常见金属材料的化学性能要求有：

1. 耐蚀性

金属材料在常温时抵抗各种介质（如大气、水、酸、碱、盐等）腐蚀破坏的能力称为耐蚀性。金属材料耐蚀性的好坏主要取决于零件的工作环境及介质。例如，在大气环境中，纯铝的耐蚀性比钢铁的耐蚀性好；在具有腐蚀性介质的场合中，化工设备、医疗器械等常采用化学稳定性良好的合金（如不锈钢）制作。

2. 抗氧化性

金属材料在高温时抵抗氧化的能力称为抗氧化性。由于金属材料的氧化是随着温度的升高而加速的，因此，在高温条件中工作的零部件都必须具有良好的高温抗氧化性。例如，锅炉炉内元件、发电厂管道、加热炉炉底板等。

3. 热稳定性

金属材料在高温时的化学稳定性称为热稳定性。化学稳定性是指金属材料在高温时同时具有耐腐蚀及抗氧化的能力。在高温条件中运行的设备（如汽轮机、喷气发动机、加热炉等）需要选择热稳定性能优良的材料来制作。

综上所述，在选择金属材料时一般需考虑其力学性能要求，当有其他性能要求或用于腐蚀性介质时，还需考虑金属材料的物理性能和化学性能，以保证零部件的安全可靠性及使用寿命。另外，还应考虑金属材料的工艺性能，以降低生产成本，提高产品的经济性。

第二节　金属的晶体结构

固态物质按其原子的聚集状态可分为晶体与非晶体两大类。原子按一定顺序在空间有规则排列的物质称为晶体，而非晶体内部的原子则无规则地堆积。绝大部分固体金属属于晶体。

一、金属的特性

在现有已知元素中，根据化学元素周期表，目前发现的金属元素有 77 种，约占已知化学元素的 4/5。同非金属相比，金属在固态下（少数金属在液态下）具有以下一些特性：

1）良好的导电性和导热性。

2）正的电阻温度系数，即温度升高电阻增大，而且大多数金属在温度下降到接近临界温度值 T_C（物质常数）时，电阻突降而趋近于零。

3）具有金属光泽和良好的反射能力。

4）具有良好的延展性。

5）除汞以外，在 25℃ 都是固体。

上述特性是由金属的原子结构及原子间的结合形式所决定的。

金属的原子结构区别于非金属的显著特点是外层电子很少（一般是 1~2 个）。这些电子与原子的结合力很弱，容易脱离其束缚而成为自由电子。失去电子的金属原子成为正离子。金属原子结构的这一特点，又决定了其内部原子的结合形式。

当大量金属原子结合在一起时，绝大多数原子将失去电子而成为正离子，并按一定的几何形状排列，同时进行热振动，而自由电子则为整个金属所共有，在各离子间自由运动。依靠正离子与电子之间引力与斥力的平衡，使金属结合并保持一定的几何形状。这种结合模式称为金属键，如图 1-9所示。

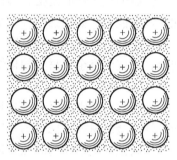

图 1-9　金属键示意图

金属的主要特征可以根据金属键进行解释。例如，金属良好的导电性是自由电子在电场作用下，进行定向加速运动的结果。但随着温度的升高，正离子热振动的振幅和频率都增大，因此，增加了电子定向运动的阻力，从而使导电性降低。由于正离子的振动和自由电子的碰撞都可将热量从高温传递到低温，所以金属有良好的导热性。此外，金属在受到外力作用原子间发生相对位移时，正离子之间始终保持着金属键的结合方式，从而使金属发生变形但不致断裂，表现出较好的塑性。

总之，金属的主要特性及其结晶特点都与金属键这一结合方式有密切关系。

二、晶格与晶胞

为了便于描述和理解金属内部原子的排列规律，可将原子看作固定的小球，如图 1-10a 所示。这样原子的排列就形成有规律的空间格架，称为结晶格子，简称晶格（图 1-10b）。根据晶格中原子排列具有周期性的特点，可以从中选择一个能够完全反映晶格特征的最小集合单元，用来代表晶格中原子排列的规律，这个组成晶格的最小几何单元称为晶胞，如图 1-10c 所示。

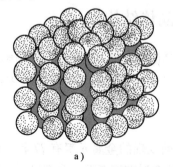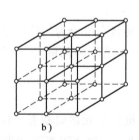

a）　　　　　　　　　　b）　　　　　　　　　c）

图 1-10　简单立方晶格与晶胞示意图

a）晶体中原子排列　b）晶格　c）晶胞

三、常见金属的晶体结构类型

金属的晶体结构类型很多，常见的有以下三种：

1. 体心立方晶格

体心立方晶格的晶胞是一个立方体，在立方体的 8 个顶角和中心各有一个原子（图 1-11）。具有体心立方晶格的金属有 Cr（铬）、W（钨）、Mo（钼）、V（钒）、α-Fe 等。这类金属一般都具有高的强度和较好的塑性。

2. 面心立方晶格

面心立方晶格的晶胞也是一个立方体，在立方体的 8 个顶角和 6 个面的中心各有一个原子（图 1-12）。具有这种类型晶格的金属有 Al（铝）、Cu（铜）、Ni（镍）、γ-Fe 等。这类金属都有很好的塑性。

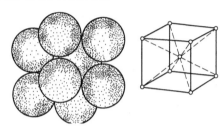

图 1-11 体心立方晶格

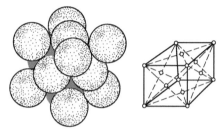

图 1-12 面心立方晶格

3. 密排六方晶格

密排六方晶格的晶胞是一个六方柱体，由 6 个长方形的侧面和 2 个正六边形的底面所组成。在六方柱体的 12 个顶角和上下底面的中心各有一个原子，在柱体中心上下底面之间还有 3 个原子（图 1-13）。具有这种类型晶格的金属有 Mg（镁）、Zn（锌）、Be（铍）、Ti（钛）等。

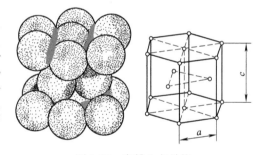

图 1-13 密排六方晶格

【拓展知识——汞】 汞是唯一在常温下呈液态的金属。在古代，汞（水银）被广泛用于镀金工艺中。金放在汞里会很快溶解，与汞形成一种合金（金汞合金）。把金汞合金涂在要镀金的物体表面上，然后进行加热，汞在加热过程中就会不断蒸发，最后留下的便是一层金膜。但是用这种方法镀金会产生汞蒸气，对人体和环境的危害很大，所以现在已不采用这种方法镀金。此外，利用汞能溶解金或其他金属的特性，可以从细碎的矿砂中收集金或其他金属。

四、金属的实际晶体结构与晶体缺陷

晶体内部晶格原子排列位向完全一致的称为单晶体，而工业上应用的金属材料绝大多数是由许多单晶体组成的多晶体，如图 1-14 所示。图中的每个小区域称为晶粒，晶粒间互相接触的界面称为晶界，每个晶粒内部原子排列的规律相同，但是晶粒之间位向不同。

在金属的实际晶体中，原子的规则排列并不是完整无缺的，而是存在着一系列缺陷。这里概括地介绍几种金属缺陷。

1. 空位和间隙原子

在晶体内部并不是每个原子都处于其正常位置，而是在某些结点上没有原子。这种住

晶格中未被原子占据的结点称为空位。在少数晶格的间隙处也会出现多余的原子，这种不占有正常结点的原子称为间隙原子。晶体中的空位和间隙原子如图 1-15 所示。

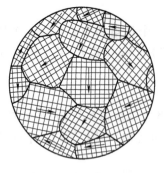

图 1-14　多晶体示意图

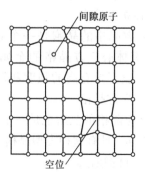

图 1-15　空位和间隙原子——
晶格结构中的点缺陷

无论是空位或间隙原子，由于邻近缺少或增加了一个原子，打破了原子间作用力的平衡，而使晶体结构的规则性遭到破坏，晶格发生歪扭，形成所谓的晶格畸变。晶格畸变将导致金属的强度、硬度及电阻率升高。此外，空位与间隙原子还会在晶体内部移动，数量也会发生变化，并随着温度的上升数量增多。

由于空位和间隙原子是一种长、宽、高尺寸都很小的缺陷，所以称之为晶体结构中的点缺陷。

2. 位错

位错是指晶体中某处有一列或若干列原子发生有规律的错排现象。

位错有两种主要类型：刃形位错和螺形位错。这里仅对刃形位错做简要说明。

刃形位错是在一个完整的晶体的某一部分，上部比下部（或下部比上部）多出一个原子面（图 1-16），这个多余的原子面的下边缘像刀刃一样，垂直地切入晶体之中（图 1-17）。在围绕位错端部，晶体结构的规则性受到严重干扰，晶格产生歪扭。离端部越远，晶格歪扭程度越小。位错属于晶体中的线缺陷。

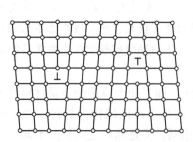

图 1-16　刃形位错——晶体中的线缺陷

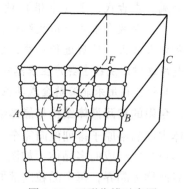

图 1-17　刃形位错示意图

3. 晶界

实际的金属材料大都是由许多晶粒组成的多晶体，晶粒之间形成了晶界。晶界上的原子因两侧晶粒位向不同，需要同时适应两种位向，由一个晶粒逐渐向相邻晶粒过渡，从而形成了一个中间地带（图1-18）。由于原子排列脱离了正常位置，使晶界的能量高于晶内的能量。高出的这部分能量称为界面能。晶界的结构特点及界面能的存在，使之具有一系列不同于晶粒内部的特点。

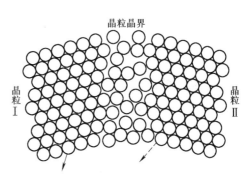

图1-18 晶界的过渡结构模型

1）在常温下，晶界对金属的塑性变形起阻碍作用，使之具有较强的强度与硬度。晶粒越细，晶界面积越大，金属的强度也就越高。因此，对于在常温或低温下工作的金属材料，希望获得细晶粒。

2）原子沿晶界扩散的速度比晶粒内部快，晶界的电阻比晶内高。

3）当金属中含有杂质（或合金元素）时，杂质常富集在晶界。因此，晶界的熔点比晶内低；在温度升高时，晶界的强度比晶内下降得更多；在金属与腐蚀介质接触时，晶界腐蚀的速度一般也比晶内高。

五、金属的同素异构转变

大多数金属凝固后，随温度下降晶格不再发生变化，如铝、铜等。但也有少数金属，如铁、钛、钴等，在凝固后继续冷却时，还会发生晶体结构的变化。这种金属在固态下由一种晶体结构转变为另一种晶体结构的现象，称为同素异构转变或称同素异晶转变。

同素异构转变都是可逆的。在常压下，纯铁在加热或冷却过程中将发生两次同素异构转变，如图1-19所示，即由1538℃凝固后为具有体心立方晶格的δ-Fe，在降至1394℃时由δ-Fe转变为面心立方晶格的γ-Fe，在912℃时转变为体心立方晶格的α-Fe。纯铁的同素异构转变可概括如下：

$$\alpha\text{-Fe（体心）} \underset{912℃}{\overset{}{\rightleftharpoons}} \gamma\text{-Fe（面心）} \underset{1394℃}{\overset{}{\rightleftharpoons}} \delta\text{-Fe（体心）}$$

(1-10)

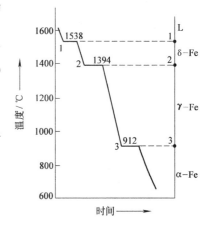

图1-19 纯铁的冷却曲线

同素异构转变决定了钢和铸铁的组织和性能，是钢铁能通过热处理可以获得多种性能的内因和依据，也是钢铁材料用途广泛的重要原因之一。

【拓展知识——锡】 锡（Sn）是稀有金属之一，具有熔点低，耐腐蚀等特性，在-13.2℃以下时会由白色金属性的β-Sn变成灰色粉末状的非金属性的α-Sn。在拿破仑对俄罗斯的战争中，由于俄罗斯的冬季特别寒冷（-30℃左右），而当时的法国士兵的大衣纽扣是采用锡金属制作的，因此，导致法国士兵的锡制大衣纽扣发生了同素异构转变，逐步变成粉状，使法国士兵深受寒冷之苦，大大影响了法国士兵的战斗力，从而成为最终导致拿破仑兵败滑铁卢的原因之一。

第三节　金属的结晶

一、结晶的概念

金属由液态转变为固态的过程称为结晶。因为金属是晶体，在凝固过程中原子由不规则排列的液态，逐渐转变为有规则排列的晶体状态，因此，通常把金属的凝固过程又称为一次结晶。

纯金属结晶是在一定温度下进行的，其结晶过程可用冷却曲线来描述。图 1-20 所示的冷却曲线是用热分析法绘制的，即液体金属在缓慢冷却过程中，隔一段时间，测量一次温度，直到冷却至室温。然后将测量结果标注在温度-时间坐标平面上，即绘制出冷却曲线。

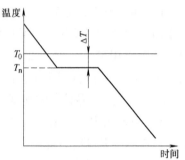

图 1-20　纯金属冷却曲线

在温度下降极为缓慢的条件下，得到的结晶温度，称为理论结晶温度 T_0。但在实际结晶中，金属结晶时的冷却速度都比较大，金属的结晶都要在低于 T_0 的某一温度 T_n 开始。实际结晶温度低于理论结晶温度的现象称为过冷现象。两者之差（$T_0 - T_n$）称为过冷度，以符号 ΔT 表示。

金属结晶时的过冷度与冷却速度有关，冷却速度越大，金属实际的结晶温度就越低，即过冷度就越大。这是由于冷却速度增大时，结晶过程来不及进行而产生的滞后现象，使结晶在较低温度才开始进行。

二、金属的结晶过程

图 1-21 所示为金属结晶过程示意图。结晶时，首先在液体中某些部位的原子集团形成排列规则的微小晶核（图 1-21a）；接着已形成的晶核逐渐长大，同时又有新的晶核形成并长大（图 1-21b）；最后，晶粒互相接触，液体完全凝固（图 1-21c、d）。

从分析结晶过程可以看到，金属中每个晶粒是由一个晶核成长而成的。也就是说，金属结晶的基本过程是由晶核形成和晶核长大两个阶段所组成的。所以，在一定条件下，金属结晶过程能否进行，除了温度外，还决定于是否具备晶核的形成与长大的条件。

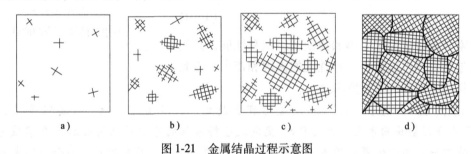

a)　　　　　b)　　　　　c)　　　　　d)

图 1-21　金属结晶过程示意图

三、晶核形成与晶粒长大

晶核形成有自发形核与非自发形核两种形式。自发形核又称为均质形核，是指在均匀的液体中，由少量能量较高的液体原子形成晶核的过程。自发形核所需的能量较大，需要较大的过冷度，因而形核的概率很小，在金属结晶的过程中它不是主要的形核方式。非自发形核又称为非均质形核，是指在金属结晶过程中，晶核依附于液体中存在的固体界面（难熔质点或容器表面）的形核过程，形核所需的过冷度小。在实际生产中，非自发形核是结晶形核的主要形式。

晶粒长大可以看作是液体金属中的原子向晶粒表面迁移堆积并结合的过程。晶粒长大的方式主要有平面长大与枝晶长大两种方式。平面长大时，晶体界面始终保持规则的外形（图1-22a）。枝晶长大时，晶粒在长大过程中，犹如树枝那样不断分枝（图1-22b）。实际金属在结晶时，多以枝晶方式生长。

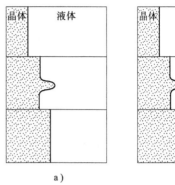

图1-22 晶粒长大示意图

a）平面长大 b）枝晶长大

四、控制晶粒大小的措施

金属晶粒尺寸的大小对力学性能有很大影响。一般情况下，晶粒越细小，金属的强度、硬度越高，塑性、韧性越好。因此，在实际生产中总希望金属材料能获得较细的晶粒组织。控制晶粒的大小，应从控制形核率和晶粒长大速度之间的关系入手。

生产中控制晶粒尺寸的措施主要有：

1. 提高液体金属的过冷度

随着过冷度的提高，金属的形核率与晶粒长大的速度均要增加，但形核率增加得更快，因此，过冷度越大，晶粒越细。在生产中，提高冷却速度可有效地提高过冷度。具体的措施有：降低浇注温度、使用金属铸型或水冷等。

2. 变质处理

浇注前，在液体金属中加入某种物质，促进形成非自发晶核数量及阻碍晶粒长大，从而获得细晶粒的方法，称为变质处理。例如，在铸铁中加入 Si-Fe，在纯铝中加入 TiC、NbC、VC、MoC 等碳化物；在钢液中加入 Al、Ti、Nb、Zr 等元素。熔焊时，通过焊条或焊丝加入 Al、Ti、Nb 等元素，可以细化焊缝金属的晶粒。

在实际生产中，对于体积较大的金属铸件或铸锭，单靠增大过冷度以促使晶粒细化有一定困难，效果也很有限，而采用变质处理可有效地控制晶粒大小。

3. 振动

采用机械振动或超声振动，可使生成的枝晶破碎，可使晶核数目增多，从而使晶粒细化。

五、铸锭的结晶结构

液体金属浇注到钢锭模中，冷却后成为铸锭。铸锭在凝固过程中，由于表面与中心的结晶条件不同，其结晶结构是不均匀的。在其横截面上可以看到外形不同、晶粒大小不等的三个晶粒区（图1-23），即外层细晶区、柱状晶区和中心粗大的等轴晶区。

（1）外层细晶区 高温液体金属刚注入锭模中后，锭模的温度低、散热快，在激冷的作用下形成较多的晶核，粗糙的模壁表面也对形核起了促进作用，大量晶核以枝晶形式迅速向各个方向长大，并很快互相接触而形成外层细晶区。

（2）柱状晶区　细晶区形成后，壁模温度升高冷却速度降低，过冷度减小，形核速率明显下降，但对晶粒长大速度的影响较小。这时在细晶区的基础上晶粒长大受到周围晶粒的阻碍，只能向垂直于模壁并与散热方向相反的中心进行，从而形成了具有方向性的柱状晶区。

（3）等轴晶区　随着柱状晶的发展，剩余的液体金属的冷却速度更低，温度趋于平均，散热方向越来越不明显。此时，被推到液体中心的杂质微粒成为晶核，向各个方向长大，由于晶核数量少，因此形成了粗大的等轴晶。

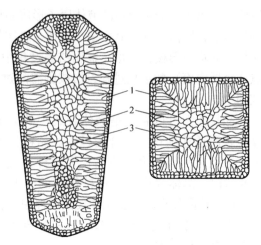

图 1-23　金属铸锭的组织示意图
1—外层细晶区　2—柱状晶区　3—等轴晶区

细晶区一般很薄，对金属性能无明显影响。柱状晶区的晶体本身虽然致密结实，但在晶界常有非金属夹杂物或低熔点杂质集聚，削弱了原子结合力，在热锻、热轧时，容易开裂。因此，对于熔点高、杂质较多的金属和合金（包括钢），不希望柱状晶发展，而要求得到结合较牢、性能均匀的等轴晶。而对于熔点较低、不含易熔杂质、塑性好的材料，如铝、铜等非铁金属及其合金，即使铸锭全部为柱状晶粒，也能顺利进行热轧、锻造等压力加工。

绝大部分金属在结晶过程中体积要收缩，因此，金属铸锭或铸件最后凝固的部位，由于缺乏液体补充而会形成空穴，称为缩孔或缩松。缩孔体积较大，多位于铸锭上部；缩松体积小且分散分布。

在铸锭凝固过程中，由于溶解度的下降，液体金属中的气体将逐渐析出。在充分缓冷的条件下，气体可从容地排到外面，而在冷却速度较大时，气体来不及析出，便以气泡的形式残留在液体金属中，凝固后便形成了气孔。大多数气孔在热轧时可以焊合，但在有些情况下也会使表面起皱或形成小裂纹。

研究金属铸锭组织，对了解焊接熔池结晶后形成的焊缝组织有一定的指导意义。

第四节　合金的结构与结晶

纯金属以其优良的导电性、导热性、高熔点及耐腐蚀等优异性能，在某些领域中获得了广泛的应用。但是，纯金属的强度和硬度都比较低，不宜用来制造一些对力学性能要求较高的机械零件、工具或结构件，也无法满足某些在特殊条件下工作的产品对高性能的要求。因此，纯金属的应用受到一定的限制。在实际的生产或生活中，用量最大的是合金。

一、基本概念

合金是指由两种或两种以上的金属元素，或金属与非金属元素，通过熔炼、烧结或其他方法组合而成的具有金属特性的物质。例如，黄铜是铜、锌组成的合金；碳素钢是铁与碳组成的合金等。

合金具有很多优于纯金属的特性，如较高的强度、硬度、耐磨性，优异的物理性能和化学性能等。合金还可以通过调整组成或热处理而获得满足多种用途的各种性能要求。另外，合金容易冶炼，价格也比纯金属低廉。

合金的优异性能最根本的是由其组成所决定的。组成合金最基本而独立的物质称为组元，简称元。一般情况下，组元就是组成合金的元素，如铜和锌是组成黄铜的组元。但有时合金中的稳定化合物，也可视为组元，如铁碳合金中的 Fe_3C。合金可以根据组元的数目命名，由两个组元组成的合金称为二元合金，由三个组元组成的合金称为三元合金等。合金的成分一般以组元的质量分数表示，符号为 w，如 $w_C = 0.1\%$，表示组元碳的质量分数为 0.1%。

为了说明合金的结晶结构，这里引入相的概念。合金的相是指在合金中具有相同化学成分和结晶结构的均匀部分。各相之间有明显的分界线，称为相界。例如，纯金属在结晶时，固液并存，两者成分虽然相同，但结构（即聚集状态）不同，分别称为固相和液相。在纯铁中，多晶体的晶粒间存在晶界，但每个晶粒的成分与结晶结构都相同，因此同属一个相。在铁碳合金中，室温下存在 α-Fe 和 Fe_3C，两者的化学成分与结构均不同，而各为一个相，即铁碳合金由两相组成。通常所谓的组织，就是金属或合金中不同形状、大小、数量和分布的"相"相互结合的综合体。

二、合金的晶体结构

合金的性能取决于组织，而组织又取决于合金中各个相的成分、类型和性质。根据合金内部各元素的相互作用，组成合金的晶体结构可分为固溶体、金属化合物及机械混合物三种基本类型。

1. 固溶体

溶质原子溶入金属溶剂的晶格中所组成的合金相称为固溶体。其中基体金属称为溶剂，溶入的元素称为溶质。固溶体是合金组成中重要的相。

如将盐或糖放在水中，即可得到水溶液。温度降低水结成冰，则形成盐或糖在水（冰）中的固溶体。合金也有类似的情况，如单相的黄铜就是锌在铜中的固溶体（称为 α 相）。其中铜是溶剂，锌是溶质。又如碳素钢中的铁素体，则是碳在 α-Fe 中的固溶体。

固溶体仍保持溶剂金属的晶格，根据溶质原子（或分子）在溶剂晶格中分布的不同，固溶体又可分为置换式固溶体与间隙式固溶体两种类型。根据合金组元间溶解度的不同，固溶体又可分为有限固溶体与无限固溶体。

（1）置换式固溶体　置换式固溶体是溶质原子代替部分溶剂原子所占据晶格中的结点位置而形成的固溶体。相当于溶剂原子被溶质原子所置换，如 $w_{Zn} < 39\%$ 的 Cu-Zn 合金（图 1-24a）。

在合金中，大多数溶于 α-Fe 或 γ-Fe 中的合金元素，如 Si、Mn、Cr、Ni 等，都是以置换的形式溶于铁中。图 1-24b 所示为 Si 溶于 α-Fe 中的情况。

置换固溶体又可分为有限固溶体和无限固溶体。溶解度主要取决于组元之间的晶格类型，原子半径和原子结构。实践证明，大多数合金只能有限固溶，且溶解度都是随着温度的升高而增加。只有两组元晶格类型相同，原子半径相差很小时，才可以无限互溶，形成无限固溶体。

（2）间隙式固溶体　间隙式固溶体是溶质原子插入溶剂晶格的间隙而形成的固溶体，碳溶于 γ-Fe 就是典型的间隙式固溶体，如图 1-25 所示。

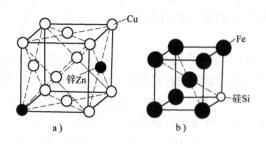

图 1-24　置换式固溶体

a）Zn 溶于 Cu 中　b）Si 溶于 α-Fe 中

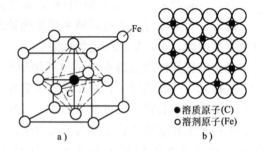

图 1-25　间隙式固溶体

a）间隙固溶体中的原子分布

b）C 溶于 γ-Fe 中的固溶体

形成间隙式固溶体的溶质元素，通常是原子半径很小的非金属元素，如 C、N、H、B 等。而溶剂则多为原子半径较大的过渡元素，而且只有在溶质原子与溶剂原子半径之比 <0.59 时，才能形成间隙式固溶体。

（3）合金的固溶强化　形成固溶体时，虽然溶剂的晶格保持不变，但因溶质与溶剂原子间尺寸与化学性质存在一定的差别，置换式固溶体或间隙式固溶体都会发生晶格畸变（图 1-26）。两种原子半径差别越大，化学性质相差越远，晶格畸变就越严重。

晶格畸变，使得金属在外力作用下，固溶体晶体发生塑性变形时，晶面之间相对滑动的阻力增加，表现为固溶体的强度和硬度比纯金属高。这种因形成固溶体而引起合金强度、硬度升高的现象，称为固溶强化。固溶强化是提高金属强度的重要途径之一。图 1-27 所示为铁素体中溶入合金元素对硬度的影响。

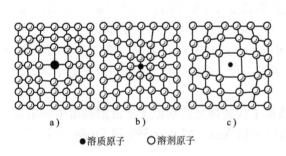

图 1-26　固溶体晶格畸变示意图

a）溶质原子半径大于溶剂原子的置换式固溶体

b）溶质原子半径小于溶剂原子的置换式固溶体

c）间隙固溶体

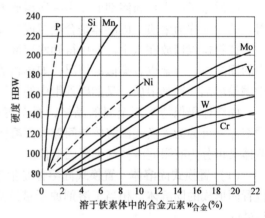

图 1-27　铁素体中溶入合金元素对硬度的影响

2. 金属化合物

金属化合物是合金组元间相互作用而形成的一种新相，其晶格类型与性能完全不同于其任一组成元素。金属化合物可用分子式表示，但与普通化合物不同，其组成可在一定范围内变化，并具有一定的金属性质（如导电性），故称为金属化合物。例如，铝合金中的 $CuAl_2$、Mg_2Si；铁碳合金中的 Fe_3C；合金钢中的 TiC、VC、WC、$Cr_{23}C_6$ 等。

金属化合物通常都具有较复杂的晶体结构，有较高或很高的熔点、硬度和较大的脆性。例如，Fe_3C 熔点约为 1227℃，硬度达 70HRC 以上，而 WC、VC、TiC 等熔点和硬度则更高。工业上几乎不用金属化合物作金属材料使用。但在合金中作为一个组成相能均匀而细密地分布在固溶体基体上时，将使合金得到强化，提高合金的强度、硬度和耐磨性；但如果金属化合物粗大而不均匀分布，则会显著降低合金的塑性和韧性。

金属化合物是碳钢、合金钢和许多非铁金属的主要组成相和强化相。如果这种硬度很高的细小金属化合物，是从过饱和固溶体中析出而沉淀在固溶体基体上所产生的强化，则称为沉淀强化或弥散强化。以金属化合物作为强化相强化金属材料的方法，也称为第二相强化。

3. 机械混合物

组成合金的基本相是纯金属、固溶体和金属化合物。当组成合金的各组元在固态既不互相溶解，又不形成化合物，各组元相似保持着它原有的晶格类型和性能，而且按一定的比例，以混合形式存在，这种由两相或两相以上组成的多相组织，称为机械混合物。机械混合物既可以是纯金属、固溶体或金属化合物等各自的混合物，也可以是它们之间的化合物。在金属材料中机械混合物类型的合金很多，如青铜、铝硅合金、钢、铸铁等。机械混合物合金往往比单一固溶体合金的强度和硬度更高，但塑性和可锻性不如单一固溶体。因此，钢在铸造时，总要先把钢转变成单一固溶体，然后再进行锻造。

三、合金的结晶特点

合金的结晶过程与纯金属遵循相同的规律，即在过冷条件下由晶核形成与晶核长大两个基本过程所组成，最后形成多晶体。但合金是由两种或两种以上的组元所组成的，而且组成的比例还可以有多种变化，所以其结晶过程比纯金属复杂得多。合金的结晶特点主要表现在以下几个方面：

1）纯金属的结晶是在恒温下进行的，而合金的结晶过程是在一定温度范围内进行的，即结晶开始温度和结晶终了温度不同，有两个或两个以上的结晶温度（临界温度）。

2）合金从结晶开始到结束，液体金属与已凝固的固态金属的成分不同，而且两者的成分都随温度而改变，最后通过原子扩散而达到均匀化。当结晶终止时，晶体的平均化学成分与原合金相同。

3）纯金属结晶后是单项组织，而合金除可形成单项固溶体外，在大多数情况下，合金结晶时往往形成双相或多相组织。

第五节　铁碳合金相图

钢铁是现代工业中应用最广泛的材料。铁和碳是钢铁中的基本组成元素。铁和碳的合金称为铁碳合金；合金钢与合金铸铁是加入合金元素的铁碳合金。为了熟悉各种钢铁材料的组织与性能，以便合理地选材及制订合理的加工工艺，首先必须熟悉铁碳合金相图。对于焊接工艺人员，为了保证焊接质量，必须掌握钢铁在焊接过程中其成分、组织与性能的变化规律。为此，更需对铁碳合金相图有较深入地理解。

一、铁碳合金的组元和基本组织

碳可以溶于各种晶格的铁中，并可与铁形成一系列的化合物，如 Fe_3C、Fe_2C、FeC 等。在钢和铸铁中，碳的质量分数（w_C）一般在 5% 以下，因为碳在铁中的最大溶解度为 6.69%，所以铁碳合金基本的组元为 Fe 与 Fe_3C。也就是说，铁碳合金相图实际上是 $Fe\text{-}Fe_3C$ 相图。

铁碳合金在固态下的基本组织有铁素体、奥氏体、渗碳体、珠光体和莱氏体。

1. 铁素体（F）

碳溶于 $\alpha\text{-}Fe$ 中所形成的间隙固溶体，称为铁素体。碳在 $\alpha\text{-}Fe$ 中的位置，如图 1-28 所示。600℃ 时 $\alpha\text{-}Fe$ 中能溶解碳 $w_C = 0.008\%$。随着温度的升高，晶体缺陷增多，$\alpha\text{-}Fe$ 的溶碳量逐渐增加。当温度升高到 727℃ 时，溶碳量 $w_C = 0.0218\%$。

由于 $\alpha\text{-}Fe$ 的溶碳量很小，所以铁素体的性能几乎与纯铁相同，即强度、硬度低，而塑性和韧性高。

在显微镜下观察，铁素体呈明亮的多边形晶粒，如图 1-29 所示。

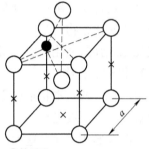

○ 铁原子
● 晶格中最大空隙位置
× 碳原子可能进入的空隙位置

图 1-28　碳在 $\alpha\text{-}Fe$ 中的位置

2. 奥氏体（A）

碳溶于 $\gamma\text{-}Fe$ 中所形成的间隙固溶体，称为奥氏体。碳在 $\gamma\text{-}Fe$ 中的位置，如图 1-30 所示。$\gamma\text{-}Fe$ 的溶碳能力比 $\alpha\text{-}Fe$ 高。在 727℃ 时，碳的溶解度为 $w_C = 0.77\%$。随着温度的升高，其溶解度增加，在 1148℃ 时，$w_C = 2.11\%$。

在 $Fe\text{-}Fe_3C$ 系中，奥氏体存在于 727~1495℃ 的温度范围内。

高温下奥氏体的显微组织，如图 1-31 所示，其晶粒呈多边形，与铁素体的显微组织相近似，但晶粒边界较铁素体平直。

奥氏体的强度不高，但塑性好。因此，在锻造时常把钢加热到奥氏体状态。

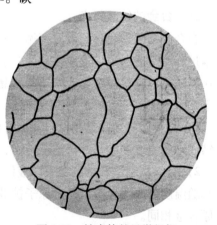

图 1-29　铁素体的显微组织

3. 渗碳体（Fe_3C）

由于碳在 $\alpha\text{-}Fe$ 或 $\gamma\text{-}Fe$ 中的溶解度有限，所以当碳的含量超过碳在铁中的溶解度时，多余的碳就会与铁形成化合物 Fe_3C，称为渗碳体。渗碳体的碳的质量分数为 $w_C = 6.69\%$，它是一种具有复杂晶体结构的化合物，硬度很高，脆性很大，几乎没有塑性。

渗碳体在钢和铸铁中与其他相共存时，可以呈片状、粒状（球状）、网状等不同形态。渗碳体是碳钢中主要的强化相，它的形态、大小及分布对钢的性能有很大的影响。

铁素体、奥氏体和渗碳体三个基本相的力学性能见表 1-6。

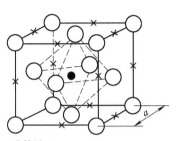

○铁原子
●晶格中最大空隙位置
×碳原子可能进入的空隙位置

图 1-30　碳在 γ-Fe 中的位置

图 1-31　高温下奥氏体的显微组织

表 1-6　铁碳合金基本相的力学性能

相名称	符号	HBW	R_m/MPa	A（%）	说　明
铁素体	F	80	250	50	碳溶于 α-Fe 中的固溶体
奥氏体	A	120~220	100~850	40~60	碳溶于 γ-Fe 中的固溶体
渗碳体	Fe_3C	800	~	~	铁和碳的金属化合物

4. 珠光体

珠光体是铁素体和渗碳体组成的机械混合物。珠光体的碳的质量分数平均为 $w_C = 0.77\%$，性能介于铁素体和渗碳体之间，具有较高的强度和硬度（$R_m = 770MPa$，180HBW），良好的塑性和韧性（$A = 20\% \sim 30\%$）。在珠光体组织中，渗碳体一般呈片状分布在铁素体基体上，铁素体与渗碳体呈交替重叠形态，如图 1-32 所示。

5. 莱氏体（Ld）

存在于 727~1148℃高温区间的莱氏体是由奥氏体和渗碳体组成的机械混合物，称为高温莱氏体。在727℃以下莱氏体由珠光体和渗碳体组成，称为低温

图 1-32　珠光体的显微组织

莱氏体，用"Ld′"表示。莱氏体的力学性能与渗碳体相似，硬度很高（可达 700HBW），塑性、韧性很差。莱氏体组织可看成是在渗碳体基体上分布着粒状奥氏体或珠光体。

二、铁碳合金相图

在极其缓慢加热（或冷却）条件下（称之为平衡态），铁碳合金的成分与组织状态、温度三者之间的关系及其变化规律的图解，称为铁碳合金相图（图 1-33）。

在铁碳合金相图中，成分坐标轴仅标出 $w_C \leq 6.69\%$ 时的合金部分，因为 $w_C > 6.69\%$ 的铁碳合金，在工业中没有实用意义。在研究此成分铁碳合金时，合金中的碳全部为亚稳定的化合物 Fe_3C。因此，铁碳合金相图的基本组元为 Fe_3C 时，我们所说的铁碳合金相图，实际上是指简化后的 Fe-Fe_3C 相图（图 1-34）。

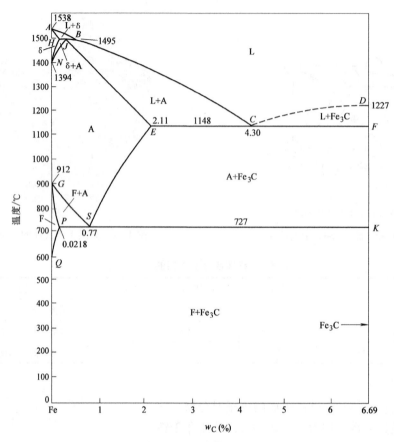

图 1-33　铁碳合金相图

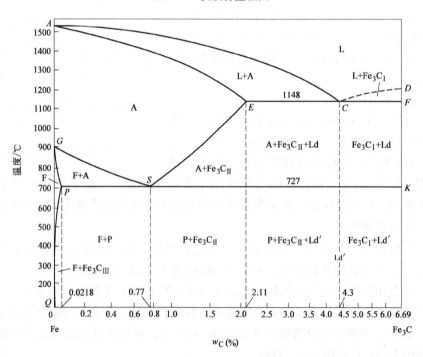

图 1-34　简化的 Fe-Fe₃C 相图

1. Fe-Fe₃C 相图中的主要特性点

Fe-Fe₃C 相图中的主要特性点的温度、碳的质量分数及其含义见表 1-7。

表 1-7　Fe-Fe₃C 相图中的主要特性点

特性点	温度/℃	碳的质量分数（%）	含　义
A	1538	0	纯铁的熔点
C	1148	4.3	共晶点，有共晶转变 $L_{4.3} = A_{2.11} + Fe_3C$
D	1227	6.69	Fe_3C 的熔点
E	1148	2.11	碳在 γ-Fe（A）中的最大溶解度，钢与铸铁的分界点
G	912	0	纯铁同素异构转变点
P	727	0.0218	碳在 α-Fe 中的最大溶解度
S	727	0.77	共析点，有共析转变 $A_{0.77} = F_{0.0218} + Fe_3C$

2. Fe-Fe₃C 相图中的主要特性线

（1）液相线 ACD　在此线以上铁碳合金处于液体状态（L）。

（2）固相线 AECF　在此线以下铁碳合金均是固体状态，合金冷却到此线时，结晶过程结束。

（3）ES 线　此线是碳在奥氏体中的饱和溶解度曲线（固溶线），也称为 A_{cm} 线。在 1148℃时奥氏体中溶碳量达到最大值 $w_C = 2.11\%$。随温度下降，到达 727℃时溶碳量为 $w_C = 0.77\%$。因此，$w_C > 0.77\%$ 的合金，在 727～1148℃的冷却过程中都将从奥氏体中析出渗碳体。

（4）GS 线　表示 $w_C < 0.77\%$ 的铁碳合金冷却时由奥氏体组织中析出铁素体组织的开始线，或者说在加热时铁素体转变为奥氏体的终了线，也称为 A_3 线。

（5）PQ 线　此线是碳在铁素体中的固溶度曲线。铁碳合金冷却到此线，将从铁素体中析出三次渗碳体（Fe_3C_{III}）。由于 Fe_3C_{III} 数量极少，在一般钢中影响不大，可忽略。

（6）GP 线　GP 线为铁碳合金冷却时奥氏体组织转变为铁素体的终了线或者加热时铁素体转变为奥氏体的开始线。

（7）ECF 线　此线是共晶转变线。C 点为共晶点，即 $w_C = 4.3\%$ 共晶成分的液相，在共晶温度 1148℃时同时结晶出 $w_C = 2.11\%$ 的奥氏体和渗碳体两个固相，即

$$L_{4.3} \stackrel{1148℃}{=\!=\!=\!=} A_{2.11} + Fe_3C \tag{1-11}$$

此共晶产物称为莱氏体，用 Ld 表示。

（8）PSK 线　此线是共析转变线，也是 A_1 线。S 点为共析点。共析转变时从一种固相中同时析出另外两种固相的过程。转变产物称为共析体。铁碳合金的共析转变是在 727℃时，$w_C = 0.77\%$ 的奥氏体同时析出 $w_C = 0.0218\%$ 的铁素体和渗碳体组成的细密混合物。即

$$A_{0.77} \stackrel{727℃}{=\!=\!=\!=} F_{0.0218} + Fe_3C \tag{1-12}$$

转变产物称为珠光体，符号为 P。在 PSK 线以下，任何成分的合金中都没有奥氏体，它是由铁素体与渗碳体两相组成的机械混合物。

三、铁碳合金分类及平衡组织

根据碳的质量分数和室温平衡组织的不同，铁碳合金一般可分为工业纯铁、钢、白口铸

铁三大类，见表1-8。

表1-8　铁碳合金的平衡组织

分类名称		w_C（%）	平衡组织	组织形态特点
工业纯铁		<0.0218	$F+Fe_3C_{III}$ 或 F	Fe_3C_{III} 以薄片状分布于晶界上
钢	亚共析钢	0.0218~0.77	F+P	F 呈块状，P 呈层片状
	共析钢	0.77	P	P 呈层片状
	过共析钢	0.77~2.11	$P+Fe_3C_{II}$	Fe_3C_{II} 呈网状分布于晶界上
白口铸铁	亚共晶白口铸铁	2.11~4.3	$P+Fe_3C_{II}+Ld'$	Fe_3C_{II} 与 Ld'中渗碳体连在一体
	共晶白口铸铁	4.3	Ld'	Ld'中渗碳体为基体
	过共晶白口铸铁	4.3~6.69	$Ld'+Fe_3C_I$	Fe_3C_I 呈板状

四、铁碳合金对组织和性能的影响

碳是决定钢铁材料组织和性能最主要的元素。不同成分的铁碳合金在室温时的组织都是由铁素体和渗碳体两个基本相组成的，如图1-35所示。随着碳的质量分数的增加，铁素体量减少，且渗碳体的形态和分布也发生了变化，所以铁碳合金具有不同的室温组织和性能。

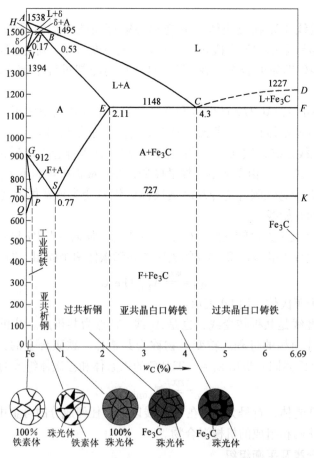

图1-35　铁碳合金相图的组织、性能变化规律

铁碳合金的力学性能随碳的质量分数的增加，硬度越来越高，而塑性、韧性不断下降；当 $w_C<0.77\%$ 时，随着含碳量的增加，强度也越来越高；当 $w_C>0.77\%$ 时，由于合金中大量渗碳体呈网状临界分布，使钢的脆性增加，特别是在白口铸铁中出现大量渗碳体和莱氏体组织，故强度明显下降。因此，为了保证工业用钢具有足够的强度、一定的塑性和韧性，钢中的碳的质量分数一般不超过 1.4%。

五、铁碳合金相图的应用

铁碳合金相图反映了铁碳合金成分、组织和温度三者之间的变化规律，对生产实践具有重要意义，可作为选材的依据，也可作为铸造、锻造、焊接及热处理等热加工工艺的重要依据，具体说明如下。

1. 选材

铁碳合金相图总结了铁碳合金组织和性能随成分变化的规律。因此，可以根据构件的工作条件和性能要求，选择合适的材料。例如，如果需要塑性好、韧性高的材料，可选用低碳钢；如果需要强度、硬度、塑性都好的材料，可选用中碳钢；如果需要硬度高、耐磨性好的材料可选用高碳钢；如果需要耐磨性高、不受冲击的零部件用材料，则可选用白口铸铁。

同时，随着生产技术的发展，按照新的要求，根据资源情况研制新型钢铁材料。铁碳合金相图可作为在钢铁材料研制中预测其组织的依据。

2. 铸造

由铁碳合金相图可知，接近共晶成分的铁碳合金熔点低，结晶温度范围窄，具有良好的铸造性能。因此，在铸造生产中，经常选用接近共晶成分的铸铁。根据铁碳合金相图中液相线的位置，可确定铸钢和铸铁的浇注温度，为制订铸造工艺提供依据。

3. 锻造

单相奥氏体组织强度较低，塑性较好，便于塑性变形加工。因此，钢材的锻造、轧制均选择在单相奥氏体区的温度范围内进行。对于亚共析钢一般控制在 *GS* 线以上；而对于过共析钢则选择在 *PSK* 线以上的温度，以便于打碎二次渗碳体，改善钢材性能。

4. 焊接

焊接时焊缝到母材被加热的区域（热影响区）温度是不同的。由铁碳合金相图可知，受不同加热温度的影响，各区域冷却后会出现不同的组织，使焊接接头性能发生变化，尤其是高强度钢焊接在焊后需要采用如预热或缓冷等热处理的方法加以改善。

5. 热处理

铁碳合金相图对制订热处理工艺有着特别重要的意义，这将在后续章节详细讨论。

可以说，只有熟悉铁碳合金相图，才能掌握钢铁材料的性能及工艺。必须指出的是，相图只能作为选材和制订工艺的重要工具和参数，在实际应用时，还要考虑其他合金元素、杂质及实际加热或冷却速度等因素对相图的影响，必须借助和参照相关相图来进行准确分析。

【快速记忆铁碳合金相图的方法】 铁碳合金相图记忆比较难，同学们可按下列口诀记忆和绘制："天边两条水平线 *ECF* 和 *PSK*（一高、一低；一长、一短），飞来两只雁 *ACD* 和 *GSE*（一高、一低；一大、一小），雁前两条彩虹线 *AE* 和 *GP*（一高、一低；一长、一短），小雁画了一条月牙线 *PQ*。"

第六节 金属塑性变形与再结晶

金属受力时都要产生变形,当外力不太大时,所产生的变形在载荷卸除后,变形可以全部恢复,这种变形称为弹性变形。当外力较大时,金属内部的应力超过弹性极限时,则除了弹性变形外,还会产生塑性变形,即在载荷卸除后仍然有残留的变形。金属能够产生变形而不破坏的能力,称为塑性。塑性是金属材料的重要特性,有很高的实用价值。首先,利用金属的塑性,可以通过锻、轧、拉拔、挤压等方法,使金属材料获得所需的形状和尺寸;其次,通过塑性变形,可以提高金属的强度,如弹簧钢丝经过冷拉后,强度可达到一般钢材的 4~6 倍。此外,在金属制件设计中,通常限制在弹性范围内工作,以保证金属制件安全运行。

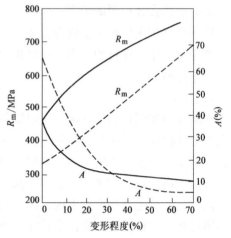

图 1-36 冷塑性变形对金属力学性能的影响

实线——冷拉的低碳钢($w_C = 0.15\%$)

虚线——冷压的黄铜($w_{Cu} = 70\%$,$w_{Zn} = 30\%$)

一、金属的塑性变形

经受塑性变形的金属,在组织、结构与性能上都会发生较为复杂的变化。图 1-36 表示经过冷变形的金属力学性能与变形程度的关系。可以看出,金属材料经冷塑性变形后,强度、硬度上升,塑性下降。变形程度越大,性能变化的幅度也越大。金属材料在冷变形过程中产生的强度、硬度升高,塑性和韧性降低的现象,称为加工硬化或冷作硬化。加工硬化是提高某些金属材料性能的重要手段之一。

加工硬化使金属的电阻升高,导电性、导热性、导磁性及耐蚀性均降低。

金属试样在试验机上做拉力试验时,当载荷超过屈服强度后,随着试样伸长变细而载荷却在升高的现象,实质上就是冷塑性变形引起加工硬化的结果。

加工硬化现象在日常生活中也很常见。当用钳子使力把铁丝弯曲或扭成螺旋状后,再把它伸直就十分困难,这就是加工硬化现象的一个实例。

金属的加工硬化现象是金属在塑性变形中,其内部的组织发生了变化所致。金属在弹性变形阶段,晶格仅发生简单的歪曲或伸长,如图 1-37b 所示。由于所受外力未超过原子的结合力,所以在外力卸除后晶格会自动恢复到变形前的情况(图 1-37a)。而当外力增加到使受力金属的应力超过弹性极限时,在应力作用下晶体的一部分相对于另一部分沿着一定方向发生相对移动(图 1-37c),这种现象称为滑移。滑移是在切应力作用下发

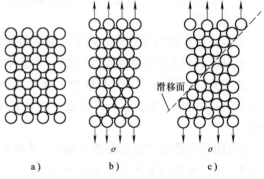

a)   b)   c)

图 1-37 晶格受拉伸力作用时的变形示意图

a)变形前 b)弹性变形 c)塑性变形

生的，是产生塑性变形的主要机制。

滑移的实质是晶格中的位错在切应力作用下沿滑移面运动的结果。滑移面通常为晶体中原子排列最密集的平面。滑移的结果是位错密度增大，晶格产生畸变，晶粒破碎，增加了对滑移的阻力，加大塑性变形抗力，使金属的塑性下降，强度、硬度上升。

加工硬化的金属，处于能量较高的不稳定状态。当温度上升，原子具有了一定的扩散能力时，金属就会自发地转向能量较低的状态。

二、冷变形金属在加热时其组织与性能的变化

加热将使冷塑性变形金属发生一系列变化，随着加热温度升高，其变化可分为回复、再结晶和晶粒长大三个阶段，如图 1-38 所示。

1. 回复

冷变形金属在加热温度较低时，原子活动能力较小，冷变形金属显微组织无明显改变。此时，硬度、强度略有下降，塑性、韧性有所回升，残余应力下降，这种变化过程称为回复。

在工业生产中，利用冷变形金属的回复现象，可将已加工硬化的金属材料在较低的温度下加热，使残余应力基本消除，而同时保留了加工硬化的强化效果。例如，用冷拉钢丝卷制的弹簧，卷成后进行 250~300℃ 的低温处理，可以消除内应力但保持弹簧定型。

2. 再结晶

回复后的金属继续加热升温时，由于原子的活动能力增大，在晶格畸变严重处形成与变形晶格不同、

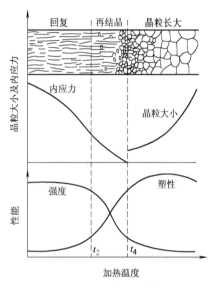

图 1-38　加热温度对冷变形金属
组织和性能的影响

内部均匀的小晶粒，这些小晶粒不断向外扩展长大，使因变形而破碎的晶粒变成完整的新晶粒。随着组织的变化，金属的强度、硬度下降，塑性、韧性升高，力学性能与物理性能恢复到塑性变形前的状态（图 1-38 $t_2 \sim t_4$）。

再结晶过程也是由晶核的形成与长大两个过程组成的。但再结晶过程中，金属不发生成分与结构的变化，所以不属于相变过程。发生再结晶的温度取决于金属的成分与变形程度，通常将能够进行再结晶的最低温度，称为金属的再结晶温度。例如，纯铁的再结晶温度为450℃左右；纯铜的再结晶温度在 230℃ 左右。化学成分对再结晶温度的影响比较复杂，当金属含有少量合金元素或杂质时，多数情况下再结晶温度升高，如 W、Mo、Cr 等元素都能提高钢的再结晶温度，利用这一特点可以提高钢的高温强度。

大量实验表明，当变形程度较大时，各种纯金属的再结晶温度与其熔点之间的关系如下：

$$T_{再} \approx (0.35 \sim 0.40) T_{熔}$$

将冷变形金属加热到再结晶温度以上，以消除加工硬化，提高塑性的过程，称为再结晶退火。

3. 晶粒长大

金属通过再结晶后，得到的是细小无畸变的等轴晶粒。如果继续升温或延长保温时间，

晶粒将互相吞并长大而粗化，使力学性能下降。因此，在再结晶处理中应注意控制加热温度和保温时间，以保证晶粒尺寸在一定的范围内。

三、金属材料热加工与冷加工的区分

由于金属具有随温度升高而强度降低，塑性提高这一特点，金属在高温下进行变形加工就比常温下容易得多。因此，在有些情况下，就需要将金属加热到一定温度后再进行变形加工，于是在生产上就有了冷、热加工之分。冷加工与热加工的划分是以金属的再结晶温度为界的。金属在高于再结晶温度进行加工就属于热加工，如锻造、热轧；金属在再结晶温度以下进行加工则属于冷加工，如冷轧、冷拔工艺等。

本章小结

本章主要阐述了金属材料的性能、纯金属与合金的晶体结构与结晶、铁碳合金相图及金属塑性变形时其组织与性能的变化。通过本章的学习，应熟悉金属的结晶与晶体结构，了解金属的结构对性能的影响。掌握简化铁碳合金相图，学会利用铁碳相图判定不同转变温度下所形成的组织、相关成分及性能。了解塑性变形时金属材料组织和性能的变化特点。通过实验观察钢铁材料的微观金相组织，学会制备金相试样，熟悉钢铁组织与性能的关系。

习题与思考题

一、名词解释

1. 强度　2. 硬度　3. 合金　4. 铁素体　5. *ES* 线　6. *PSK* 线

二、填空题

1. 金属常用力学性能指标有＿＿＿＿＿＿、＿＿＿＿＿＿、＿＿＿＿＿＿、＿＿＿＿＿＿等。

2. 金属由液体转变为固体的过程称为＿＿＿＿＿＿。

3. 金属结晶的基本过程由＿＿＿＿＿＿、＿＿＿＿＿＿两部分组成。

4. 测定硬度的方法很多，在生产中应用最多的压入硬度试验是＿＿＿＿＿＿、＿＿＿＿＿＿和＿＿＿＿＿＿。

5. 钢材受外力而产生变形，当外力除去后，不能恢复原来形状的变形称为＿＿＿＿＿＿。

6. ＿＿＿＿＿＿是金属材料在外力作用下抵抗永久变形和断裂的能力。

7. 韧性是指金属在断裂前吸收＿＿＿＿＿＿的能力。

8. 热膨胀性是指固态金属在温度变化时＿＿＿＿＿＿的能力。

三、选择题

1. 下列不属于非铁金属的是（　　）。

A. 铜　　　　　B. 不锈钢　　　　　C. 铝　　　　　D. 钛

2. 布氏硬度值用符号（　　）表示。

A. HBW　　　　B. HV　　　　　C. HRC　　　　D. HRB

3. 金属材料在外力作用下抵抗永久变形和断裂的能力称为（　　）。

A. 强度　　　　B. 硬度　　　　　C. 韧性　　　　D. 塑性

4. 固态熔化为液态的温度称为（　　）。

A. 熔点　　　　B. 沸点　　　　　C. 凝固点　　　　D. 屈服点

5. 下列哪种不是常见的金属晶体结构（　　）。

A. 体心立方晶格　　　　　　　　B. 面心立方晶格

C. 密排六方晶格   D. 立体立方晶格

四、判断题

1. 一般来说，材料的屈服强度小于其抗拉强度。 （　　）

2. 屈服强度标志着金属材料对微量变形的抗力，材料的屈服强度越高，表示材料抵抗微量塑性变形的能力越小。 （　　）

3. 依据金属材料的硬度值可近似地确定其抗拉强度值。 （　　）

4. 冲击韧度值越大，表示材料的脆性越大，韧性越差。 （　　）

5. 金属在断裂前吸收变形能量的能力称为强度。 （　　）

6. 物理性能是金属在固态下所表现出的一系列物理现象。 （　　）

7. 金属化合物是合金组元间相互作用而形成的一种新相，其晶格类型与性能完全相同于任一组成元素。 （　　）

8. 合金是指由不同金属元素组成的具有金属特性的物质。 （　　）

五、简答题

1. 晶粒大小对钢的性能有何影响？生产中是怎样控制晶粒大小的？

2. 简述铁碳合金相图中的主要特性点。

六、课外交流与探讨

铁碳合金相图在实际生产中都有哪些具体的应用？

（实验一）　金相显微试样的制备实训

1. 实验的目的与要求

1）掌握金相试样的制备过程：粗磨、细磨、抛光、腐蚀及观察金相组织。

2）了解金相显微镜的原理与操作。

2. 实验的仪器设备及材料

1）仪器设备：金相试样切割机、台式砂轮机、抛光机、金相显微镜、电吹风机等。

2）材料：经过退火的钢铁试样、各号金相砂纸、玻璃平板、各种腐蚀剂、抛光粉等。

3. 说明与建议

1）为达到实验目的，本实验应至少保证每个学生制备一个试样，并做完全部过程。

2）实验开始前，实训指导教师应结合实训基地设备情况，对实训所用设备、仪器的构造、原理、操作方法进行讲解示范；对所用材料、工具进行介绍，对实验方法步骤和操作要领进行说明；尤其应强调对砂轮机、抛光机和金相显微镜的安全和正确操作，以防发生设备和人身事故。

3）将试样磨面磨平、磨光是制备试样的重要步骤，一定要按操作要领和顺序进行，绝不能求简图快。试样磨光过程中，实训指导教师应及时检查指导。

4）将抛光的试样先在金相显微镜下观察磨面特征。如果试样未达到要求应重新磨抛；如果试样已达到要求，可观察试样磨面有无杂物、砂眼、气孔、裂纹、石墨和残留划痕等。

5）将试样腐蚀，并观察其显微组织，经实训指导教师检查后绘出所做试样显微组织示意图。

4. 实验报告内容及要求

1）简述本次实验的目的与要求、试样制备过程、所用设备、材料及操作要点。

2）绘制所做试样的显微组织示意图（图中应注明试样材料名称、腐蚀剂、放大倍数、显微组织组成物等），描述试样腐蚀前的磨面特征。

3）实验中的问题与体会。

（实验二）铁碳合金显微组织观察

1. 实验的目的与要求

1）认识铁碳合金典型成分的平衡组织特征。

2）通过观察，加深对铁碳合金中碳的质量分数与合金组织、性能关系的理解和认识。

2. 实验的仪器设备及材料

1）仪器设备：金相显微镜。

2）材料：工业纯铁、亚共析钢、共析钢、过共析钢、亚共晶白口铸铁、共晶白口铸铁、过共晶白口铸铁等金相试样。

3）金相图谱。

3. 说明与建议

1）金相显微镜是贵重仪器，实训指导教师在说明本次实验目的与要求之后，应进一步对金相显微镜的构造、操作要点、注意事项做示范讲解，使学生能较快进入组织观察，并防止损坏金相显微镜。

2）学生在观察金相试样中应对照教材和金相图谱中典型成分合金组织中各相的形态、分布特征，掌握整个组织特点。

3）在逐个对试样进行观察的基础上，选择几个典型组织的典型区域绘出其显微组织示意图。

4. 实验报告内容及要求

1）简述本次实验的目的、要求与内容，简要说明金相显微镜的构造及操作要点。

2）绘出几个典型合金的显微组织示意图（图中应注明试样材料名称、显微组织组成物、腐蚀剂、放大倍数等）。

3）描述所观察显微组织的特征。说明合金的组织形态与碳的质量分数和性能的关系。

4）实验中的问题和体会。

第二章　钢的热处理

第一节　概　述

一、热处理在金属制造业中的作用

热处理是研究金属相变（钢的组织）的基础。为了使金属材料的力学性能得到提高，充分发挥材料的潜力或者使材料获得一些特殊性能，以满足各种使用条件下对材料的要求，在金属制造业中，改善金属材料性能的途径主要有两种：一种是改善金属的化学成分，通过金属的熔化结晶过程来实现，如采用铸造、焊接等工艺方法；另一种是改变金属材料的内部组织，通过控制金属的加热、冷却过程来实现，如采用轧制、锻造、热处理等工艺方法。可见，金属材料的热处理是金属加工过程的重要工序，它对改善材料的性能起着重要作用，是工程材料研究和应用的主要方法之一。例如，将 45 钢加热到 840℃用不同方法冷却到室温后的力学性能见表 2-1。

表 2-1　45 钢加热到 840℃用不同方法冷却到室温后的力学性能

性能 冷却方式	R_m/MPa	R_{eL}/MPa	A（%）	Z（%）	硬度
退火（缓冷）	530	280	32.5	49.3	约 160HBW
正火（空冷）	620~720	340	15~18	45~50	约 210HBW
淬火（水冷）	1000	720	7~8	12~14	52~60HRC
淬火后高温回火	830	520	23	61	220HBW

可以看出由于热处理的方法不同，其性能差别很大。又如，工具钢在未经淬火和回火之前，硬度很低，根本不能用作工具使用，但经淬火和低温回火之后，硬度可高达 60HRC 以上，具有很高的耐磨性，能制作多种刃具、模具和量具使用；大型、重要的焊接件焊后如果不进行消除应力退火，就会产生裂纹而使焊件报废造成重大经济损失。因此，热处理是强化钢材、使其发挥潜在能力的重要工艺措施，也是改善材料制作工艺性能、保证产品质量和延长产品使用寿命的有效手段，通常重要的机器零件大多数都要进行热处理。例如，汽车、拖拉机行业中，有 70%~80% 的工件要经过热处理，而工具和模具制造业几乎是 100% 的工件要进行热处理。可见热处理技术在制造业中占有十分重要的地位。

二、热处理的实质及分类

热处理是将钢在固态下加热到预定的温度，并在此温度保持一定的时间，然后以预定的冷却方式和速度冷却，以改变钢的内部组织结构，从而获得所需性能的一种工艺方法。

热处理与其他加工工艺（锻压、焊接、切削加工）不同，它不改变零件的形状和尺寸，而是通过改变内部组织进而改变其性能。

根据热处理目的，加热和冷却方法不同，常用钢的热处理方法可以分为以下几种：

$$热处理 \begin{cases} 普通热处理：退火、正火、淬火+回火 \\ 表面热处理 \begin{cases} 表面淬火：感应淬火，火焰淬火等 \\ 表面化学热处理：渗碳、渗氮等 \end{cases} \end{cases}$$

热处理方法很多，但任何一种热处理方法都由加热、保温和冷却三个阶段所组成。图 2-1 所示为最基本的热处理工艺曲线。因此，要了解各种热处理方法对钢的组织与性能改变的道理，就必须研究钢在加热（包括保温）和冷却过程中组织转变的规律。

在焊接生产中，加热是实现熔焊的必要条件，其加热过程是经低温→高温→低温的过程，因此可以把熔焊过程看作一次自发的热处理过程。焊件在熔焊过程中，其组织与性能的变化也遵循金属在热处理过程中的变化规律。因此，热处理知识，是判断焊接接头组织与性能的理论基础。

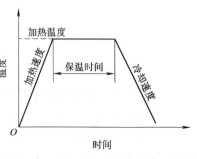

图 2-1 热处理工艺曲线

第二节 钢在加热时的组织转变

大多数机械零件的热处理都需要加热到临界点以上，使其全部或部分转变为奥氏体，以便采用适合的冷却方式获得所需组织。

由 Fe-Fe$_3$C 相图可知，共析钢、亚共析钢和过共析钢分别加热到 A_1、A_3、A_{cm} 以上均能得到单相奥氏体。但实际上，钢进行热处理时，加热和冷却并不是极其缓慢的，大多有不同程度的滞后现象产生，就是说，实际转变温度往往偏离相图所示转变点（临界点）温度。加热时，要略高一些，冷却时，要略低一些。随着加热和冷却速度增加，滞后现象越严重。为区别实际加热和冷却时的临界点，把加热时临界点标以符号 Ac_1、Ac_3、Ac_{cm}；冷却时临界点标以符号 Ar_1、Ar_3、Ar_{cm} 等，如图 2-2 所示。通常将钢加热时获得奥氏体的组织转变过程，称为"奥氏体化"。

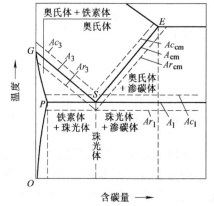

图 2-2 在加热（冷却）时 Fe-Fe$_3$C
相图上各临界点的位置

一、奥氏体的形成与长大

以共析钢为例，当温度加热到 Ac_1 线时，珠光体向奥氏体转变，这一过程同样是由晶核形成及晶核长大两个基本过程来实现的。它的转变全过程，可分为下列几个阶段，如图 2-3 所示。

（1）奥氏体晶核形成 实验证明，奥氏体晶核优先在铁素体和渗碳体的相界面上形成。这是因铁素体和 Fe$_3$C 两相中碳的浓度差很大，相界面处原子排列较不规则，位错、空位密度较高，晶核形成所需能量小，为奥氏体晶核形成在碳浓度和结构方面提供了有利条件。

（2）奥氏体晶核长大 奥氏体的晶核生成后，依靠铁素体和渗碳体的不断溶入，开始长大。由于铁素体晶格改组比渗碳体的溶解快，所以，铁素体消失后，仍有部分剩余的渗碳体。

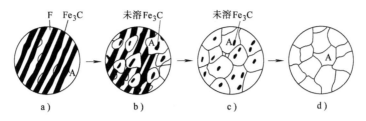

图 2-3　共析钢奥氏体化过程示意图

a）奥氏体晶核形成　b）奥氏体晶核长大　c）残余渗碳体溶解　d）奥氏体均匀化

（3）残余渗碳体溶解　铁素体消失后，随着保温时间的延长，渗碳体相继溶入奥氏体中。

（4）奥氏体均匀化　剩余渗碳体溶解完毕后，奥氏体中碳的浓度还是不均匀的，在原先是渗碳体的地方，碳的浓度较高；原先是铁素体的地方，碳的浓度较低。为此，必须继续保温，通过原子扩散才能取得均匀化的奥氏体。

（5）奥氏体晶粒的长大　已经形成的奥氏体晶粒，如果温度继续升高或保温时间延长，就会迅速长大，其中加热温度比保温时间的影响更大。

影响奥氏体化的主要因素是加热温度和加热速度。这种影响在珠光体向奥氏体等温转变的曲线上看得非常清楚，如图 2-4 所示。

由图可见，珠光体向奥氏体转变，要在 A_1 点以上温度才能进行。当加热到 A_1 点以上某一温度时珠光体并不立即转变，而要经过一段时间才开始转变，这段时间称为"孕育期"。加热温度越高，则孕育期越短，转变所需时间也越短，即奥氏体化速度越快。同样，加热速度越快，转变开始温度和终了温度越高，转变所需时间越短。图中加热速度 $v_2>v_1$，其中 v_2 所对应的转变开始温度和终了温度均高于后者。

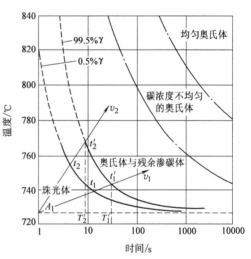

图 2-4　共析钢奥氏体化温度-时间示意图

亚共析钢和过共析钢的奥氏体化过程与共析钢基本相同，不同之处仅在于亚共析钢、过共析钢在加热至略高于 Ac_1 温度时，其中珠光体转变为奥氏体后，尚分别有过剩相铁素体和二次渗碳体未能转变，所以，它们的完全奥氏体化温度应分别在 Ac_3、Ac_{cm} 以上。

二、奥氏体晶粒的大小及控制措施

奥氏体晶粒的大小对钢热处理后的力学性能有很大影响，如加热得到细小而均匀的奥氏体晶粒，则冷却时，奥氏体的转变产物的组织也均匀细小，其强度、塑性、韧性都比较高；反之，则都差。故加热时总是希望得到细小均匀的奥氏体晶粒。在生产中常采用以下措施来控制奥氏体晶粒的长大。

1. 合理选择加热温度与保温时间

奥氏体形成后，随着加热温度的升高，保温时间的延长，奥氏体晶粒将会长大。特别是加热温度对其影响较大，这是因为晶粒长大是通过原子扩散进行的，原子扩散速度随着温度的升高而急剧增加。

2. 选用含有合金元素的钢

碳与一种或多种金属元素构成的化合物，称为碳化物。大多数合金元素，如 Cr、W、Mo、V、Ti、Nb、Zr 等，在钢中可以形成难溶于奥氏体的碳化物，分布在晶粒的边界，将阻碍奥氏体晶粒长大。

第三节　钢在冷却时的组织转变

钢经加热、保温得到奥氏体，创造了实现热处理目的的先决条件，但是最终的性能主要取决于奥氏体冷却转变后的组织。冷却是热处理的关键工序，由表 2-1 可见，45 钢奥氏体化后采用不同的冷却方法，转变后产物的性能差别很大。因此，可以通过改变奥氏体的冷却方式和冷却速度，从而控制过冷奥氏体（即低于 A_1 温度的奥氏体）的转变，以获得所需组织和性能。

在科学研究和实际生产中奥氏体的冷却转变方式有以下两种：

1. 连续冷却转变

把加热到奥氏体状态的钢从高温到低温不停留地连续冷却到室温，奥氏体在一个温度范围内完成转变，如图 2-5a 所示。例如，退火工艺的随炉缓冷、正火工艺的空冷（包括风冷）、淬火工艺的水中冷却及油中冷却等。

2. 等温冷却转变

将已奥氏体化的钢迅速冷却到 Ar_1 以下某一温度，并保温，使过冷奥氏体在此温度下停留并完成转变，而后再冷却到室温，如图 2-5b 所示。

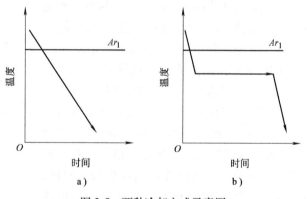

图 2-5　两种冷却方式示意图
a）连续冷却　b）等温冷却

实现等温冷却转变的具体操作方法是：将试样或工件（小件）奥氏体化后，快速淬入（转入）导热性很好并保持某一恒定温度的介质中，使试样或工件迅速降到与介质相同的温度，并在恒温介质中保持一定时间，使其完成转变，然后再取出冷却到室温。通常采用的冷却介质有液态金属铅、熔融的硝盐浴和碱浴等。

一、过冷奥氏体的等温转变

奥氏体在临界冷却温度 A_1 以下处于不稳定状态，必然要发生转变，但并不是一旦冷却到 A_1 温度以下就会立即发生转变，而是在转变前尚需停留一段时间，这一时间称为"孕育期"。在孕育期中暂时存在但处于不稳定状态的奥氏体称为"过冷奥氏体"。

过冷奥氏体的等温转变是将钢奥氏体化后迅速冷却到低于 A_1 的某一温度，并等温保持，使过冷奥氏体在此温度下转变。

1. 奥氏体等温转变图

奥氏体等温转变图是通过多种实验方法测定的。图 2-6 所示为共析钢奥氏体等温转变图。

在图 2-6 中，A_1 为奥氏体向珠光体转变的临界温度，$a_1 \sim a_5$ 是过冷奥氏体转变开始线，其左方为过冷奥氏体区。$b_1 \sim b_5$ 是转变终了线，其右方为过冷奥氏体转变产物区。在转变开始线和转变终了线之间是过冷奥氏体与转变产物共存的过渡区。

在曲线下方，水平线 Ms 为过冷奥氏体转变为马氏体的开始温度，称为"上马氏体点"，共析钢上马氏体点约为 230℃。水平线 Mf 为过冷奥氏体转变为马氏体的终了温度，又称为"下马氏体点"，约为 −50℃。

由图可见，过冷奥氏体在不同温度转变时，都要经过一段孕育期，

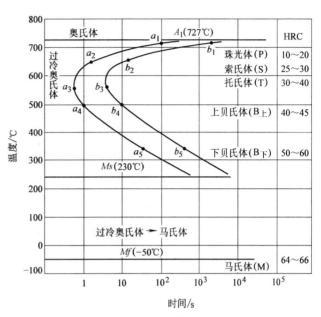

图 2-6 共析钢奥氏体等温转变图

用转变开始线与纵坐标之间的水平距离表示。孕育期越长，过冷奥氏体越稳定；反之则越不稳定。在图 2-6 中，孕育期起初随等温温度的降低而逐渐减小，随后又随温度降低而增加，所以曲线呈 C 字形状。曲线的拐弯部分（俗称"鼻尖"）约为 550℃，此处过冷奥氏体最不稳定，极易分解，孕育期只有 1s 左右。而在靠近 A_1 和 Mf 处的孕育期较长，过冷奥氏体比较稳定，转变速度也比较慢。

2. 奥氏体等温转变产物的组织与性能

奥氏体的等温转变温度不同，转变产物也不同，在 Ms 水平线以上，可发生如下两种类型的等温转变。

（1）珠光体转变 从 A_1 至等温转变图鼻尖区间的高温转变，其转变产物是珠光体，故又称为珠光体转变。在此温度区间的转变产物是铁素体与渗碳体的机械混合物（即珠光体）。当转变温度降低，即过冷度增大时，由于原子扩散能力减弱等，所得到珠光体的层片间距逐渐减少，性能也有所不同，为区别起见又可分为以下三种：

在 $A_1 \sim 650℃$ 温度范围内等温转变，因过冷小，形成的珠光体比较粗，层片间距为 0.3μm 左右，它在放大 400 倍以上的光学显微镜下，即能分辨片层形态，如图 2-7 所示。这种组织又称为珠光体，其硬度约为 100 ~ 200HBW，用符号 P 表示。

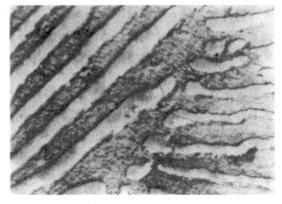

图 2-7 珠光体显微组织

在 650~600℃ 范围内，过冷度稍大，形核较多，转变速度较快，转变得到较薄的铁素体和渗碳体片，其层片间距约为 0.1~0.3μm，只有在高倍（1000 倍以上）金相显微镜下，才能分辨出层片，这种组织称为细珠光体或索氏体，用符号 S 表示，其显微组织如图 2-8 所示，其硬度约为 25~30HRC。

在 600~550℃ 范围内，过冷度更大，转变速度更快，获得的铁素体和渗碳体片更薄，其层片间距小于 0.1μm。只有借助于电子显微镜（2000 倍以上）才能分辨，这种组织称为极细珠光体，也称为托氏体，用符号 T 表示，其显微组织如图 2-9 所示，其硬度约为 30~40HRC。

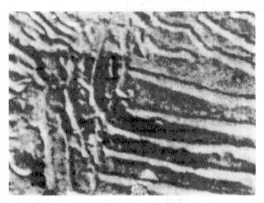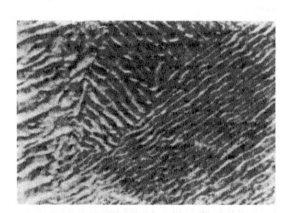

图 2-8 索氏体显微组织   图 2-9 托氏体显微组织

珠光体、索氏体、托氏体三种组织，只有形态上的厚薄之分，并无本质区别，故统称为珠光体型。随着转变温度降低，层片间距减小，强度、硬度增加，但对塑性的影响较小。

（2）贝氏体转变 在等温转变图鼻尖以下部分，大约在 550℃ ~ Ms 温度范围内，因为转变温度较低，原子活动能力较差，过冷奥氏体等温转变产物与珠光体型组织明显不同。过冷奥氏体转变时只有碳原子扩散而无铁原子扩散，所以过冷奥氏体虽然仍分解为铁素体和碳化物的机械混合物，但铁素体中溶解的碳超过了正常的溶解度。转变后得到的组织为含碳量具有一定的过饱和程度的铁素体和细小弥散的碳化物所组成的混合组织，称为贝氏体。因转变产物是贝氏体，故称为贝氏体型转变。贝氏体用符号 B 表示。依转变温度和组织特点，贝氏体又分为以下两种：

1）在贝氏体转变温度区间的上半部（550~350℃），由过冷奥氏体转变而成的贝氏体称为上贝氏体，用 B$_\perp$ 表示。其典型形态是一束相间大致平行的，含碳稍微过饱和的铁素体板条，并在诸板条晶界间夹着断断续续的渗碳体组织。因其在显微镜下的形态呈羽毛状，故又称为羽毛状贝氏体。其显微组织如图 2-10 所示，其硬度为 40~50HRC。

2）在贝氏体转变温度区间的下半部（350℃ ~ Ms），由过冷奥氏体转变而成的贝氏体称为下贝氏体，用符号 B$_\top$ 表示。其典型形态是双凸透镜状（粗略地说是片状）、含碳过饱和的铁素体，并在其内分布着单方向排列的碳化物小薄片，如图 2-11 所示。

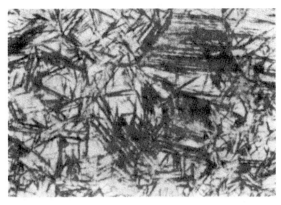

图 2-10　上贝氏体显微组织

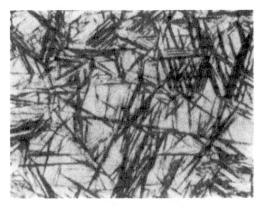

图 2-11　下贝氏体显微组织

共析碳钢的上、下贝氏体形成温度界限约为 350℃。从性能上来说,上贝氏体的脆性大,基本上无使用价值。而下贝氏体则是韧性较好的组织,在实际生产中,常用等温淬火工艺获得下贝氏体组织来改善工件的机械性能。

亚共析钢在过冷奥氏体转变为珠光体之前,首先会析出铁素体,所以在等温转变图左上方多了一条铁素体析出线,如图 2-12 所示。类似地,在过共析钢等温转变图上则多出一条二次渗碳体析出线。

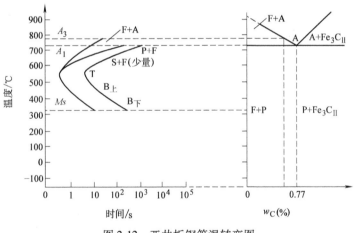

图 2-12　亚共析钢等温转变图

(3) 马氏体转变　奥氏体化后的钢,被直接迅速冷却到 Ms 温度以下时,将发生马氏体转变,也称为低温转变。

由于马氏体转变温度低,因此马氏体是碳在 α-Fe 中的过饱和固溶体,用符号 M 表示。它是一种单相的亚稳定组织。

1) 马氏体的特征。研究发现,马氏体的形态特征主要有两种基本类型:一种是片状马氏体;一种是板条马氏体。

在金相磨面上观察到的通常都是与马氏体片呈一定角度的针状截面,故亦称针状马氏体,如图 2-13 所示。当奥氏体中碳的质量分数大于 1.0% 的钢淬火后,马氏体形态为片状马氏体,故又称为高碳马氏体。

板条马氏体的立体形态为椭圆形截面的细长条状，其显微组织表现为一束束几乎平行的板条状组织，如图 2-14 所示。当奥氏体中碳的质量分数小于 0.20% 的钢淬火后，马氏体形态基本为板条马氏体，又称为低碳马氏体。

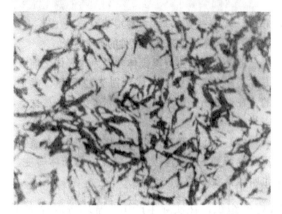

图 2-13　片状马氏体显微组织

图 2-14　板条马氏体显微组织

2）马氏体的性能。随着碳的质量分数及形态的不同，马氏体的性能有很大差异，马氏体的强度和硬度主要取决于碳的质量分数，如图 2-15 所示。随着马氏体中碳的质量分数增加，其强度、硬度随之增大。但当碳的质量分数增至 0.6% 以上时，其强度、硬度的增大渐趋平缓。

马氏体的塑性和冲击韧度会随着碳的质量分数的增加而急剧降低。表 2-2 为 $w_C = 0.10\% \sim 0.25\%$ 和 $w_C = 0.77\%$ 的碳钢

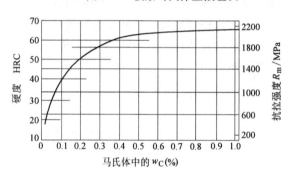

图 2-15　马氏体的强度、硬度与碳的质量分数的关系

淬火后获得的马氏体组织的性能比较。可见马氏体的力学性能还与马氏体的形态有关，片状马氏体硬而脆，低碳的板条马氏体具有较高的强度，且兼有较高的冲击韧度，因此，获得低碳的板条马氏体也是提高钢韧性的重要途径之一。

表 2-2　板条马氏体和片状马氏体性能比较

淬火钢碳的质量分数（%）	马氏体形态	R_m/MPa	R_{eL}/MPa	HRC	A（%）	Z（%）	K/(J·cm^{-2})
0.1~0.25	板条状	1020~1330	820~1330	30~50	9~17	40~65	60~80
0.77	片状	2350	2040	65	1	30	10

3）马氏体转变的主要特点。马氏体转变是在一定温度范围内（$Ms \sim Mf$）连续冷却时进行的。马氏体的数量随着温度的下降而不断增多，如果冷却中断，则奥氏体向马氏体的转变也就停止，即马氏体转变必须在不断降温下才能进行。

马氏体转变速度极快，形成一片马氏体仅需 10^{-7} s，且转变时伴随产生体积的膨胀，因而转变时产生很大的内应力。马氏体转变不能进行到底，即使过冷到 Mf 以下温度，仍有少量奥氏体存在，这部分未发生马氏体转变的奥氏体称为残留奥氏体。

马氏体转变温度 *Ms* 和 *Mf* 主要取决于溶入奥氏体的碳的质量分数，w_C 越高，*Ms* 和 *Mf* 越低。因此，高碳钢就有较多的残留奥氏体（图 2-16），而一般中低碳钢淬火后没有残留奥氏体。

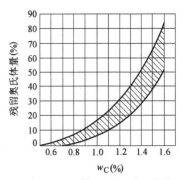

图 2-16　奥氏体的碳的质量分数
对残留奥氏体量的影响

二、过冷奥氏体的连续冷却转变

过冷奥氏体的连续冷却转变是指工件奥氏体化后以不同冷却速度连续冷却时，过冷奥氏体发生的转变。

等温转变图是反映过冷奥氏体在不同温度等温冷却时的转变规律。但在生产中大多数热处理工艺，如钢的退火、正火和普通淬火以及铸件、锻件和焊件的焊接接头组织，可以说都是在连续冷却条件下形成的。过去人们都用等温冷却转变图去定性地说明连续冷却时的转变情况，然而这种分析只能是近似和粗略的估计，不能定量说明转变情况，有时还可能得出错误的结果。例如，焊缝结晶及以后的冷却转变中，因为焊接熔池温度高，冷却快，其转变过程和组织与等温冷却转变图差别更大。因此，学会使用奥氏体连续冷却转变图，用以指导生产实践有重要意义。

过冷奥氏体连续冷却转变图也称为 CCT 图（CCT 是英文名称的缩写）。它在温度-时间坐标系中，反映在不同冷却速度下，过冷奥氏体的转变产物、转变量和硬度的关系。

1. 过冷奥氏体连续冷却转变图分析

图 2-17 中出现珠光体区和马氏体转变区，而没有出现贝氏体转变区。由图可知，上部珠光体转变区由珠光体转变开始线和转变终了线组成。图中 *AB* 线表示珠光体转变中止线。应用连续转变图分析钢在不同冷却速度下的转变过程和转变产物时，应沿着冷却曲线由左上方向右下方看。可在冷却曲线上清楚地看出过冷奥氏体在各种冷却速度下将发生哪些转变，以及各种相变进行的温度、时间和转变量。

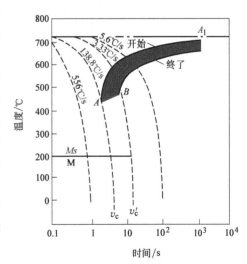

图 2-17　共析钢的连续冷却转变图

先看冷却速度为 5.6℃/s 的转变情况。当冷却曲线与珠光体转变开始线相交时，便开始珠光体转变；当与转变终了线相交时，转变即结束，形成全部珠光体组织。当冷却速度增大到 33.3℃/s 时，仍得到全部珠光体组织，转变过程相同。但从图中可看出，其转变开始和转变终了的温度降低，转变所用时间缩短，就是说，珠光体转变速度较快，同时所得的珠光体组织较细。如果冷却速度再增大到 138.8℃/s 时，冷却曲线与珠光体转变开始线相切而不相交，此时不发生珠光体转变，全部奥氏体被过冷至 *Ms* 线以下马氏体转变区，而发生马氏体转变，获得马氏体组织。此后再增大冷却速度，转变情况相同，仍得到马氏体组织。

亚共析钢的连续冷却转变图与共析钢差别较大，如图 2-18 所示。图中出现先共析铁素体析出区和贝氏体转变区。从冷却曲线可看出，连续冷却过程中，先析出先共析铁素体，再转变成珠光体，先共析铁素体的析出量随冷却速度增大而不断减少。在一定冷却速度范围内连续冷却时，可形成贝氏体。在贝氏体形成区出现 Ms 温度下降情况，即图中 Ms 线右端略有降低。在连续冷却转变图中，各冷却曲线上标出的数值表示相应组织的体积分数，而冷却曲线下端的数值表示该冷却速度下转变产物的硬度（以 HV 硬度值表示）。随着冷却速度增大，转变产物的硬度越来越高，特别是发生马氏体转变，硬度有较大幅度的升高。

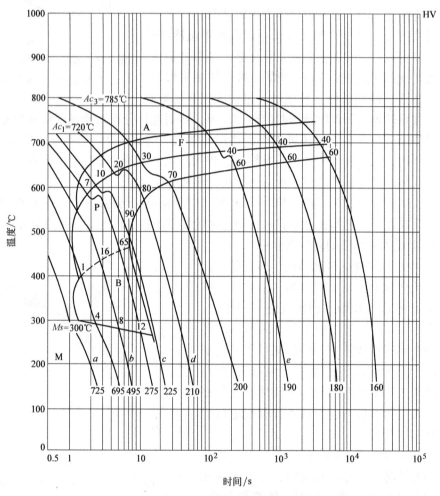

图 2-18　亚共析钢（45 钢）的连续冷却转变图

必须指出，合金钢中亚共析、共析和过共析成分的奥氏体，在连续冷却过程中，一般都会有贝氏体转变。因此，合金钢的连续冷却转变图经常出现三种转变，图形较碳素钢复杂。

2. 连续冷却转变图与等温转变图的比较

现以共析碳钢的连续冷却转变图与等温转变图做比较，如图 2-19 所示。图中虚线代表等温转变图，实线代表连续冷却转变图。由于温度和时间坐标相同，可以将两类图叠放在同一坐标图上。由图可见，连续冷却转变图位于等温转变图右下方，这表明连续冷却转变过程中，过冷奥氏体在较低温度和经过较长时间才开始转变，亦即连续冷却在较大过冷度和较长孕育期下发生转变。实验证明，共析碳钢以外的其他钢种也有这种现象。

3. 连续冷却转变曲线的应用

（1）确定钢全部淬成马氏体的临界冷却速度　由图2-17可知当 $v_c = 138℃/s$ 时，冷却曲线与珠光体转变开始线相切而不相交，此时，不发生珠光体转变，全部奥氏体被过冷到 Ms 以下马氏体转变区，而发生马氏体转变，获得马氏体组织。以后再增大冷却速度，转变情况相同，仍得到马氏体组织，v_c 是奥氏体向马氏体转变的最小冷却速度。当 $v < v_c$ 时，则不能得到或不能全部得到马氏体组织，我们把 v_c 称为淬火临界冷却速度。它的大小对确定热处理工艺和分析焊缝质量有重要意义。

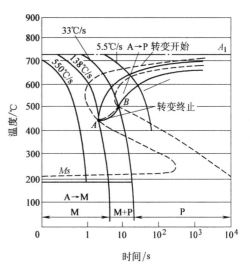

图 2-19　共析碳钢的等温转变图与
连续冷却转变图的比较

（2）预计钢在连续冷却时的转变产物和性能　将实测估算的连续冷却曲线，按坐标关系重叠在连续冷却转变图上，根据它与连续冷却转变图上曲线的相交位置，可确定转变产物的组织组成、相对量和硬度。

【案例分析】　以图2-18所示的45钢连续冷却转变情况为例，分析说明45钢奥氏体化后在不同冷却速度时的组织转变情况。

在图2-18中的冷却速度曲线 e 中，当45钢由800℃降至600℃时，大约用时280s，冷却速度 v_c 约为0.7℃/s，相对于炉冷（退火）。冷却结束时的转变产物是：铁素体F占40%（体积分数）和珠光体P占60%（体积分数），转变产物的维氏硬度是190HV。

在图2-18中的冷却速度曲线 d 中，当45钢由800℃降至500℃时，大约用时15s，冷却速度 v_c 约为20℃/s，相对于正火。冷却结束时的转变产物是：铁素体F占20%（体积分数）和珠光体P占80%（体积分数），转变产物的维氏硬度是210HV。

在图2-18中的冷却速度曲线 b 中，冷却速度更快，相当于小型工件油冷淬火（或大型工件水冷淬火）。冷却曲线 b 未与铁素体开始线相交，故没有发生铁素体转变。冷却结束时的转变产物是：珠光体P占16%（体积分数）、贝氏体B占8%，其余是马氏体组织，转变产物的维氏硬度是495HV。

由上述分析可以看出，亚共析钢连续冷却转变有以下几个特点：

1）冷却速度越快，先共析铁素体越少。当冷却速度大到一定程度时，先共析铁素体析出被抑制，结果亚共析钢得到珠光体、贝氏体、马氏体的混合组织，而无铁素体。

2）珠光体转变是在一个温度范围内进行的。且冷却速度越快，转变温度范围越小。最低可到500℃以下，由高温到低温，依次为珠光体、索氏体、托氏体。这就会使在同一冷速条件下过冷奥氏体先转变成的珠光体组织粗些，后转变的组织细些。

3）钢在连续冷却转变中，虽也能得到羽毛状的上贝氏体和竹叶状的下贝氏体，但却大多与托氏体、马氏体呈混合组织出现，很难得到单一的贝氏体组织。

上述分析表明，对同一牌号的钢，奥氏体化后以不同冷却方式和冷却速度冷却下来所得到的组织是不同的,因此,它们的性能也就大不相同。

4. 魏氏组织

魏氏组织亦称魏氏体,是一种过热缺陷组织。当奥氏体晶粒比较粗大,冷却速度又较快时,先共析铁素体呈针片状析出,并与原奥氏体晶粒保持严格的取向关系,这种组织即为魏氏组织。其组织特征如图2-20所示。

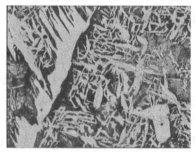

图 2-20　钢中的魏氏体组织

魏氏组织常出现于亚共析钢的铸、锻、焊件中,由于先共析铁素体割裂了钢的基体,形成许多脆弱面,使钢的塑性、韧性降低。魏氏组织量越多,对钢的力学性能影响越明显。钢中出现了魏氏组织,一般可通过正火或退火消除。

第四节　退火与正火

生产中常把热处理分为预备热处理和最终热处理两类。最终热处理是为了满足成品的使用性能;预备热处理是为了消除前道工序产生的某些组织缺陷,为随后的切削加工和最终热处理做好组织准备。退火与正火主要用于钢的预备热处理,对于某些不太重要的工件,也可作为最终热处理工序。

一、钢的退火

退火是将工件加热到适当温度,保持一定时间,然后缓慢冷却的热处理工艺。退火可以获得接近平衡状态组织。退火的目的主要是:

1) 降低钢件硬度,改善钢件可加工性。钢件经过适当退火处理后,一般硬度在200~250HBW,可加工性较好。

2) 消除钢件残余应力,以稳定钢件尺寸,并防止钢件变形和开裂。

3) 细化钢件晶粒,改善钢件组织,提高钢件力学性能。

根据钢件的成分和工艺目的的不同,退火工艺方法很多,但应用最广的有完全退火、球化退火和去应力退火。

各种退火工艺与正火工艺的加热温度范围如图2-21所示。

1. 完全退火

完全退火是将工件完全奥氏体化后,缓慢冷却,获得接近平衡组织的退火。它主要用于亚共析成分的碳钢和合金钢铸件、锻件及热轧型材,有时也用于焊接结构件。

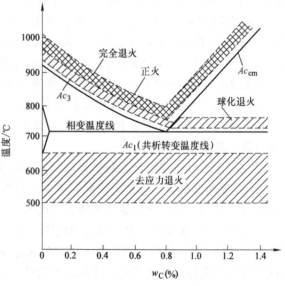

图 2-21　退火工艺与正火工艺的加热温度

完全退火工艺是将钢件加热到 Ac_3 以上 20～60℃，保温一定时间，随炉缓慢冷却至 600℃以下，再出炉在空气中冷却到室温。其工艺曲线如图 2-22 所示。

完全退火之所以能够细化晶粒，改善组织，降低硬度，消除残余应力，是因为有缺陷组织的铸件、锻件或焊件在退火加热到 Ac_3 以上经保温后，又进行了一次奥氏体化过程。在奥氏体化过程中，残余应力被消除，粗大晶粒、带状组织或魏氏组织转变为均匀细小的奥氏体晶粒，而后在随炉缓冷中转变为接近平衡状态的均匀组织。故完全退火，属于重结晶退火。

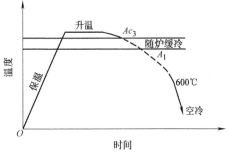

图 2-22　完全退火工艺曲线

2. 球化退火

球化退火是将工件中的碳化物球状化而进行的退火。球化退火主要用于共析或过共析成分的碳钢和合金钢。其目的是将片层状的渗碳体改变为球状渗碳体，以降低工件的硬度，改善工件的可加工性，并为工件以后淬火工序做好组织准备。

过共析钢主要用来制作工具，经过热轧、锻造后，组织中出现的片状珠光体和网状二次渗碳体会使钢的硬度增高，切削困难；而淬火时，易产生变形和开裂。球化退火可使其改变为铁素体基体上均匀分布着球状碳化物组织，称为球状珠光体，如图 2-23 所示。球状珠光体的硬度约为 170HBW，这个硬度最适合切削加工。

一般球化退火是把钢加热到 Ac_1 以上的 20～40℃，保温一定时间，然后缓慢冷却至 600℃以下再出炉空冷，如图 2-24 曲线 a 所示，也可采用如图 2-24 曲线 b 所示的等温球化工艺。

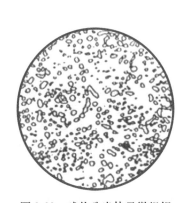

图 2-23　球状珠光体显微组织

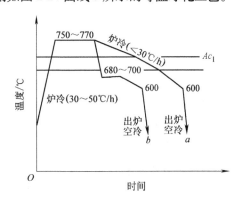

图 2-24　球化退火的工艺曲线

3. 去应力退火

去应力退火又称为低温退火，是为了去除工件塑性变形加工、切削加工或焊接造成的内应力及铸件内存在的残余应力而进行的退火。它主要用于消除铸件、焊接件、冲压件及机加工件的残余应力。如果这些残余应力不予消除，工件在随后机械加工或以后的长期使用中将引起变形或开裂。

去应力退火的工艺是将工件缓慢加热到 600～650℃，保温一定时间，然后随炉缓冷（100℃/h）至 200℃再出炉冷却。它之所以能够消除应力，是因为在加热和保温中进行的回复，甚至发生再结晶过程。

去应力退火的加热温度低于 A_1，故钢未发生相变，当然不会改变原来的组织，也就无细化晶粒和改善组织的作用。

二、钢的正火

正火是指工件加热至奥氏体化后在空气中冷却的热处理工艺。正火的加热温度是 Ac_3 或 Ac_{cm} 以上 $30\sim50℃$。可以看出，正火与退火的主要区别在于冷却速度不同，即正火的冷却速度比退火的冷却速度要快些。一般获得的组织较细，强度、硬度比退火高些。

1. 正火的目的

正火可改善钢的可加工性；消除碳的质量分数大于 0.77% 的碳钢或合金工具钢中存在的网状渗碳体；对强度要求不高的零件，可以作为最终热处理。

2. 正火的应用

由于正火比退火冷却速度快，所以同种结构钢，正火后比退火后硬度高些。

在实际生产中，常用正火来替代低碳钢的退火，从而改善低碳钢的切削性。因为低碳钢含碳量低，退火后不仅存在大量的铁素体，而且珠光体的层片粗，所以硬度更低，切削加工时容易发生粘刀现象。正火能使铁素体略有减少，更重要的是使珠光体层片减薄，硬度提高，以利于切削加工。目前工厂中，碳的质量分数低于 0.45% 的碳钢，都用正火替代退火。

对某些厚板、高强度钢焊接件，如高压容器、重要受力机架等则要求焊接后消除焊接应力，或进行正火以消除焊接应力和改善焊缝组织。需热处理的中小件一般在制造厂的台车式炉中进行，但对个别特大型焊接件的去应力退火，多用远红外线辐射板对焊接接头进行局部热处理。而整体热处理，多在工地拼装就位后将自身作为炉子装上烧嘴，由人工或计算机自动控制加热温度、保温时间和冷却速度进行处理，图 2-25 所示为 16MnR 制的 $\phi20m$ 球罐焊后整体热处理装置示意图。

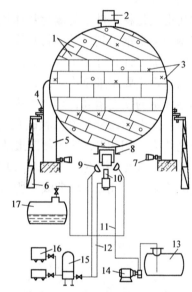

图 2-25 $\phi20m$ 球罐焊后整体热处理装置示意图

1—保温层 2—烟囱 3—热电偶布置点（共16个，分别布置在球面的两侧，○为内侧，×为外侧）
4—指针和底盘 5—柱脚 6—支架 7—千斤顶
8—内外套筒 9—点燃器 10—烧嘴 11—油路软管
12—气路软管 13—油罐 14—泵组
15—储气罐 16—空压机 17—液化气储罐

第五节　淬火与回火

钢的淬火与回火是紧密衔接的两个工艺过程，淬火是为回火时调整和改善钢的性能做好组织准备，而回火则决定了工件的使用性能和寿命。只有两者相互正确配合才能收到预期良好的热处理效果。

一、淬火

淬火是指工件奥氏体化后以适当方式冷却获得马氏体或（和）贝氏体组织的热处理工艺。淬火的加热温度是 Ac_1 或 Ac_3 以上某一温度范围，保温一定时间使之奥氏体化，然后以大于获得马氏体的临界冷却速度快速冷却，从而发生奥氏体→马氏体（或贝氏体）转变而获得马氏体的热处理工艺。

1. 淬火的目的

淬火的目的主要是获得马氏体（或贝氏体）组织，为回火做组织准备，提高钢的硬度和强度，也可改善某些特殊用钢的力学性能和化学性能，如高锰钢、不锈钢的固溶处理等。

【史海探析】 西汉《史记·天官书》中有"水与火合为淬"，《汉书·王褒传》中有"巧冶铸干将之朴，清水淬其锋"等金属加工技术方面的记载。

2. 淬火的加热温度和加热时间

碳钢的淬火加热温度可根据铁碳合金相图来选择，如图 2-26 所示。

为防止奥氏体晶粒粗化，加热温度 t 不宜过高，对

亚共析钢 $t = Ac_3 + (30 \sim 50)$℃
共析钢 $t = Ac_1 + (30 \sim 50)$℃
过共析钢 $t = Ac_1 + (30 \sim 50)$℃

对亚共析钢，淬火加热温度取在 Ac_3 以上 30~50℃，得到的组织为细小的奥氏体晶粒，淬火后为均匀细小的马氏体组织。如果加热温度在 $Ac_3 \sim Ac_1$ 之间，因在该加热温度区间钢中铁素体还未转变为奥氏体，淬火后组织为铁素体加马氏体，使淬火硬度降低，回火后硬度、强度也低，故不宜采用。

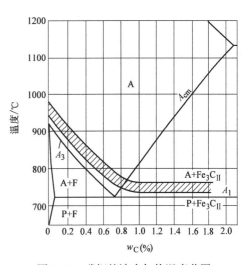

图 2-26　碳钢的淬火加热温度范围

过共析钢在淬火之前都进行过球化退火，其组织为球状珠光体，当加热到 Ac_1 以上 30~50℃时，为奥氏体加粒状渗碳体，淬火之后得到马氏体基体上分布着粒状渗碳体的组织。由于渗碳体很硬，因此，提高了钢的硬度和耐磨性，加热温度升高反而不利。

淬火加热时间包括升温时间和保温时间两部分。升温时间是指工件装入炉中后炉温升到规定加热温度所需的时间，它决定于装炉量和炉子升温能力；保温时间是指工件内、外温度一致达到奥氏体化的时间，即所谓"烧透"的时间。它取决于钢材成分、工件的尺寸与形状、加热介质和炉温的高低等多种因素。

3. 淬火介质

淬火介质又称为淬火剂，它的作用是为了保证工件得到足够的冷却速度，保证工件淬火后得到马氏体组织。可应用的淬火介质很多，但生产中大量使用的主要是油、水及水溶液。通常碳钢淬火用水，因为水的冷却速度快；合金钢用矿物油，虽然矿物油的冷却能力较水低，但合金钢的临界冷却速度比碳钢慢，因此仍能使钢淬成马氏体组织。

4. 淬火方法

正确的淬火方法对保证淬火质量有重要作用。目前最常用的淬火方法主要是单介质淬

火、双介质淬火、分级淬火和等温淬火。

（1）单介质淬火　单介质淬火是将已奥氏体化的工件放在一种淬火介质中，连续冷却到室温的一种淬火方法。它主要应用于形状简单的工件，如图 2-27a 所示。

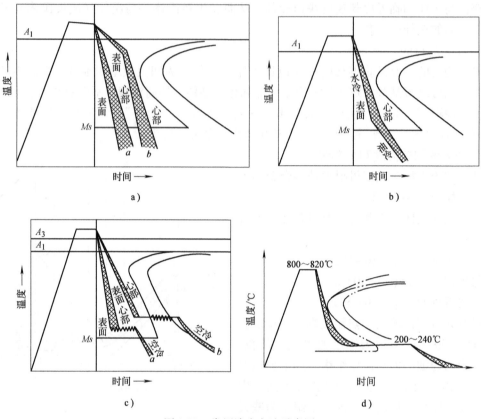

图 2-27　常用淬火方法示意图

a）单介质淬火　b）双介质淬火　c）分级淬火　d）等温淬火

（2）双介质淬火　双介质淬火是将工件加热奥氏体化后先浸入冷却速度较大的介质中，在组织即将发生马氏体转变时，立即转入另一种冷却速度较小的淬火介质中去的淬火方法。最常见的双介质淬火是水淬油冷，它主要用于形状较复杂的碳钢零件，如图 2-27b 所示。

（3）分级淬火　分级淬火是指工件加热奥氏体化后浸入温度稍高于或稍低于 Ms 点的盐浴或碱浴中，保持适当时间，在工件整体达到冷却介质温度后取出空冷以获得马氏体组织的淬火方法，如图 2-27c 所示。

分级淬火能够减小工件中的热应力，并缓和相变产生的组织应力，从而减小了淬火变形，因此，它主要应用于尺寸较小的高碳钢或高碳合金钢制工件。

（4）等温淬火　等温淬火是指工件加热奥氏体化后快冷到贝氏体转变温度区间等温保持，使奥氏体转变为贝氏体的淬火方法，如图 2-27d 所示。

等温淬火方法的特点是淬火应力和变形极小，经淬火回火（低温回火）后，在硬度相近的情况下具有较高的韧性、塑性和耐磨性，因此，可用来处理各种高碳钢和低合金工具钢制作的小型复杂零件。

5. 钢的淬透性

钢的淬透性是指钢在淬火时获得马氏体组织的能力。淬透性是用在一定淬火条件下淬后得到马氏体层深度来衡量。马氏体层深度即淬硬层深度，是从淬硬的工件表面至规定硬度值处的垂直距离。影响钢淬透性的因素主要是钢的化学成分，尤以合金元素 Mn、Cr、Si、Mo、Ni 等最为显著。这些元素加热时溶于奥氏体后使等温转变图右移，降低钢的淬火临界速度，提高钢的淬透性。钢的碳含量对钢的淬透性也有影响，但不如合金元素影响大。一般来说，对于亚共析钢，碳含量越低，钢的淬透性越差；对于过共析钢，碳含量越高，钢的淬透性也越差。在碳钢中以共析钢淬透性最好。奥氏体晶粒大小对钢的淬透性亦有影响，粗大晶粒的奥氏体，其淬透性比细小晶粒的奥氏体好。由于焊接熔池周围的金属导热性强，因此，焊接热影响区的淬火倾向比热处理时要大。

钢的淬透性是钢本身所固有的一种属性。显然，用不同钢材制成的相同形状和尺寸的试样（或工件）在相同的淬火条件下淬火时，淬透性好的钢，其淬硬层深，淬透性差的钢，其淬硬层浅。

应当指出，钢的淬透性与淬硬性是两个完全不同的概念。钢的淬硬性是指钢经淬火后，能达到的最高硬度。它主要取决于马氏体中碳的质量分数，如图 2-15 所示。例如，碳的质量分数为 $w_C = 0.75\% \sim 0.84\%$ 的 T8 钢，淬火硬度可高达 62HRC 以上，但水中淬火冷却只能将 $\phi 10 \sim \phi 15 mm$ 的工件淬透。而碳的质量分数 $w_C = 0.17\% \sim 0.23\%$ 的 20MnVB 钢，在水中淬火 $\phi 60 \sim \phi 76 mm$ 的工件可淬透，但其淬火硬度最高不超过 47HRC。

淬透性大小，不但对需经淬火改善和提高力学性能的工件有重要意义，而且对焊接的质量也有重要影响。淬透性越大，焊接热影响区性能变化越大，对焊接质量的影响就越大。

6. 淬火加热中可能产生的缺陷

（1）过热与过烧　过热是指加热温度过高，使钢的晶粒粗大的现象。粗大的晶粒会降低钢的强度。过烧是指加热温度接近材料的熔化温度，使晶界出现液化或严重氧化的现象。过烧后的加工件无法挽救，只能做报废处理。

（2）氧化与脱碳　氧化是指工件加热时，与周围介质中的氧产生化合而生成氧化皮的现象。氧化会使零件因烧损而外形尺寸减小。脱碳是指工件加热时，表层的碳与周围介质发生化合而使工件表层的碳质量分数降低的现象。脱碳使淬火后工件达不到所要求的硬度值。

（3）变形与开裂　变形是淬火时钢件产生形状或尺寸偏差的现象。开裂是淬火时钢件表面和内部产生裂纹的现象。工件产生变形或开裂的主要原因是淬火处理过程中，钢件内产生了较大的应力。工件在淬火时所产生的应力称为淬火应力，淬火应力是由热应力和相变应力两部分组成的。热应力是由于钢件在加热或冷却时，不同部位出现温差导致热胀冷缩而生的内应力。当工件在淬火时，冷却速度越大、内外温差越大，热应力也就越大。同理，相变的应力也就越大，这是因为碳的质量分数高时，由奥氏体转变为马氏体时的膨胀增加。因此，为了减小淬火应力，防止变形和开裂常采用的措施有以下两种：一是淬火时正确选择加热温度、保温时间和冷却速度；二是淬火后及时进行回火处理。

热应力和相变应力概念对焊缝和热影响区的质量与焊件的应力与变形具有重要意义。

（4）硬度不足和软点　工件淬火后硬度达不到要求称为硬度不足。如果工件局部区域硬度不够则称为软点。产生硬度不足和软点的原因主要与加热温度过低或保温时间过短、淬火介质冷却能力不够、工件表面氧化脱碳等因素有关。一般通过退火或正火，重新进行正确的淬火即可消除硬度不足和软点缺陷。

二、淬火钢的回火

回火是指钢淬硬后，加热到 Ac_1 以下的某一温度，保温一定时间，然后冷却到室温的热处理工艺。回火是淬火的后续工序，是工件的最终热处理，回火对钢的使用性能起着决定性的作用。因此，在一般零件图上只标出淬火名称而不标注回火名称，后面的硬度值实质上就是经回火后的硬度值。

1. 回火的目的

回火主要是为了调整淬火工件的力学性能。因淬火后的工件硬度很高，脆性很大，为了达到工件实际所需的硬度、强度、塑性和韧性要求，一般需经回火来降低硬度，提高塑性和韧性；其二是消除或降低内应力，如果不及时进行回火，工件容易产生变形和开裂；其三是稳定组织和尺寸。淬火得到的马氏体和残留奥氏体是不稳定组织，有自发地向稳定组织转变的倾向。转变的过程中会引起工件外形和尺寸的变动，从而降低工件的精度。回火后能得到稳定的组织，从而稳定工件的性能和尺寸。

2. 回火的方法和应用

根据钢在回火时的加热温度不同，回火可分为低温回火、中温回火和高温回火三种。

（1）低温回火　低温回火的目的是保持淬火零件高的硬度值，并降低淬火的内应力，在一定程度上稳定组织。

低温回火温度范围约为 $150 \sim 250℃$（碳钢），合金钢还需适当提高回火温度。回火过程中，马氏体会分解成回火马氏体，而残留奥氏体基本保持不变。因此，低温回火后的零件具有高的硬度和耐磨性，其组织为回火马氏体及残留奥氏体，如图 2-28 所示。

低温回火适用于各种刃具、量具的回火，以及冷冲模、冷拉模、冷轧辊、滚动轴承、表面淬火后的零件和渗碳淬火后零件的回火。例如，滚动轴承，多用 GCr15 钢制造，淬火后常采用（160±5）℃的低温回火，回火后硬度为 $61 \sim 65HRC$。

（2）中温回火　中温回火的目的是适当降低淬火钢硬度，提高强度，尤其是弹性极限，恢复一定程度的韧性和塑性，消除内应力。

中温回火温度范围约为 $350 \sim 500℃$。中温回火时，回火马氏体继续分解，同时残留奥氏体也发生分解，均转变为回火托氏体。由于回火托氏体中的碳化物呈极细的颗粒状（图 2-29），所以钢的强度、弹性较高并有一定的韧性。

中温回火适用于各种弹簧、弹性零件和部分工具的回火，如车床上的弹簧夹头，其制作过程中就要经淬火和中温回火。

（3）高温回火　淬火+高温回火称为调质，是许多机械零件常用的热处理方法。其目的是获得良好的综合力学性能。

高温回火温度范围约为 $500 \sim 650℃$。高温回火时可使钢中回火托氏体转变为回火索氏体，如图 2-30 所示。即回火托氏体中的碳化物颗粒聚集长大，从而使工件回火后能获得强度、硬度、塑性、韧性良好配合的综合力学性能以及较好的可加工性。

调质广泛应用于结构零件的最终热处理和重要零件的预备热处理。例如，C616 车床的主轴，常用 45 钢制造。由于受弯曲和扭转应力的作用，以及要求花键部位有高的硬度和耐磨性，所以，既要具有良好的综合力学性能，又要求对花键部位进行表面淬火，提高其硬度

图 2-28　回火马氏体及残留奥氏体

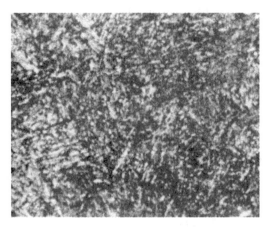

图 2-29　回火托氏体

和耐磨性。工厂中常用调质作为主轴的预备
热处理。

综上所述，回火转变实质上是一个连续
的转变过程。各种回火之间没有明显的界线
可分，只因生产上的不同需要而进行适当的
区别而已。

回火的冷却，一般在空气中进行。而具
有高温回火脆性的钢种，需在油中冷却。

回火的温度和保温时间是保证工件获得
所需组织和性能的重要因素，它们由所需要
达到的力学性能来确定。由于回火温度比淬
火温度低，所以组织转变需要的时间长。对

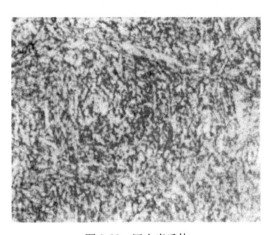

图 2-30　回火索氏体

于合金钢，更因合金元素在不同程度上阻碍回火时的组织转变，所以，回火温度应适当提
高，保温时间也应适当延长。

第六节　钢的表面热处理

许多机器零件，如齿轮、凸轮、曲轴等，常在强烈摩擦和冲击条件下工作。为了适应上
述条件，不仅要求零件表面具有高的硬度和耐磨性，而且还要求心部具有足够的韧性。要同
时满足这些要求，仅仅依靠选材是比较困难的，用一般热处理又无法实现。因此，只能用表
面热处理工艺来满足上述要求。

目前，工业上常用的表面热处理方法有表面淬火和化学热处理两类。

一、表面淬火

表面淬火是指仅对工件表层进行淬火的工艺，它是一种不改变钢的表面化学成分，只改
变表面组织和性能的局部热处理方法。表面淬火是将工件表面以极快的加热速度加热到淬火
温度，然后进行激冷，使表面层的组织转变为马氏体，心部因温度低而保持原来的组织，从
而实现表面硬而心部韧的性能。

根据表面淬火加热方式的不同，表面淬火又可分为火焰淬火和感应淬火等方法。

1. 火焰淬火

火焰淬火是一种利用氧气-乙炔混合气体火焰，将工件表面迅速加热到淬火温度，随后以浸水或喷水方式进行激冷，使工件表层转变为马氏体的工艺方法，如图 2-31 所示。

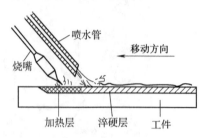

图 2-31　火焰加热表面淬火示意图

火焰淬火的特点是：设备简单、成本低、工件大小不受限制。缺点是淬火硬度和淬透层深度不易控制，常取决于操作工人的技术水平和熟练程度；生产效率低，只适合单件或小批量生产。

2. 感应淬火

感应淬火是目前热处理生产中广泛应用的一种表面热处理方法。它是利用交流电流过感应器时产生的电磁感应现象，使工件表面形成感生电流，这个电流自成回路，由于电流热效应的作用，使工件表面得到加热，从而实现表面淬火，如图 2-32 所示。

根据集肤效应原理，感应淬火加热层的深度取决于电流的频率。频率越高，加热层越浅；频率越低，加热层越深。故感应淬火可分为：

（1）高频感应淬火　其加热电流的频率 f 为 100～1000kHz，集肤效应大，加热层浅，淬火后淬硬层也浅，约为 1～2mm。但硬度比普通淬火高 1～2HRC。

（2）中频感应淬火　其加热电流的频率 f 为 1～10kHz，集肤效应比高频小，加热层较深，淬火后淬硬层也较厚，约为 3～5mm。

（3）工频感应淬火　其加热电流的频率 f 为 50Hz，集肤效应更小，加热层更深，淬火后淬硬层可达 10～25mm。

感应淬火的方法是，首先按选用的加热电流的频率

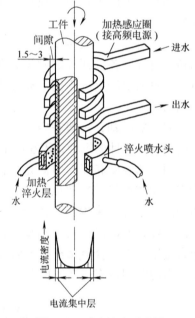

图 2-32　感应淬火示意图

和机床以及工件形状，制成合适的感应器及喷水装置，然后把工件放入感应器内，感应器接通交流电，使工件表面得到加热。喷水冷却后，工件表层获得马氏体，硬度得到提高，而心部由于未得到加热仍保持原来的组织和原有的性能。

例如，各种主轴、齿轮、花键轴，以及柴油机曲轴、水压机柱塞、轧钢机轧辊等，常采用感应淬火处理方法。

表面淬火零件的用钢，主要是中碳钢及中碳合金钢。其碳的质量分数常在 0.40%～0.50%之间，如 45 钢、40Cr 钢、35SiMn 钢等。工件表面淬火之前需经切削加工和调质处理，特殊零件也可以用 9Cr2Mo 钢，甚至铸铁等。

二、化学热处理

化学热处理是将工件置于适当的活性介质中加热、保温，使一种或几种元素渗入工件的表层，以改变其化学成分、组织和性能的热处理工艺。

1. 化学热处理的目的

化学热处理主要是通过改变零件表层的化学成分和组织来提高零件表层的硬度，以满足使用要求；再者通过化学热处理来提高零件表层的化学稳定性，以提高耐介质腐蚀性能。

2. 化学热处理的一般过程

化学热处理都由以下三个基本阶段组成：

（1）分解　化学介质分解出活性原子。

（2）吸收　活性原子被工件表面吸收，并渗入工件表层。

（3）扩散　渗入的活性原子，由表及里地渗透，形成扩散层。

3. 化学热处理方法分类

（1）渗碳　渗碳是为提高工件表层碳的质量分数并在其中形成一定的碳含量梯度，将工件在渗碳介质中加热、保温，使碳原子渗入的化学热处理工艺。渗碳过程中渗碳介质分解出的活性碳原子渗入工件表层，提高表层组织中的碳质量分数，经淬火及低温回火，可使工件表层具有高的硬度和耐磨性，工件表层硬度约为 60~65HRC，而心部仍保持原来的组织和性能。目前常用的是气体渗碳。

气体渗碳的方法是把工件置于密封的加热炉内，如图 2-33 所示。通入渗碳剂（天然气、煤油、甲醇等），并加热到 900~950℃，使渗碳剂分解出活性炭原子渗入工件表层，改变表层的化学成分。出炉后经淬火及低温回火，工件获得高的表面硬度和良好的心部韧性，从而满足使用要求。

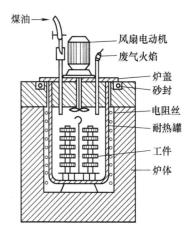

图 2-33　气体渗碳示意图

气体渗碳常用的钢种以低碳钢和低碳合金钢为主，如 15 钢、20 钢，20CrMnTi 钢等。例如，汽车变速齿轮心部要求具有高的强度和冲击韧度；表面因强烈摩擦和交变应力的作用，又要求高的硬度和耐磨性。所以常采用 20CrMnTi 钢，经渗碳和淬火的方法来满足要求。

（2）渗氮　渗氮是将工件在一定温度下置于一定的渗氮介质中，使氮原子渗入工件表层的化学热处理工艺。渗氮过程中化学介质分解出的活性氮原子，渗入工件表层形成渗氮层。渗氮后的工件表面生成的氮化物，由于结构致密，硬度高，所以能抵抗化学介质的侵蚀，并具有良好的耐磨性，不再需要淬火强化。

目前常用的渗氮方法是气体渗氮。气体渗氮以提高零件表面硬度和耐磨性为主。使用的渗入介质是氨（NH_3）。工件置于渗碳炉内加热到 500~570℃ 时，氨分解出的活性氮原子渗入工件表层，形成氮化物的硬化层，从而提高表层的硬度和耐磨性。

渗氮用钢以中碳合金钢为主，其中又以 38CrMoAlA 钢的使用最广泛，其次也有用 40Cr 钢、40CrNi 钢、35Cr 钢、Mn 钢等。工件渗氮前都经过调质处理和精加工，所以渗氮后不再进行加工。

【拓展知识——热处理发展历史】 为使金属工件具有所需要的力学性能、物理性能和化学性能，除合理选用材料和各种成形工艺外，合理选择热处理工艺是不可少的环节。金属热处理是机械制造中的重要工艺之一，与其他加工工艺相比，热处理一般不改变工件的形状和整体的化学成分，而是通过改变工件内部的显微组织，或改变工件表面的化学成分，赋予或改善工件的使用性能。其特点是改善工件的内在质量，而这一般不是肉眼所能看到的。钢铁材料是机械工业中应用最广的金属材料，虽然钢铁材料的显微组织比较复杂，但可以通过热处理予以控制。另外，铝、铜、镁、钛等及其合金也都可以通过热处理改变其力学性能、物理性能和化学性能，以获得不同的使用性能。

在从石器时代进入到铜器时代和铁器时代的过程中，热处理的作用逐渐为人们所认识。早在公元前770至公元前222年之间，中国人在生产实践中就已发现，钢铁材料的性能会因温度和加压变形的影响而产生变化。例如，白口铸铁的软化处理就是制造农具的重要工工艺。

公元前6世纪，钢铁兵器逐渐被军队采用，为了提高钢的硬度，淬火工艺逐渐得到迅速发展。中国河北省易县燕下都出土的两把剑和一把戟，其显微组织中都有马氏体存在，说明它们是经过淬火处理的。

随着淬火技术的发展，人们逐渐发现淬火冷却介质对淬火质量的影响。三国蜀人蒲元曾在今陕西斜谷为诸葛亮打制3000把刀，相传是派人到成都取水淬火的。这说明中国在古代就注意到不同水质的冷却能力了，同时也注意了油和水的冷却能力。中国出土的西汉（公元前206~公元24年）中山靖王墓中的宝剑，其心部的碳的质量分数为0.15%~0.4%，而其表面的碳的质量分数却达0.6%以上，说明当时已经应用了渗碳工艺。但当时作为个人"手艺"的秘密，不肯外传，因而发展很慢。

1863年，英国金相学家和地质学家展示了钢铁在显微镜下的6种不同的金相组织，证明了钢在加热和冷却时，其内部会发生组织改变，钢中高温时的相在急冷时会转变为一种较硬的相。法国人奥斯蒙德确立的铁的同素异构理论，以及英国人奥斯汀最早制定的铁碳相图，为现代热处理工艺初步奠定了理论基础。与此同时，人们还研究了在金属热处理的加热过程中对金属的保护方法，以避免金属在加热过程中金属表面发生氧化和脱碳等。

1850~1880年，对于采用各种气体（诸如氢气、煤气、一氧化碳等）进行保护加热曾获得一系列专利。1889~1890年英国人莱克获得了多种金属光亮热处理专利。

自20世纪以来，金属物理的发展和其他新技术的移植应用，使金属热处理工艺得到更大发展。一个显著的进展是1901~1925年，在工业生产中应用转筒炉进行气体渗碳；20世纪30年代出现露点电位差计，使炉内气氛的碳势可控，以后又研究出用二氧化碳红外仪、氧探头等进一步控制炉内气氛碳势的方法；20世纪60年代，热处理技术运用了等离子场的作用，发展了离子渗氮、渗碳工艺；激光、电子束技术的应用，又使金属获得了新的表面热处理和化学热处理方法。

21世纪，随着机械装备制造技术的提高，以及计算机技术的广泛应用，目前钢铁材料热处理技术已经开始向自动控制、精细化控制和绿色清洁方向发展。

本章小结

本章主要阐述了钢在加热或冷却时的组织转变过程及对其性能的影响，同时介绍了常见的热处理工艺。通过本章的学习，应熟悉正火、退火、淬火与回火等热处理工艺及在不同冷却条件下温度与组织、性能的关系，了解表面热处理方法，为加深理解加热或冷却过程对钢的性能影响打下基础。

习题与思考题

一、名词解释

1. 热处理　2. 马氏体　3. 回火　4. 淬火　5. 去应力退火

二、填空题

1. 热处理方法很多，但任何一种热处理方法都是由_____、_____和_____三个阶段组成的。

2. 生产中，常把热处理分为_____和_____两大类。

3. 淬火分为单介质淬火、_____、_____和_____。

4. 碳的质量分数为 0.45% 的钢在室温下的退火组织是_____。

5. 奥氏体形成过程包括_____、_____、_____和_____。

6. 将工件加热到适当温度，保持一定时间，然后缓慢冷却的热处理工艺称为_____。

7. _____是工件加热至奥氏体化后以适当方式冷却获得马氏体或（和）贝氏体组织的热处理工艺。

三、选择题

1. 过冷奥氏体在高温转变区的转变产物是（　　）。

A. 珠光体类型组织　　　B. 贝氏体组织　　　C. 马氏体组织

2. 钢的淬透性与（　　）有关系。

A. 临界冷却速度　　　B. 冷却介质　　　C. 合金元素的质量分数

3. 零件渗碳后，一般需经过（　　）才能达到表面硬度高而且耐磨的目的。

A. 淬火+低温回火　　　B. 正火　　　C. 调质　　　D. 淬火+高温回火

4. 45 钢在缓慢冷却时的室温组织是（　　）。

A. 珠光体　　　B. 铁素体　　　C. 铁素体+珠光体

四、判断题

1. 奥氏体的强度、硬度不高，但具有良好的塑性。　　　（　　）

2. 渗碳体的性能特点是硬而脆。　　　（　　）

3. 退火是将钢加热到适当温度，然后缓慢冷却的热处理工艺。　　　（　　）

4. 45 钢要求具有良好的综合力学性能，常采用调质处理。　　　（　　）

5. 感应淬火中电流频率越高，淬透层越深。　　　（　　）

6. 钢的淬透性与淬硬性是一个相同的概念。　　　（　　）

7. 钢材经轧制后出厂的强度和硬度是很高的。　　　（　　）

五、简答题

1. 奥氏体晶粒长大对钢的性能有何影响？在热处理中如何控制奥氏体晶粒的长大？

2. 钢为什么要退火？

六、课外交流与探讨

各种热处理方法在实际生产中有哪些具体应用？

（实验） 钢的热处理实训

1. 实验的目的与要求

1）掌握碳素钢正火、退火、淬火与回火的操作过程，了解常规热处理的基本操作方法及其设备。

2）了解冷却介质、回火温度等因素对钢性能和组织的影响。

2. 实验的仪器设备及材料

1）仪器设备与工具：箱式电阻炉，布氏、洛氏硬度计，淬火水槽和油槽，各种夹钳等。

2）材料：45 钢、T8 钢试样，已淬火的 45 钢、T8 钢试样。

3. 说明与建议

1）本次实训所用时间不易控制，为保证实训圆满完成，实训开始前应将炉温升到工作温度。

2）实训指导教师在说明本次实训目的与要求之后，应结合实训基地仪器设备介绍热处理炉的构造、原理及操作方法，特别对炉温的测量与控制及安全操作重点介绍。

3）根据设备情况，实训应分组进行，以使每个学生都能动手操作。

①将若干个 45 钢和 T8 钢加热到常规淬火温度，然后分别在 10%盐水、自来水、油、空气和炉中冷却，而后测定硬度，以确定冷却介质对钢组织和性能的影响。

②将已淬过火的 45 钢、T8 钢试样测定淬火硬度后，分别在 180℃、400℃、620℃回火，测定回火温度对淬火钢组织和性能的影响。

4）在试样加热期间，实训指导教师对学生讲解、示范硬度计的工作原理、操作方法，并指导学生操作硬度计。

5）学生在将试样装炉和从炉中取出淬火时实训指导教师应及时指导，以免失败重做而延误时间。

6）各组将实训材料、热处理工艺参数和实测数据公示，以便数据资源共享和互补。

7）有条件的学校可结合本实训将碳的质量分数、淬火温度对钢淬火硬度的影响一并进行，可达到事半功倍的效果。

4. 实验报告内容及要求

1）说明本次实验的目的、要求和过程。

2）将各组所测数据填入统一制订的表格中，分析说明其规律和原因。

3）本次实训的收获、问题和建议。

第三章　常用金属材料

我国在材料工业的生产和科研方面已经取得了巨大成就，在金属材料生产方面已建立了符合我国资源特点的非合金钢、合金钢、低合金钢系列，其应用范围日益扩大，钢产量已跃居世界前列。各种非铁金属和特殊性能合金在质量和品种上已经基本满足了社会发展的需要。

第一节　钢铁材料概述

一、非合金钢

非合金钢又称为碳素钢，是指以铁、碳为主要元素，碳的质量分数一般在 2.11% 以下，其他元素含量低于规定值的钢。换句话说，非合金钢就是不含特意加入的合金元素，而含有少量的 S、P、Si、Mn 等杂质的铁碳合金的总称。

碳素钢有冶炼容易、资源丰富、价格低廉的特点，同时具备优良的性能。因此，在工程建筑、交通运输、机械制造和国防等部门得到广泛应用，被大量用于制造工程结构、机械零件和各种工具等。碳素钢常被加工成角钢、槽钢、工字钢等各种型钢以及钢板、扁钢、棒材等供用户选用。碳素钢的产量约占全部钢产量的 70% 以上。

碳素钢中除铁以外的主要元素是碳，此外还有少量的杂质，它们对钢的性能会产生不同程度的影响。

1. 碳的影响

碳是钢中最主要的元素之一，对钢的性能起着决定性的作用，尤其是对力学性能的影响更为显著，如图 3-1 所示。

由图 3-1 可知，在碳的质量分数小于 0.77% 的碳素钢中。随碳的质量分数增加，钢的强度（R_m）和硬度（HBW）升高，而塑性（A、Z）和韧性（a_K）降低。

当碳的质量分数超过 0.9% 以后，硬度虽继续升高，但强度、塑性和韧性都降低，脆性增大。这是由于碳的质量分数超过 0.9% 后，析出的二次渗碳体以网状分布在珠光体晶粒周围的晶界上，削弱了晶粒结合力，加大了钢的脆性，从而也使强度急剧降低。

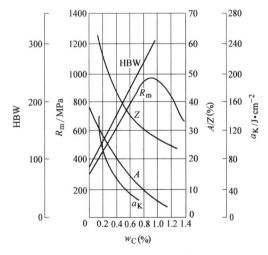

图 3-1　碳的质量分数对非合金钢力学性能的影响

碳对力学性能的影响，又影响到钢的工艺性能和应用范围。例如，10 钢中碳的质量分数仅为 0.10%，其强度、硬度比较低，$R_m \approx$

340MPa，硬度约为 137HBW，而塑性、韧性比较好，$A \approx 31\%$，$a_K > 10J/cm^2$，故冷变形性能较好，适宜制作需变形和深压延成形的卷管、容器、罩壳等，但不宜制作承受较大载荷的机械零件，如曲轴、连杆、吊钩等。同时其可加工性能也比较差，切削加工时容易"粘刀"。

再如 45 钢，碳的质量分数为 0.45%，其强度、硬度适中，还具有一定的塑性和韧性。

2. 杂质元素（S、P）的影响

（1）硫的影响　硫是钢中的主要杂质之一，对钢的性能影响很大。在室温下钢中的硫一般不溶于铁，而与铁化合生成低熔点（熔点约为 1190℃）的化合物 FeS；还会进一步与铁发生共晶，生成熔点更低的共晶体 FeS-Fe（熔点为 985℃），共晶体分布在钢中晶粒间的界面上。

由于钢材的热压力加工温度均高于此共晶温度，所以在锻造、轧制等加热中，共晶体易发生熔化，削弱了晶界的强度，一经锻、轧就会沿晶界开裂。这种因含硫过高而引起的开裂现象称为硫的"热脆性"。

铸钢虽不锻造和轧制，但如果含硫过高，在铸造应力的作用下也有可能发生热裂现象。

另外，硫还会与钢中的杂质形成非金属夹杂而降低钢的强度和韧性。所以，常把硫看作钢中的有害杂质，应予以严格控制，从而保证质量。

（2）磷的影响　磷也是钢中主要杂质之一，对钢的性能产生较大的影响。磷在高温时溶解于铁中，而低温时则以 Fe_3P（硬脆化合物）的形式析出于晶界上，削弱了晶界的强度，降低了金属的塑性和韧性。而且温度越低，脆性越明显。这种在常温下出现的脆性称为"冷脆性"。冷脆给低温下使用的金属带来了很大的危害，容易发生低温下的脆断现象，给冷变形加工也带来了开裂的可能性。所以，磷作为钢中的有害杂质，炼钢时要严格控制其含量。

3. 锰的影响

锰有较强的脱氧能力，常作为冶炼时的脱氧剂加入钢中，以提高钢液质量。锰在钢中能提高钢的强度和硬度。因此，适当提高锰在碳钢中的质量分数，有利于提高碳钢的强度，如优质碳素钢中 Mn 的质量分数为 0.7%~1.2%。再如制造强度比较高的传动轴，可以用 40Mn 代替 45 钢制造。

锰在钢中能与硫首先生成高熔点的（熔点为 1620℃）硫化物 MnS，从而减轻了硫在钢中的有害作用。所以，冶炼时加入适量的锰，不但能清除 FeO，还能清除硫的有害影响。

总之，锰对钢的性能有较好的影响，是一个有益的元素，可按需要控制其含量。

4. 硅的影响

硅也有较强的脱氧能力，加入钢中能清除 FeO，改善钢的质量。硅能提高钢的强度和硬度，故被看作钢中的有益元素。但是，硅能促使钢中碳化物 Fe_3C 分解，从而破坏钢的组织，使钢的力学性能降低。所以，冶炼时要适当控制硅的质量分数，目前碳钢中 Si 的质量分数均小于 0.4%。

从上述可知，钢的质量主要取决于 S、P 的质量分数，工业上常以它们的质量分数来确定钢的质量等级，将其分为普通钢、优质钢和高级优质钢。

此外，碳素钢中除少数杂质外，还可能存在少量的氢（H）、氧（O）、氮（N）等元素和各种金属或非金属夹杂物，它们也在不同程度上影响着钢的性能。

二、合金钢

现代工业和科技的迅速发展对材料提出越来越高的要求，不仅要求产品工作性能好、效率高、寿命长、体积小、重量轻、成本低，有的还必须适应在各种恶劣环境条件下的工作。碳素钢虽然有许多优点，但不能满足一些特殊条件对材料物理、化学和工艺性能的要求，所以应用范围受到一定限制，从而发展了合金钢。

在炼钢时有意加入的元素，称为合金元素。合金钢是指含有一种或数种有意添加的合金元素的钢。加入合金元素是为了改善钢的某些性能或使之具有某些特殊性能，如提高钢的强度、硬度、回火稳定性、耐蚀性、抗氧化性、耐磨性、热硬性、淬透性等。在低合金钢和合金钢中加入的合金元素主要有：硅（Si）、锰（Mn）、铬（Cr）、镍（Ni）、钨（W）、钼（Mo）、钒（V）、钛（Ti）、铌（Nb）、钴（Co）、铝（Al）、硼（B）及稀土元素（RE）等。钢中加入合金元素能改善钢的使用性能和工艺性能，使合金钢得到碳素钢难以胜任的性能要求，一方面是因为合金元素与铁、碳相互作用改变了钢中各相的成分和性质；另一方面是因为合金元素在热处理过程中对各相和组织的形成条件发生相关影响。

1. 合金元素与铁的作用

（1）合金元素能溶解在铁中并强化铁素体和奥氏体　所有的合金元素都能够不同程度地溶解在两种晶格的铁中，其中大部分合金元素的原子半径与铁相差不多（小于15%），都能或多或少地以置换式固溶于两种晶格的铁中。而原子半径比铁小得多的元素，如 B 和 N，则以间隙式固溶于铁中。

可以这样说，所有溶解于 α-Fe 形成合金铁素体的合金元素都能通过固溶强化的途径不同程度地改变铁素体的力学性能。图 3-2 表明几种合金元素对铁素体硬度的影响。

可以看出除 P 外，Si、Mn 的固溶强化效果最大，这正是 Si、Mn 在合金结构钢中应用广泛的主要原因之一。

例如，Q345 强度等级的 16Mn 钢是国内应用最广的低合金高强度钢，与 Q235 相比，仅将 w_{Mn} 由 0.3% ~ 0.7% 提高到 1.0% ~ 1.6%，并加入微量的 V、Ti、Nb 等元素，强度提高近 50%。用 Q345 代替 Q235，可节约材料 20% ~ 30%。

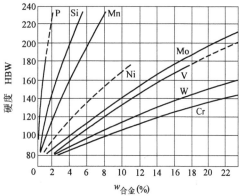

图 3-2　合金元素对铁素体硬度的影响

合金元素固溶于 γ-Fe 也起着强化合金奥氏体的作用。奥氏体合金化程度越高，固溶强化的效果越显著。这就是大部分合金钢在高温奥氏体状态受力变形时，其变形抗力比碳素钢高的原因。

应当指出，用合金元素强化铁素体以提高钢的室温强度的办法在一些不需要经受热处理的低碳合金结构钢中获得广泛应用，这类钢经热轧后的强度比相同含碳量的碳素钢的强度高约 1/3 以上。至于用合金元素强化奥氏体也已成为发展耐热钢、提高钢高温强度的重要途径之一。

（2）合金元素溶于铁，能改变铁的同素异构转变温度　与碳的作用相仿，当合金元素溶于铁后，也能改变铁的同素异构转变温度。根据合金元素对铁的同素异构转变影响不同，可以将合金元素分为两类。其中一类合金元素与碳的作用相同，它们使 A_4 点上升，A_3 点下降，属于扩大 γ 相区元素。锰与铬对 γ 相区的影响如图3-3所示。

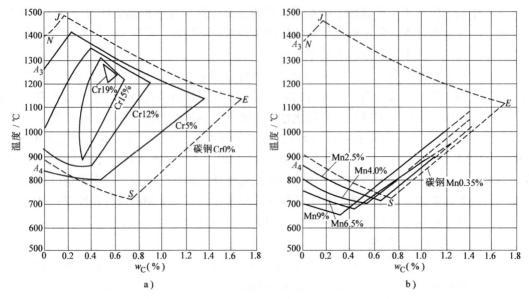

图 3-3　锰与铬对 γ 相区的影响

a）铬的影响　b）锰的影响

扩大 γ 相区的元素有锰、镍、铜、氮等，其中多数元素与碳一样，当含量增大时，可将 γ 相区扩大到一定程度。至于锰和镍，随着含量的增大可以把 γ 相区扩大到室温，这时奥氏体便在室温条件下被稳定地保持下来。工业中含锰、镍高的钢，如耐磨的高碳高锰钢、铬镍不锈钢和铬镍耐热钢等，就属于奥氏体钢。

2. 合金元素与碳的作用

虽然合金元素能通过固溶于 α-Fe 中提高铁素体的强度和硬度，但在无碳的情况下，强度、硬度的提高幅度远远不能满足某些产品（如刀具、弹簧）对硬度的要求。因此，必须通过形成碳化物来提高合金钢的强度与硬度。所以在合金钢中，碳仍然是提高强度与硬度的主要元素。下面就碳与合金元素的作用以及碳对稳定状态下组织的影响进行讨论。

（1）合金元素与碳结合，通过形成碳化物来强化铁素体基体　按照合金元素与碳的结合能力，可将钢中合金元素分为两类：不形成碳化物的合金元素和形成碳化物的合金元素。

钢中不形成碳化物的合金元素有 Si、Al、Co、Ni 和 Cu，它们在钢中不仅本身不与碳生成碳化物，而且还具有促使渗碳体分解形成石墨的倾向，如 Si 和 Ni。它们主要固溶于铁素体中。

钢中形成碳化物的合金元素，按与碳结合能力由强到弱的次序排列为 Ti、Nb、V、W、Mo、Cr、Mn 和 Fe。钢中只要有形成碳化物的元素存在，渗碳体（Fe_3C）就不是唯一形式的碳化物，而是随着合金元素与碳的结合能力，以及合金元素和碳的含量等因素形成不同类型的碳化物。其中与碳结合能力很强的合金元素，如 Ti、Nb、V，它们能与碳单独结合，形成所谓特殊碳化物，如 TiC、NbC、VC。与碳结合能力中等程度的合金元素，如 W、Mo 和 Cr，当它们含量较低时，则溶于渗碳体，形成合金渗碳体，如 $(FeMo)_3C$ 和 $(FeCr)_3C$。而当它们含量增高时，渗碳体晶格中容纳不下时，就形成复杂碳化物，如 Cr_7C_3、$Cr_{23}C_6$ 等。与碳结合力弱的锰，与铁一样形成 Mn_3C 或（$FeMn$）$_3C$。

形成碳化物的元素在钢中存在的形式还与钢的化学成分有关。在含碳量比较低的钢中与碳结合力很强的元素，如钛、铌和钒，总是优先与碳结合；而钨、钼或铬等与碳结合力稍强的元素则全部或大部分溶入奥氏体中。如果在高碳钢中，碳在与钛或钒结合的同时，还能与钨、钼或铬化合。锰在钢中总是全部或大部分溶入固溶体。

钢中所有碳化物都是硬而脆的。与在碳素钢中的作用相同，碳化物是提高钢强度的强化相。碳化物不仅通过它们的数量多少来改变钢的性能，并且通过它们的分布形式与颗粒大小对钢的性能产生更强烈的影响。

（2）合金元素降低碳在奥氏体中的溶解度，影响钢的组织和性能　合金元素与碳作用，不仅有的形成合金碳化物，而且几乎所有合金元素都不同程度地排挤奥氏体中的碳，即降低碳在合金奥氏体中的溶解度，这表现为铁碳相图上的 E、S 点向左移动，如图 3-4 所示。

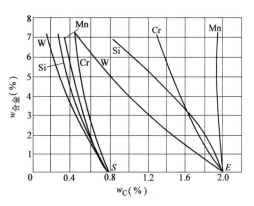

图 3-4　合金元素对 S 点、E 点位置的影响

S 点左移，实质上就是在共析温度下奥氏体中溶解的碳的质量分数移向低碳方面，即进行共析反应的 w_C 低于 0.77%。合金元素含量越高，共析反应所需碳的质量分数就越低。譬如，当 w_{Cr} 为 13%，w_C 为 0.3% 的钢就属于共析钢。对于合金元素含量低的大多数钢种，S 点左移表示在碳的质量分数相同的条件下，合金钢中珠光体量要比碳素钢中珠光体量多，这也是合金元素影响钢的组织和性能的一个方面。

ES 线上 E 点左移，意味着合金元素的存在打破了铁碳合金以 w_C 为 2.11% 作为钢和生铁的分界线，即在 w_C 低于 2.11% 时生铁中的共晶转变产物亦可出现在高碳合金钢中。例如，$w_{Cr}=12\%$ 和 $w_W=18\%$ 的两种钢，E 点所对应的 w_C 相应为 0.8% 和 0.3%。这样，当钢中 w_C 分别高于 0.8% 和 0.3% 时，在钢的组织中就有莱氏体出现。因此，由于合金元素使 E 点左移，某些高碳合金钢就得到莱氏体钢。

3. 合金元素对钢在冷却时奥氏体转变和马氏体形成的影响

所有固溶于奥氏体的合金元素（除钴外）都能不同程度地增加过冷奥氏体的稳定性，即减缓奥氏体向铁素体和碳化物的转变过程。图 3-5 所示为各种合金元素对奥氏体等温转变图位置（图 3-5a）和形状（图 3-5b）的影响的示意图。

从图中可以看到，除 Co 外，合金元素的加入均使等温转变图向右移。其中 Ni、Mn、Si、Cu 等使等温转变图右移，但不改变其形状；Cr、Mo、W、V 还改变等温转变图的形状。

增加过冷奥氏体稳定性具有两方面的实际意义：一方面增加了钢的淬透性，可使截面尺寸较大的工件经调质处理后获得表层和内层均匀一致的回火索氏体组织，从而提高工件的力学性能，故一般承受高负荷、大截面的零件都用合金钢制造；另一方面，增加过冷奥氏体的稳定性能降低钢的淬火临界冷却速度，从而可以用冷却能力较弱的油或溶盐作为淬火介质，这样就大大降低了淬火应力，避免形状复杂的零件发生变形或开裂。

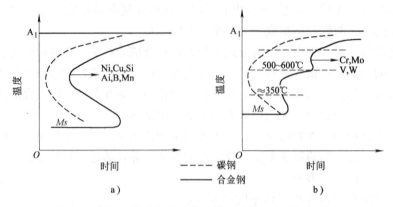

图 3-5 合金元素对奥氏体等温转变图位置和形状的影响

对于某些合金元素含量较高（总质量分数大于3%）的钢，由于奥氏体稳定性高，淬火临界冷却速度降低，在空气冷却条件下就能获得马氏体组织，这类钢称为马氏体钢，其在空冷条件下的冷却速度与等温转变图如图 3-6 所示。

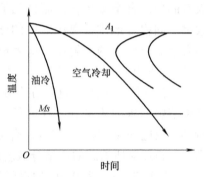

合金元素对马氏体形成的影响主要表现在对马氏体形成温度 $Ms \sim Mf$ 的作用。因为淬火冷却通常到室温（20℃）为止，如果钢的 Ms 点和 Mf 点过低，则钢经淬火冷却后，会增加组织中残留奥氏体量，从而使淬火钢的硬度不能充分提高。

图 3-6 合金奥氏体稳定性高的钢在空冷条件下的冷却速度与等温转变图

4. 合金元素对回火时组织变化影响

由于合金元素原子与铁、碳原子的相互作用，会影响钢淬火组织在回火时的转变过程。钢中合金元素对回火时的马氏体分解、残留奥氏体转变和碳化物集聚长大等转变起着阻碍或延缓的作用，即增加钢的回火稳定性。

马氏体的硬度主要取决于它的碳的质量分数，而与合金元素含量关系很小。但是，合金元素在回火时阻碍或延缓马氏体中含碳量下降，使钢仍能保持高硬度，即热硬性。

马氏体分解后，合金元素能阻碍碳化物集聚长大，这表现在相同回火温度时，与碳素钢比较，合金钢中的碳化物颗粒越小，数量越多，越有利于降低淬火内应力，从而获得比碳素钢高的韧性。

大多数合金元素能阻碍奥氏体分解。合金元素依其种类和含量能将它的分解温度提高到高于300℃，甚至达500~600℃，在高碳合金钢中，残留奥氏体量多达15%以上，如果把这类钢经回火加热到500~600℃，则在随后冷却过程中残留奥氏体向马氏体转变，进一步使淬火硬度提高，这一过程称为二次淬火。

含有铬、钼、钨、钒的合金钢，奥氏体经高温充

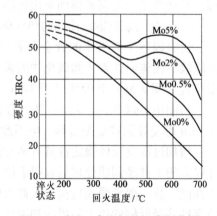

图 3-7 含 Mo 合金钢的二次硬化图

分均匀化并淬火后，在 500~600℃ 回火时硬度有回升现象，如图 3-7 所示。这一现象称为二次硬化。它能增强晶体的变形抗力，提高钢的硬度，二次硬化效应在切削刀具中得到充分利用。

三、钢的分类及编号

钢铁材料是国民经济中使用最为广泛的金属材料，现代钢铁材料的发展也是极其迅速的。由于合金元素的多样性，加入钢中可以满足各种力学、物理、化学和工艺性能以及经济性的要求，而且随着市场需求的不断扩大和竞争的日益加剧，钢铁材料的品种与日俱增。举例如下：

1）在严寒地区使用的工程机械和矿山机械，其金属构件常常会发生低温脆断，由此专门开发了一系列的耐寒钢。

2）海洋平台构件常在焊接热影响区发生层状撕裂，经过长期研究发现这与钢中的硫化物夹杂物有关，后来研制了一类 Z 型钢。

3）在化工设备中经常使用的高铬铁素体不锈钢对晶间腐蚀很敏感，特别在焊接后尤其严重。经分析，只要把碳、氮含量控制到极低水平，就可以克服这个缺点，由此发展了一类"超低间隙元素"（ELI）铁素体不锈钢。

4）飞机起落架等构件需要超高强度钢，又要保证足够的韧性，于是发展了改良型的 300MPa 钢，即在 4340 钢（美国特种钢，相当于中国的 40CrNiMoA 钢）中加入适量的 Si 以提高抗回火性，提高了钢的韧性。

5）对于机械工业中最常用的齿轮类零件要具有高的抗麻点和抗剥落性能，于是发展了一系列控制淬透性的渗碳钢，以保证齿轮合理的硬度分布。

6）对于矿山、煤炭等行业的破碎和采掘机械等，主要提高其抗磨损性能，从而发展了一系列的耐磨钢和耐磨铸铁，开发了耐磨焊条和一系列表面抗磨技术。

为了管理、使用以及研究和比较各种钢材，有必要了解钢铁材料的分类和一般钢材的编号方法。

1. 钢的分类

对钢进行分类是为了满足各方面的要求。按照不同的目的，分类原则是不相同的。例如，按用途分类可满足使用者的要求；按金相组织和化学成分分类可便于检验和研究工作；按冶金方法分类有利于钢铁企业的管理等。当然，各种分类方法之间是有重叠的。

目前国际上比较通用的是按化学成分进行分类，可分为非合金钢和合金钢。非合金钢和合金钢又按主要质量等级和主要性能或使用特性分类（GB/T 13304—2008，ISO 4948—1 和 ISO 4948—2）。

（1）按用途分类　可分为结构钢、工具钢和特殊性能钢三类。

1）结构钢主要用于承受负荷的结构件。根据其使用的地点场合又可分为以下两类。

①工程构件用钢。用于建筑、桥梁、钢轨、车辆、船舶、电站、石油、化工等大型钢结构件或容器，其体积较大，一般需要进行焊接，通常不进行热处理。但对于特殊要求的结构钢，一般是在钢厂内进行正火、调质热处理。一些要求可靠性高的焊接构件，焊后在现场进行整体或局部去应力退火。这类钢材很大一部分是以钢板和各类型钢供货，其使用量很大，多采用碳素结构钢、低合金高强度钢和微合金钢。

②机器零件用钢。用于制造各种机器零件，如各种轴、盘、杆类零件、齿轮、轴承、弹簧等。这类钢材需经过机械加工或其他形式的加工后使用，一般要通过热处理进行强韧化以充分发挥钢材的潜力。

需要指出的是，结构钢也有按其使用的部门行业来分类的，如造船用钢、飞机用钢、汽车用钢、石油用钢、汽轮机用钢、农机用钢、矿用钢等。这种分类反映了各个使用部门、行业对结构材料要求的特点，同时也造成了钢种重复分类。但是，过细的分类也不利于各个部门行业的交流与沟通，限制了某些性能优异的钢种的推广和应用。

2）工具钢按不同的使用目的和性质进行分类，可分为量具刃具用钢、冷作模具钢、热作模具钢和耐冲击工具用钢等。

3）特殊性能钢是指除了力学性能之外，还要求具有其他一些特殊性能的钢，如不锈耐酸钢、耐热钢（包括抗氧化钢和热强钢）、耐磨钢、低温用钢和无磁钢等。

（2）按金相组织分类　有以下三种分类方法。

1）按平衡组织进行分类，钢可以分为亚共析钢、共析钢、过共析钢和莱氏体钢。

2）按正火组织进行分类，钢可以分为珠光体钢、贝氏体钢、马氏体钢和奥氏体钢。但应注意，这种分类方法与钢材尺寸有关，因而是有条件的。通常是以 $\phi 25mm$ 直径的圆钢奥氏体化后在静止空气中冷却所得到的组织为准。这是因为正火空冷的冷却速度随钢材尺寸的不同而改变。

3）按加热冷却时是否发生相变进行分类，钢可以分为铁素体钢、奥氏体钢、半铁素体或半马氏体的复相钢。

（3）按化学成分分类　有以下两种分类方法。

1）按钢中主要合金元素的名称进行分类，钢可以分为铬钢、锰钢、铬镍钢和铬锰硅钢等。

2）钢可按质量进行分类，它主要以杂质元素 S、P 的限制含量来划分，有 A、B、C、D、E 五个等级。

（4）按冶炼方法分类　根据冶炼方法和设备的不同，钢材可以分为转炉钢、电炉钢（包括电弧炉钢、感应炉钢）、真空感应炉钢和电渣炉钢等，平炉炼钢已淘汰。

根据钢液脱氧程度，碳素钢分为沸腾钢、镇静钢、特殊镇静钢、半镇静钢，合金钢一般都是镇静钢。

除上述分类方法之外，钢还可按合金元素总量进行分类，分为非合金钢、低合金钢、中合金钢和高合金钢；钢可按工艺特点进行分类，分为铸钢、渗碳钢、易切削钢和调质钢等。这些分类方法在实际工作中都能遇到，而且经常是几种分类方法重叠使用。

2. 钢的编号方法

钢材的种类繁多，需要进行编号予以标识。目前，世界各国的钢牌号表示方法大体上有两种，一种是用数字与元素化学符号（或代号）混合编号，中国、俄罗斯、德国等国采用此种方法；另一种是按数字编号，美国、日本、英国等国家采用此种方法。为了与国际标准接轨，我国制定了数字编号的 GB/T 17616—2013《钢铁及合金牌号统一数字代号体系》，与现行的 GB/T 221—2008《钢铁产品牌号表示方法》同时并用，两者均有效。

（1）我国钢材编号的基本方法（GB/T 221—2008）　我国现行的钢铁材料表示方法是按国家标准（GB/T 221—2008）的规定，采用数字、化学元素符号和作为代号的汉语拼音字母相结合的编号方法。钢铁产品的名称、用途、特性和工艺方法表示符号见表 3-1。

表 3-1 钢铁产品的名称、用途、特性和工艺方法表示符号

名　　称	汉字	符号	名　　称	汉字	符号	名　　称	汉字	符号
炼钢用生铁	炼	L	电磁纯铁	电铁	DT	轧辊用铸钢	轧辊	ZU
铸造用生铁	铸	Z	电工用冷轧取向高磁感硅钢	取高	QG	桥梁用钢	桥	Q*
球墨铸铁用生铁	球	Q	（电信用）取向高磁感硅钢	电高	DG	锅炉用钢（管）	锅	G*
脱磷低磷粒铁	脱粒	TL	碳素工具钢	碳	T	焊接气瓶用钢	焊瓶	HP
含钒生铁	钒	F	塑料模具钢	塑模	SM	车辆车轴用钢	辆轴	LZ
耐磨生铁	耐磨	NM	（滚珠）轴承钢	滚	G	机车车轴用钢	机轴	JZ
碳素结构钢	屈	Q	焊接用钢	焊	H	管线用钢	管线	L
低合金高强度钢	屈	Q	钢轨钢	轨	U	沸腾钢	沸	F*
耐磨钢	耐候	NH	铆螺钢（冷镦钢）	铆螺	ML	半镇静钢	半	b*
保证淬透型钢		H	船用锚链钢	船锚	CM	灰铸铁	灰铁	HT
易切削非调质钢	易非	YF	地质钻探钢管用钢	地质	DZ	球墨铸铁	球铁	QT
热锻用非调质钢	非	F	矿用钢	矿	K*	可锻铸铁	可铁	KT
易切削钢	易	Y	船用钢	船	国际符号	耐热铸铁	热铁	RT
电工热轧硅钢	电热	DR	多层压力容器用钢	高层	Gc*	高级	高	A*
电工用冷轧无取向硅钢	无	W	锅炉和压力容器用钢	容	R*	特级	特	E*
电工用冷轧取向硅钢	取	Q	汽车大梁用钢	梁	L*	超级	超	C*

注：符号不带"*"者，位于牌号头；带着"*"者，位于牌号尾。

1）碳素结构钢和低合金结构钢。这类钢分为通用结构钢和专用结构钢两类。

通用结构钢表示方法是由屈服强度汉语拼音第一个字母 Q、屈服强度数值、质量等级、脱氧方法符号四个部分按顺序组成的。其中质量等级有 A、B、C、D 四个等级。例如，碳素结构钢 Q235AF 表示屈服强度不低于 235MPa 的 A 级沸腾钢。低合金高强度结构钢 Q345C、Q345D 分别表示屈服强度不低于 345MPa 的 C 级和 D 级镇静钢。

专用结构钢一般采用代表钢的屈服强度的 Q、屈服强度数值和表 3-1 中的产品用途符号表示。例如，压力容器用钢 Q345R；焊接气瓶用钢 Q295HP；锅炉用钢 Q390G；桥梁用钢 Q420Q 等。

2）优质碳素结构钢。优质碳素结构钢以平均碳的质量分数的万分之几表示。例如，10 钢、20 钢、45 钢分别表示平均 w_C 为 0.10%、0.20%、0.45% 的优质碳素结构钢；平均 w_C 为 0.08% 的沸腾钢表示为 08F。w_{Mn} 为 0.70%~1.20% 的优质碳素结构钢应将锰元素标出，如 30Mn 表示平均 w_C 为 0.30%，w_{Mn} 为 0.70%~1.20% 的优质碳素结构钢。

沸腾钢、镇静钢、半镇静钢和特殊镇静钢在牌号尾部分别加以符号"F""Z""b"和"TZ"，"Z"符号可以省略。高级优质碳素结构钢在其牌号尾部加"A"；特优钢在牌号后加"E"。专用钢在其符号尾部加用途符号，与碳素结构钢相同。

3）碳素工具钢。碳素工具钢以符号 T（碳）标识，其后以平均碳的质量分数的千分之几表示；含锰量较高的碳素工具钢，应将锰元素标出；高级优质碳素工具钢末尾加"A"。例如，T8Mn 表示平均 w_C 为 0.80%，w_{Mn} 为 0.40%~0.60% 的碳素工具钢。

4）合金结构钢。合金结构钢按平均碳的质量分数、合金元素化学符号及其质量分数的顺序表示，平均碳的质量分数以万分之几表示，合金元素的平均质量分数以百分之几表示。合金元素的平均质量分数小于 1.5% 时，仅标明合金元素名称而不注明其质量分数。例如，

45Mn2 表示平均 w_C 为 0.45%，w_{Mn} 为 1.40% ~ 1.80% 的合金结构钢。40Cr 表示平均 w_C 为 0.40%，w_{Cr} 为 0.80% ~ 1.10% 的合金结构钢。需要说明的是，加入 Mo、V、Ti、Nb、B、N、RE 等合金元素时，虽然其质量分数远小于 1%，但仍应在钢号中标明此合金元素。例如，20MnVB 表示平均 w_C 为 0.20%，w_{Mn} 为 1.0% ~ 1.3%，w_V 为 0.07% ~ 0.22%，w_B 为 0.001% ~ 0.005% 的合金结构钢。

有些合金元素，如 Mn、Si、Cr、Ni 等，虽然在钢中的质量分数也小于 1%，但它们不是作为主要合金元素加入的，通常将其看作是钢中的残留元素，这些元素在钢牌号中不予标出。

5）合金工具钢。合金工具钢的碳的质量分数是以千分之几表示的，这与合金结构钢是有区别的，而且当钢中的 $w_C > 1.0\%$ 时，不再标出碳的质量分数；其合金元素的表示方法与合金结构钢相同。例如，5CrNiMo 钢的 w_C 为 0.5% ~ 0.6%，Cr12MoV 钢的 w_C 为 1.2% ~ 1.4%。

6）特殊性能钢。特殊性能钢的牌号表示方法基本与合金结构钢相同。例如，不锈钢和耐热钢的牌号表示方法，当 $w_C \geqslant 0.04\%$ 时，推荐取两位小数，如 10Cr17Mn9Ni4N 钢；在 $w_C \leqslant 0.03\%$ 时，推荐取 3 位小数，如 022Cr17Ni7N 钢等。再如，06Cr13（旧牌号是 0Cr13）钢表示 $w_C = 0.08\%$，$w_{Cr} = 11.5\% ~ 13.5\%$ 的马氏体型不锈钢。

（2）我国钢铁牌号统一数字代号体系（GB/T 17616—2013）　由固定的 6 位符号组成统一数字代号，左边第一位用大写的拉丁字母作前缀（一般不使用"I"和"O"字母）。我国钢铁牌号统一数字代号结构形式如下：

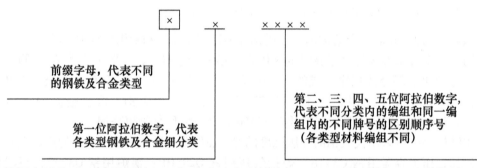

前缀字母代表不同类型的钢，规定为：合金结构钢——A，轴承钢——B，铸铁、铸钢及铸造合金——C，电工用钢和纯铁——E，铁合金和生铁——F，耐蚀合金和高温合金——H，金属功能材料——J，低合金钢——L，杂类材料——M，粉末及粉末材料——P，快淬金属及合金——Q，不锈钢和耐热钢——S，工具钢——T，非合金钢——U，焊接用钢及合金——W。

前缀后的数字代表不同的编组和同一编组内不同牌号的区别顺序号。例如，合金结构钢，用 A×××× 表示，第一位数字为 0 ~ 9，分别代表 Mn、MnMo 系钢，SiMn、SiMnMo 系钢，Cr、CrSi、CrMn、CrV、CrMnSi 系钢，CrMo、CrMOV 系钢，CrNi 系钢，CrNiMo、CrNiW 系钢，Ni、NiMo、NiCoMo、Mo、MoWV 系钢，B、MnB、SiMnB 系钢，W 系钢以及其他合金结构钢等。其中 A9×××× 暂空缺。后 4 位数字按照不同的要求制定。

第二节　工程结构用钢

工程结构用钢是指用于制造各种大型金属结构的钢材，如建筑、桥梁、船舶、车辆、石油、化工、电站、锅炉和压力容器等用钢。

工程结构用钢的工作特点和性能要求是基本上长期承受静载荷，偶尔有动载荷，所以要求结构用钢要有较高的强度，一定的塑性和抗过载能力；在寒冷地区使用的结构用钢，要求有较低的韧脆转变温度和良好的韧性；由于工程结构用钢需要进行焊接或冷压力加工，因此要求结构用钢要有良好的焊接性和冷变形性能；工程结构用钢长期使用于露天和野外，桥梁、船舶、石油钻井平台还长期与海水接触，因而还要求结构用钢要有良好的耐大气腐蚀性能和耐海水腐蚀性能。

随着工业发展和科技进步，工程结构用钢有了迅速的发展，其强韧性、焊接性、耐候性和耐海水腐蚀性等都有了很大的提高。历史上工程结构用钢的发展大体上经历了以下几个阶段。

1）最早的工程结构用钢是采用铆钉连接，设计上追求强度，还没有认识到韧性，特别是韧脆转变温度对工程构件的重要意义，更没有考虑到大气腐蚀和海水腐蚀的问题。因此，钢的含碳量普遍较高，一般 w_C 在 0.3% 左右，有时 w_C 甚至达到了 0.5%，钢材以热轧态供货。

2）焊接技术的发展使其成为连接结构用钢的主要方法。从焊接性上考虑，要求降低钢中的含碳量，但为了保持强度，钢中的锰含量有所增加。

3）在焊接结构的大量使用中发现了脆性断裂，特别是在第二次世界大战时期的舰船上，这使人们认识到冲击韧度、脆性转变温度和断裂韧度的重要性。钢中的含碳量进一步降低，这是因为 w_C 为 0.3% 的钢，韧脆转变温度在 50℃ 左右，而 w_C 为 0.1% 的钢，则可降低到 -50℃ 附近。同时也认识到高的 Mn/C 比对冲击韧度的有益作用，以及细化晶粒的重要意义。由于环境的需要，同期出现了耐大气腐蚀的钢材。

4）利用 Ni、Al、N 细化晶粒的作用提高钢的强韧性，可将屈服强度从 225MPa 提高到 300MPa，韧脆转变温度降低到 0℃，高强度结构钢具有良好的焊接性；耐候钢达到了不涂漆而耐大气腐蚀的水平。但是这种方法只能在正火状态下使用。

5）在保持原有的低碳、一定的含锰量、晶粒细化的前提下，利用 NbC、VC、TiC 的析出相的强化作用进一步提高钢的屈服强度。钢中的自由氮含量较高时，会导致钢的时效性、冷弯性、成形性及焊接性降低。

一、碳素结构钢

碳素结构钢按国家标准分为一般用途碳素结构钢和优质碳素结构钢。

1. 一般用途碳素结构钢

一般用途碳素结构钢含有害杂质和非金属夹杂物较多，质量较低，但冶炼容易，生产周期短，转炉、平炉均能冶炼，价格低廉并有良好的工艺性能，而且力学性能也能满足一般使用要求。因此，常用于制造普通的工程结构件和普通零件。钢厂中又常将它们轧成钢板或型钢（如圆钢、方钢、扁钢、角钢、工字钢、槽钢等）以方便使用，如图3-8所示。

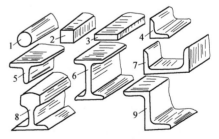

图 3-8 型钢
1—圆钢 2—方钢 3—扁钢
4—角钢 5—T形钢 6—工字钢
7—槽钢 8—钢轨 9—Z形钢

碳素结构钢牌号及化学成分见表 3-2。

表 3-2　碳素结构钢牌号及化学成分（GB/T 700—2006）

牌号	等级	厚度（或直径）/mm	脱氧方法	化学成分（质量分数）（%），不大于				
				C	Si	Mn	P	S
Q195	—	—	F、Z	0.12	0.30	0.50	0.035	0.040
Q215	A	—	F、Z	0.15	0.35	1.20	0.045	0.050
	B							0.045
Q235	A	—	F、Z	0.22	0.35	1.40	0.045	0.050
	B			0.20①				0.045
	C		Z	0.17			0.040	0.040
	D		TZ				0.035	0.035
Q275	A	—	F、Z	0.24	0.35	1.50	0.045	0.050
	B	≤40	Z	0.21			0.045	0.045
		>40		0.22				
	C	—	Z	0.20			0.040	0.040
	D	—	TZ				0.035	0.035

① 经需方同意，Q235B 碳的质量分数可不大于 0.22%。

碳素结构钢的牌号，按国家标准 GB/T 700—2006 的规定，由四部分组成：第一部分表示钢材屈服强度"屈"字汉语拼音首位字母（Q）；第二部分为屈服强度的数值（单位为 MPa）；第三部分为质量等级符号（A、B 级，硫、磷含量较多；C、D 级，硫、磷含量少，质量好）；第四部分为脱氧方法符号（"F"为沸腾钢，"Z"为镇静钢，"TZ"为特殊镇静钢）。例如：

碳素结构钢一般以热轧空冷状态供应。新国标中脱氧方法取消了半镇静钢。

Q195 钢碳的含量低，塑性好，常用于制作铁钉及各种薄板，如黑铁皮、白铁皮（镀锌薄钢板）、可锻铸铁（镀锡薄钢板）等，适宜冷作加工。此外，也可以用来代替 08 钢、10 钢等优质碳素结构钢，用作冲压板材或焊接结构件。

Q215 钢碳的含量低，具有高塑性、高韧性、良好的焊接性和良好的压力加工性，适宜冷作加工，但强度低。Q215 钢产量最大，用途很广，一般不经热处理直接使用，多轧制成板材、型材（圆、方、扁、工、槽、角等）及异型材以及制造焊接钢管，主要用于厂房、桥梁、船舶等建筑结构和一般输送流体用管道。例如，用于制造地脚螺栓、犁铧、烟筒、屋面板、铆钉、低碳钢丝、薄板、焊管、拉杆、吊钩、支架、焊接结构等。

Q235 钢 A 级、B 级的强度、塑性、韧性及焊接性等各方面性能较好，可满足钢结构的性能要求，应用最广、最多。它们常轧制成各种型钢、钢板、钢筋、棒料等用来制造各种钢结构以及机器零件，如拉杆、螺栓、环套、连杆、焊接件等。Q235C 级、Q235D 级则可作重要的焊接构件用，如用来制作 200m 高烟囱铁塔骨架。

Q275 钢属于中碳结构钢，强度较高，所以常代替 30 钢、40 钢用于制造稍重要的机器零件，以降低成本。

凡 A 级钢一般不用于制造需经锻压、热处理的工程结构或机器零件，只用于制作受力不大的螺钉、螺母、铆钉及不重要的渗碳零件等；B 级以上的钢可以用来制作较重要的机器零件、船用板材，替代优质碳素结构钢以降低造价，也可以进行适当的热处理改善其性能。

2. 优质碳素结构钢

优质碳素结构钢是目前机械制造行业的主要用钢之一，由于含碳量波动小，硫、磷的含量低，质量好，可以满足大多数零件的使用要求，并有良好的工艺性能，因此，又称为机械用钢。优质碳素结构钢含碳量的范围比较宽，因此其性能的差异比较大，用途也不同。

优质碳素结构钢的编号方法是采用两位数字表示的。这两位数字既是牌号，又表示钢中碳的质量分数为万分之几。例如：

45—优质碳素结构钢：平均 w_C 为 0.45%

25—优质碳素结构钢：平均 w_C 为 0.25%

按含锰量的高低，优质碳素结构钢又可分为普通含锰量与较高含锰量两类，后者的强度比前者高，但塑性稍低。如果锰的质量分数为 0.7%~1.2%，那么在牌号后面需加上元素符号 Mn 来表示。例如：

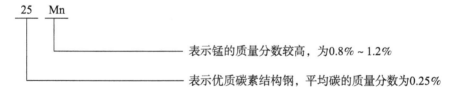

优质碳素结构钢的实际应用，按含碳量的高低可以近似地分为三个层次，即：

（1）低碳类优质碳素结构钢　这类钢含碳量低，常用的低碳类优质碳素结构钢的牌号、成分及力学性能，见表 3-3。

表 3-3　低碳类优质碳素结构钢的牌号、成分及力学性能

牌号	w_C（%）	w_{Mn}（%）	R_{eL}	R_m	A	Z	KU_2	HBW 热轧状态	HBW 退火状态
			/MPa		（%）		/J	不大于	
			不小于		不小于				
08F	0.05~0.11	0.25~0.50	175	295	35	60	—	131	—
08	0.05~0.11	0.35~0.65	195	325	33	60	—	131	—
10F	0.07~0.13	0.25~0.50	185	315	33	55	—	137	—
10	0.07~0.13	0.35~0.65	205	335	31	55	—	137	—
15F	0.12~0.18	0.25~0.50	205	355	29	55	—	143	

（续）

牌号	w_C（%）	w_{Mn}（%）	R_{eL}	R_m	A	Z	KU_2	HBW	
			/MPa		（%）		/J	热轧状态	退火状态
			不小于		不小于			不大于	
15	0.12~0.18	0.35~0.65	225	375	27	55	—	143	—
20	0.17~0.23	0.35~0.65	245	410	25	55	—	156	—
25	0.22~0.29	0.50~0.80	275	450	23	50	71	170	—
15Mn	0.12~0.18	0.70~1.00	245	410	26	55	—	163	—
20Mn	0.17~0.23	0.70~1.00	275	450	24	50		197	—
25Mn	0.22~0.29	0.70~1.00	295	490	22	50	71	207	—

　　低碳类优质碳素结构钢由于含碳量低，所以强度、硬度低，而塑性、韧性好。它适合于进行压力加工。常可以热轧成钢板，并进一步冷轧成薄板供冲压或焊接使用。也可以制成型钢供制造机器零件或进行渗碳处理后使用。

　　08F含碳量很低，强度、硬度低，塑性、韧性好，很少直接用于制作机器零件，多数轧成板材，供冷冲压使用或制成容器、电器元件等。

　　20钢含碳量低，强度、硬度略高于08F，塑性、韧性较好，但可加工性差，可用于制作承载小的渗碳零件，如小轴、轴套、链条的滚子、小齿轮等。

　　（2）中碳类优质碳素结构钢　中碳类优质碳素结构钢属于调质钢。

　　中碳类优质碳素结构钢碳的质量分数在0.30%~0.60%范围内，硫、磷、锰的含量与低碳类优质碳素结构钢相同。

　　常用的中碳类优质碳素结构钢的牌号、成分及其力学性能见表3-4。这类钢由于含碳量适中，所以强度、硬度、塑性和韧性都较好，如果经调质热处理后，可达到强度和硬度、塑性和韧性之间良好的配合。它是制造要求具有综合机械性能零件的理想钢种，而且具有良好的可加工性能。

表3-4　中碳类优质碳素结构钢的牌号、成分及力学性能

牌号	w_C（%）	w_{Mn}（%）	R_{eL}	R_m	A	Z	KU_2	HBW	
			/MPa		（%）		/J	热轧	退火
			不小于		不小于			不大于	
30	0.27~0.34	0.50~0.80	295	490	21	50	63	179	—
35	0.32~0.39	0.50~0.80	315	530	20	45	55	197	—
40	0.37~0.44	0.50~0.80	335	570	19	45	47	217	187
45	0.42~0.50	0.50~0.80	355	600	16	40	39	229	197
50	0.47~0.55	0.50~0.80	375	630	14	40	31	241	207

（续）

牌号	w_C（%）	w_{Mn}（%）	R_{eL}	R_m	A	Z	KU_2	HBW	
			/MPa		（%）		/J	热轧	退火
			不小于		不小于			不大于	
55	0.52~0.60	0.50~0.80	380	645	13	35	—	255	217
30Mn	0.27~0.34	0.70~1.00	315	540	20	45	63	217	187
35Mn	0.32~0.39	0.70~1.00	335	560	18	45	55	229	197
40Mn	0.37~0.44	0.70~1.00	355	590	17	45	47	229	207
45Mn	0.42~0.50	0.70~1.00	375	620	15	40	39	241	217
50Mn	0.48~0.56	0.70~1.00	390	645	13	40	31	255	217

30 钢是含碳量低的调质钢，所以调质后的强度、硬度偏低，但塑性好，应用面不广泛，常用于受力不大的零件，如在150℃以下工作的螺钉、套筒和轴等。

45 钢是最典型的调质钢，$w_C = 0.45\%$，在机械制造中用量最大，调质后有良好的综合力学性能，其工艺性能也较好，尤其是有良好的可加工性能，常用于制造传动轴、曲轴、凸轮轴、齿轮、齿条、曲柄销、连杆等多种机械零件，也是表面淬火的主要钢种。

55 钢是含碳量偏高的调质钢，其强度、硬度较高，有一定的耐磨性，但塑性较差。因此，适用于制造要求硬度高、耐磨性好的零件，如偏心轮、制动轮、离合器等。

（3）高碳类优质碳素结构钢　高碳类优质碳素结构钢主要属于弹簧钢系列。

高碳类优质碳素结构钢钢碳的质量分数约在 0.60%~0.85% 范围内。硫、磷、锰的含量与中碳类优质结构钢基本相同，仅其中含锰量较高的钢，锰的质量分数略有升高，可达到 0.90%~1.20%。常用的高碳类优质碳素结构钢的牌号、成分及力学性能见表3-5。

表 3-5　高碳类优质碳素结构钢的牌号、成分及力学性能

牌号	w_C（%）	w_{Mn}（%）	R_{eL}	R_m	A	Z	KU_2	HBW	
			/MPa		（%）		/J	热轧	退火
			不小于		不小于			不大于	
60	0.57~0.65	0.50~0.80	400	675	12	35	—	255	229
65	0.62~0.70	0.50~0.80	410	695	10	30	—	255	229
70	0.67~0.75	0.50~0.80	420	715	9	30	—	269	229
75	0.72~0.80	0.50~0.80	880	1080	7	30	—	285	241
80	0.77~0.85	0.50~0.80	930	1080	6	30	—	285	241
85	0.82~0.90	0.50~0.80	980	1130	6	30	—	302	255
60Mn	0.57~0.65	0.70~1.00	410	690	11	35	—	269	229
65Mn	0.62~0.70	0.90~1.20	430	735	9	30	—	285	229
70Mn	0.67~0.75	0.90~1.20	450	785	8	30	—	285	229

高碳类优质碳素结构钢由于含碳量高，所以强度、硬度高，而塑性、韧性差。但它经过热处理或冷变形后，具有较高的强度、弹性和韧性，适宜制作弹簧及弹性零件，以及某些工具。

例如，60钢属于含碳量偏低的弹簧钢，尚有一定的塑性，可冷拉成钢丝，在冷态下制成弹簧。因冷拉后产生加工硬化，所以强度比较高，制成弹簧后不需进行淬火强化，只做适当的除应力处理即可使用。65Mn钢，由于增加了锰的含量，故强度较高，淬透性比较好，常以热轧状态供应，在热态下制成弹簧，再淬火强化。此外，65Mn钢也可以冷轧成钢板、钢带和钢丝，制作弹簧。65Mn钢也可以制作工具，如钳工的划针等。

碳素结构钢除上述两类外，针对某些专业的特殊要求，国家还制定了像造船用钢、锅炉用钢、桥梁用钢等专业用钢的国家标准。

二、低合金结构钢

低合金结构钢也称为低合金高强度钢，国外称为 High Strength Low Alloy Steel，简称HSLA钢。低合金结构钢的冶金生产比较简单，大部分用转炉冶炼，也可以用电炉熔炼，轧钢工艺与碳素结构钢相近。其屈服强度比碳素结构钢高50%~100%，可以减轻钢结构的重量，节省钢材，并且合金元素，特别是价格高的合金元素用量少，价格便宜，因而低合金结构钢在工农业生产中的应用越来越广泛。

1. 低合金结构钢的性能要求

低合金结构钢的主要目的是减轻金属结构的重量，节省钢材，提高其可靠性。因此，首先要求这种钢具有高的屈服强度。低合金结构钢按屈服强度每增加约50MPa为一个级别，分为 Q345(350)、Q390(400)、Q420(450)、Q460MPa 等几个强度级别。国外还经常按抗拉强度级别分类。

钢的屈服强度主要取决于显微组织，目前普遍使用的低合金结构钢的显微组织主要有以下几种：

1）铁素体-珠光体组织。大部分低合金结构钢属于此类，屈服强度为300~450MPa。

2）铁素体-马氏体-奥氏体组织。它要求具有一定的强度和成形性能，屈服强度较低（≈350MPa）。

3）低碳贝氏体组织。低碳贝氏体组织的屈服强度为500~650MPa。

4）针状铁素体组织。针状铁素体组织属于低碳贝氏体类组织。

5）淬火回火组织。淬火回火组织的屈服强度为650~800MPa或更高。

屈强比（R_{eL}/R_m）对低合金结构钢而言也是一个有意义的指标。屈强比越高越能发挥钢的潜力，但也不能过大，否则将降低结构的安全可靠性，合适的屈强比应在 0.65~0.75 之间。在有交变载荷作用时，低合金结构钢还要求一定的疲劳强度，一般应不低于250MPa。低合金结构钢一般要求韧脆转变温度在-30℃左右；伸长率不小于21%（厚度为3~20mm的钢材）；纵向的室温冲击韧度不小于80J/cm²，横向的室温冲击韧度不小于60J/cm²。此外这类钢材还要求具有良好的工艺性能，即焊接性、冷成形性；良好的耐大气腐蚀性；贵重合金元素用量少，以降低成本。

2. 常见低合金高强度钢

1）Q345(350MPa级)钢。此级别钢主要有 12MnV、14MnNb、16Mn、16MnRE、18Nb等钢号。

16Mn 钢是最具代表性、开发最早、使用最多的钢种，具有良好的综合力学性能和焊接性。其屈服强度比 Q235 钢提高 50%左右，耐大气腐蚀性提高约 20%~30%，低温冲击韧度也比 Q235 钢优越。但其缺口敏感性较碳钢大，在有缺口存在时，疲劳强度降低，加工时应严格注意。

16Mn 钢种广泛用于各种大型船舶、车辆、大型容器、大型钢结构、桥梁、起重机等，比使用碳钢节约钢材 20%~30%。根据使用条件要求，我国的 16Mn 钢又有 16MnR、16MnG、16MnQ 等专用钢，其 S、P 含量较普通 16Mn 钢控制较严，其他性能指标也有一些特殊要求。如 16MnR 是压力容器专用钢，除抗拉强度、伸长率均高于普通 16Mn 钢之外，还要求保证冲击韧度。

大规格角钢主要用于铁塔和建筑结构中，主要用 16Mn 轧制。国内某钢厂通过 V、N 微合金化，开发了 T16MnV（N）钢（w_C = 0.14%~0.20%，w_{Mn} = 1.30%~1.60%，w_V = 0.05%~0.09%，w_N = 0.009%~0.018%）。V、N 微合金化显著提高了该钢的力学性能：R_m 为 520~625MPa，屈服强度为 395~465MPa，A 为 24%~28%，冲击吸收能量为 43~96J，并取得较高的经济效益。16Mn 钢经过渗碳处理，可以作为汽车零件的对磨件，如活塞销等。对 16Mn 钢进行离子渗氮和离子 S、C、N 复合共渗，在其表面制备一层渗硫层，可有效地降低 16Mn 钢的磨损程度和对磨件的表面粗糙度。

12MnP 钢加入少量的磷（w_P = 0.07%~0.12%），可提高钢的耐大气腐蚀性，并有较大的固溶强化作用。稀土元素的加入可去除有害杂质，改善夹杂物的形态和分布，降低冷脆性，该钢种主要用于船舶、化工容器和建筑结构。

2）Q390（400MPa 级）钢。此级别钢主要有 15MnV、15MnTi、16MnNb 等钢号。

15MnV 钢在热轧状态具有良好的综合力学性能、可加工性和焊接性。在一定范围内，钢中的 V 能细化晶粒，形成的 VC 产生弥散硬化，从而提高钢的强度。正火后，韧性提高，强度有所下降。为了获得良好的综合力学性能，对于厚度大于 25mm 的钢板，应在正火状态下使用，正火温度一般为 880℃，抗拉强度大于 600MPa，伸长率大于 25%。此类钢用于制造压力容器、船舶、桥梁、车辆、起重机械等。

15MnTi 钢的性能与 15MnV 近似。加入少量的 Ti 来固定氮并形成 TiC，显著提高了钢的强度。厚度大于 8mm 的中厚板一般需进行正火处理，使 TiC 析出并形成弥散分布，使强度和塑性提高，正火温度为（910±10）℃；小于 8mm 的薄钢板可不进行正火处理，退火或在（710±10）℃回火即可达到综合性能指标；厚度为 8mm 的板卷在热轧状态即可满足性能要求。

16MnNb 钢与 16Mn 钢相比，适当降低了 Mn 含量，由于 Nb 的强化作用，16MnNb 钢的屈服强度比 16Mn 钢高出一个级别，其综合力学性能和焊接性均较好，多用于大型结构和起重机械。

10MnPNb 钢，由于 Nb 和 P 的强化作用，使碳的质量分数低一些。P 使钢的耐大气腐蚀性能提高。这种钢多用于造船、港口建筑结构、石油井架等。

3）Q460（500MPa 级）钢。此级别的钢中加入了 Mo（w_{Mo} = 0.5%），提高了钢的屈服强度和高温力学性能，特别适合于生产厚度在 60mm 以上的厚钢板，以满足高压锅炉汽包及高压容器的需要。

14MnMoVB 钢中加入 Mo、B，使其等温转变图上部的珠光体转变曲线右移，而对等温转变图下部的贝氏体转变曲线影响很小。正火后得到大量贝氏体组织，强度显著提高。Mn、V 具有强化作用，屈服强度不仅能净化钢材，而且使钢表面的氧化膜致密，使钢具有一定的耐热性，可在 500℃ 以下使用，多用于石油、化工的中高温容器。

18MnMoNb 钢中加入少量的 Nb，可以显著细化晶粒。Nb 的析出强化作用，使屈服强度提高，同时 Nb、Mo 都能提高钢的热强性。这种钢一般经过正火+高温回火或调质后使用，其正火温度为 950～980℃，回火温度为 600～650℃。调质工艺为 930℃ 加热淬火，600～620℃ 回火。18MnMoNb 钢具有高强度，综合力学性能和焊接性好，适合于石油、化学工业中制作温高压厚壁容器和锅炉等，它们的使用温度在 500℃ 以下。另外，该钢还用于制造大锻件，如制作水轮机大轴等。

3. 特殊性能低合金高强度钢

特殊性能钢是指具有特殊化学成分、采用特殊工艺生产、具备特殊组织和性能、能够满足特殊需要的钢种。特殊性能钢在国民经济中占有极其重要的地位，是国民经济各部门不可缺少的重要基础材料，其产量、质量和品种反映出一个国家工业化和科学技术发展的水平，是一个国家工业化水平的重要标志之一。随着知识经济和高技术产业的迅猛发展，对特殊性能钢提出了高性能、多样化、低成本、节约能源，并符合环保和可持续发展的要求。我国特殊性能钢行业经过 50 多年的发展，特别是近年来的建设和改造，特殊性能钢生产已在数量上与国民经济发展大体适应。但品种不全、产品质量差、能源消耗高、劳动生产率低、成本高，不能满足国民经济发展需要多品种、高质量、低价格的要求。一些高附加值的产品还需依赖进口。特殊性能钢包括各类特定要求的钢种，对于这类钢，除了要求强度和韧性之外，还对其焊接性或深冲性以及耐候性有一定要求。因此，现代低合金高强度钢的发展趋势是：根据结构钢的不同用途，而加入不同的合金元素，采用不同的冶炼和轧制技术，以最大限度地满足使用要求。一方面应积极熟悉掌握国外先进的电炉冶炼、炉外精炼、连铸技术和装备。同时结合国内特点，进行自主创新，形成具有自主知识产权的特殊性能钢生产技术。

（1）耐候钢　低合金耐候钢是以保证力学性能为主，适当提高耐大气腐蚀性以延长钢结构件使用寿命的一类钢。它分为焊接结构用耐候钢和高耐候钢两类。

1）焊接结构用耐候钢。焊接结构用耐候钢是在钢中加入少量的合金元素，如 Cu、Cr、Ni 等，使其在金属基体表面上形成保护层，以提高钢材的耐候性能，同时保持钢材具有良好的焊接性能。为了改善钢的性能，可以添加一种或多种微量合金元素，添加量应符合国家标准规定。纳入国家标准的焊接结构用耐候钢有 Q235NH（16CuCr）、Q295NH（12MnCuCr）、Q355NH（15MnCuCr）和 Q460NH（15MnCuCr-QT）等。

2）高耐候钢。高耐候钢是在钢中加入少量的合金元素，如 Cu、P、Cr、Ni 等，使其在金属基体表面上形成保护层，以提高钢材的耐候性能，这类钢的耐候性能优于焊接结构用耐候钢。高耐候钢按主要化学成分分为两类，铜磷钢和铜磷铬镍钢，主要有 Q295GNH（09CuP，09CuPTi），Q295GNHL（09CuPCrNi-B），Q345GNH，Q345GNHI（09CuPCrNi-A）以及 Q390GNI-I 钢等。在上述合金钢中加入 Mo、V、Nb 等微量元素，可进一步改善钢的性能。我国开发的 08CuPV 耐候钢，其性能为屈服强度 335～450MPa，抗拉强度 450～560MPa，伸长率 25%～38%。这种钢的耐大气腐蚀性能比 Q235 钢提高近一倍，已批量用于铁路车辆制造和一些近海设施。

目前对焊接性要求不高的轻型结构件多采用较便宜的 P-Cu 系耐候钢。对于韧性和焊接性要求较高的结构件则采用 Cr-Cu 系耐候钢。高强度耐候钢主要用在车辆、桥梁、房屋、集装箱等结构的制造中。

（2）耐海水腐蚀钢 耐海水腐蚀钢是在海洋环境中具有较高耐腐蚀性的钢。我国研制开发的耐海水腐蚀用钢中以 10CrMoAl 为代表性钢种。通过在海水管线、海水冷却器及某些制盐设备上的实际使用考验，10CrMoAl 钢的使用寿命比普通碳素钢提高一倍以上。由于海水腐蚀的复杂性，这些低合金钢只能比碳钢有所改善，不能真正解决耐海水腐蚀的问题。在实际使用中，还要靠涂装、阴极保护、包覆耐蚀合金或高分子合成材料，以及增加钢材厚度等措施加以弥补。

国家标准（GB 712—2011）规定船体用结构钢分为一般强度钢、高强度和超高强度船舶及海洋工程结构用钢。一般强度钢分为 A、B、D、E 四个质量等级；高强度钢分为三个强度级别，四个质量等级：A32、D32、E32、F32；A36，D36，E36，F36；A40，D40，E40，F40。

我国研制的 ZCE36 新型耐海水腐蚀船板钢，是在 09MnNb 钢基础上加入 Cr、Ni、Cu、V 等元素形成的。该钢在正火态供货，晶粒度为 10 ~ 12 级，其力学性能为：抗拉强度 565MPa、屈服强度 435MPa、伸长率 31.5%、断面收缩率 60.5%、-40℃ 时的冲击韧度为 1.46J/cm²，耐蚀性高于国内常用的船板钢。

（3）表面处理钢材 钢的腐蚀都是从表面开始的。整体合金化加入的合金元素 90% 以上没有发挥作用，反而增加了成本，有时还恶化了工艺性能。钢材表面镀涂耐蚀合金或有机涂料，既经济又能显著提高其耐蚀性。由于薄板使用量大面广，且表面腐蚀问题较为突出，因此，表面镀涂薄板比其他钢材表面耐蚀处理更具有实际意义。这类钢材大都为低碳钢，如 05F 钢、08F 钢，厚度为 0.1~0.5mm。

（4）石油、天然气管道钢 近年来，石油、天然气的管道输送发展迅速。在石油、天然气中，大都含有硫化氢气体，容易造成硫化氢应力腐蚀。为此，我国研制开发了 PU 系列耐硫化氢腐蚀的低合金高强度管道钢，其抗拉强度达到 900MPa。这种钢加入能够提高耐回火性和细化晶粒的合金元素，如 Mo、W、V、Ti、Nb 等，经淬火+高温回火后使用。研究认为：提高回火温度，适当延长回火时间，其抗硫化氢滞后破裂的性能最佳；晶粒越细小，夹杂物越少，对抗硫化氢腐蚀破裂性能越有利。油气管道特别是天然气管道发展的一个重要趋势是采用大口径高压输送及选用高强度管材。采用高压输送和高强度管材，可大幅度节约管道建设成本。20 世纪 50~60 年代最高输送压力为 6.3MPa，20 世纪 70~80 年代为 10MPa，20 世纪 90 年代已达 14MPa。目前，输气管道的设计和运行压力已达 15 ~ 20MPa，有些管道甚至考虑采用更高的压力。随着管道输送压力的不断提高，管线钢管也迅速向高钢级发展。20 世纪 60 年代一般采用 X52 钢级，20 世纪 70 年代普遍采用 X60~X65 钢级。近年来以 X70 钢级为主，X80 钢级也开始大量使用，目前世界上已建和在建 X80 级管道总计已达到 20000km 以上。

（5）工程机械用钢与可焊接高强度钢 工程机械如挖掘机、推土机、起重运输机、混凝土机械等，其中的多种重要部件要求具有相当高的强度，如抗拉强度为 690 ~ 1080MPa，同时要求有高的耐磨性、良好的焊接性，即可焊、耐磨、高强度钢。国外以 "wel—Inten" 命名，我国以 "焊强"（HQ）命名的系列钢种就属于这类钢。为了保证焊接性，这类钢的含碳量比较低，一般 w_C 不大于 0.25%，并加入 Cr、Ni、Si、Mn、Mo、V 等合金元素，在淬火回火后使用。合金化的目的之一就是获得足够的淬透性，因为这类钢多用于生产厚度较大的中厚板，如 30~50mm 的板材。

HQ60 钢和 HQ80 钢都是我国近年来研制的可焊接高强度结构钢。HQ80 已开始生产，在板厚为 20~50mm 时，抗拉强度≥785MPa，伸长率≥14%，-20℃时的冲击韧度≥47J/cm^2。起重运输设备采用 HQ80 可焊接高强度钢后，设计强度等级相应提高，重量可以减轻 20%。其厚度在 20mm 以上时，采用淬火+回火；20mm 以下时，进行正火+回火处理，焊接预热温度为 50℃，在 25℃预热时可消除焊接裂纹。

CF60 钢和 HG50 钢是一种低焊接裂纹敏感性的低合金高强度钢，其含碳量比 HQ 系列钢进一步降低，HG50 钢抗拉强度在 470MPa 以上，伸长率达 33%；CF60 钢抗拉强度为 660MPa，伸长率达 19%，是制造大型高参数压力容器、海上石油平台和大跨度桥梁等的新型钢种。

我国研制的 07MnCrMoV 钢也是一种低焊接裂纹敏感性（WDL 系列）钢。其调质状态的力学性能为：屈服强度≥490MPa，抗拉强度为 570~740MPa，伸长率≥17%，冲击韧度≥47J/cm^2（-40~-20℃）。该系列钢厚度≤50mm 时，焊前不预热或稍加预热而不产生焊接冷裂纹；厚度≤38mm 的钢板焊后可不进行去应力退火。此类钢目前已大批量生产，广泛应用于高参数压力容器、水电站压力管、海上石油平台。

（6）钢筋钢　钢筋钢属于建筑结构用钢，制定有专门的规范和标准，有热轧光圆钢筋、热轧带肋钢筋和冷轧带肋钢筋、余热处理钢筋以及预应力混凝土用钢丝等。

热轧光圆钢筋（GB 1499.1—2008）：Ⅰ级钢筋，HPB235 [H 表示热轧，数字为屈服强度（MPa）]，用 Q235 钢轧制，化学成分和性能要求应满足 Q235 钢的规定。

热轧带肋钢筋（GB 1499.2—2007）：牌号由 HRB 和钢的屈服强度的最小值构成，分为 HRB335（Ⅱ级钢筋）、HRB400（Ⅲ级钢筋）和 HRB500 三个牌号。在实际生产中常用低合金钢，如 16Mn、20MnSi、20MnNb、20MnSiV、20MnTi、25MnSi、40Si2MnV、45SiMnV、45Si2MnTi 等钢。

20MnSi 等钢热轧后立即穿水，进行表面控制冷却，然后利用心部余热自热回火可以制造钢筋混凝土用余热处理钢筋，钢筋级别Ⅲ级，强度等级代号 KIA00，屈服强度 = 440MPa，抗拉强度 R_m=600MPa，伸长率 A=14%。与普通热轧钢筋相比，提高了一个强度等级。

冷轧带肋钢筋（GB 13788—2008）牌号由 CRB 和钢筋的抗拉强度最小值构成，分 CRB550、CRB650、CRB800 和 CRB970 四个牌号。其中，CRB550 为普通钢筋混凝土用钢筋，公称直径范围为 4~12mm，其他牌号为预应力混凝土用钢筋，公称直径为 4mm、5mm、6mm。制造钢筋的盘条应符合 GB/T 701—2008、GB/T 4354—2008 或其他有关标准的规定，一般 CRB550 用 Q214 钢轧制，CRB650 用 Q235 钢轧制，CRB800 用 24MnTi 钢、20MnSi 钢轧制，CRB970 用 40MnSiV 钢、60 钢轧制，其化学成分应符合有关标准规定。

（7）钢轨钢　钢轨钢一般都是碳的质量分数为 0.55%~0.75% 的高碳钢，在我国常将其划归为"低合金钢"。钢轨要求必须同时具有高强度和高耐磨性，并要求有良好的耐疲劳性能，其抗拉强度要求达到 785~980MPa，硬度达到 270~300HBW。因此，钢中除较高的含碳量之外，还需加入 Mn、Si，故有含 Mn 钢轨（w_{Mn} = 1.0% ~ 1.4%）和含 Si 钢轨（w_{Si}=

0.85%~1.15%）。热轧后的钢轨需要进行轨端淬火，以提高端头部位的硬度和耐磨性。近些年来又开发了轨面全长淬火技术，以进一步提高钢轨的抗压、耐磨和耐疲劳性能。65Mn2SiVTi 钢是我国新近研制的重型钢轨钢，合金元素通过多元复合加入，V、Ti 起微合金化作用，通过轧后控冷，使钢轨获得细片状珠光体组织，达到免去热处理的目的，而且其抗疲劳性尤其接触疲劳性优于淬火回火组织。

对钢轨轨端的热处理采用淬火+回火工艺，即通过感应加热将轨端加热到（1000±50）℃，空冷到（850±25）℃后喷水冷却，当钢轨冷却到470~550℃时，再利用钢轨的余热进行自热回火，可以达到改善组织，细化晶粒，提高硬度，延长钢轨使用寿命的目的。

第三节　机器零件用钢及工模具用钢

一、机器零件用钢

机器零件用钢是机械制造业广泛使用并且用量较大的钢种，常见的机器零件是汽车、拖拉机、机床、电站设备、矿山机械的轴类、齿轮、连杆、弹簧、紧固件、轴承等。下面将从生产工艺的角度对其进行介绍。

1. 调质钢

调质钢是指经过调质处理，即淬火并经高温回火后使用的结构钢。通过调质处理后所得组织为回火索氏体组织。调质钢通常具有良好的综合力学性能，是应用最为广泛的机器零件用钢。调质钢有三类：

第一类是中碳钢，如 35 钢、40 钢、45 钢。其淬透性低，水淬临界直径为 10~17mm，由于需要水淬，故热处理变形较大；强度低，伸长率为 20% 时，抗拉强度约为 800~900MPa。但因其价格便宜，来源广泛，在机器制造业中广泛应用。对表面硬度要求高的零件，需要进行高频感应淬火或火焰淬火。

第二类是低合金调质钢，以 40Cr 钢为代表。其淬透性比碳钢有较大提高，油淬临界直径可达 17~30mm，水淬临界直径在 30mm 以上。由于可用油淬，其热处理变形比碳钢要小，强度高于中碳钢，伸长率为 20% 时，抗拉强度可达 1000MPa，具有较好的综合力学性能，较高的疲劳强度。40Cr 钢是我国目前使用量最大的合金调质钢，用来制造比较重要的调质零件，如在交变载荷下工作的零件、中等转速和中等负荷的零件。经表面淬火后可制作负荷及耐蚀性要求较高、不受明显冲击载荷的零件，如齿轮、套筒、轴、曲轴、销子、连杆、螺钉、螺母以及进气阀等。为了节约合金元素 Cr，常用 40Mn2、45Mn2、40MnB、40MnVB、35Si2Mn 等钢作为 40Cr 钢的代用钢。

第三类是 Cr-Mn-Si 和 Cr-Mo(Ni) 钢。其淬透性较高，油淬临界直径为 30~40mm。其典型牌号有 30CrMnSi、30CrMo、35CrMo、40CrMo、40CrNi 等。

30CrMnSi 钢是一种高强度可焊接钢种。该钢具有较高的强度、适当的韧性和淬透性，当截面不大时其性能与 Cr-Ni-Mo 钢相近，但价格要低得多。这种钢广泛地用于制造重要的小截面焊接构件，如飞机上的结构件等。30CrMnSi 水淬零件的断面可以到 100mm，油淬可以到 50mm。断面小于或等于 25mm 的零件最好采用等温淬火，870~890℃ 淬入 280~350℃ 盐浴中，得到下贝氏体组织，可进一步提高冲击韧度，并减少缺口敏感性且热处理变形最小。该钢在 250~380℃ 和 450~650℃ 范围内有回火脆性倾向，尤其是在 450~650℃。因此，等温淬火时要注意控制冷却介质的温度，不可过高，否则使冲击韧度降低。该钢的纵向和横向性能相差很大，尤其是冲击韧度，横向是纵向的 50%。这种钢截面厚度小于 3mm 时焊接性良好，大于 3mm 时需预热到 150℃后才能焊接，焊接后尽可能进行热处理。

2. 渗碳钢、氮化钢及低淬透性钢

机器零件在工作时受到周期性变化的载荷和弯曲力的作用，同时还与其他零件之间有相对的摩擦和磨损，并有很高的接触应力。这类机器零件要求有高的屈服强度、一定的冲击韧度、高的弯曲疲劳和接触疲劳强度以及极高的耐磨性。对这类零件通常采用表面强化的方法来满足其力学性能要求，如表面渗碳、碳氮共渗、氮化、表面淬火等。

第一类：碳素渗碳钢，常用的有 15 钢、20 钢。碳素渗碳钢淬透性低，故必须用水淬，从而使零件的变形量增大，所以一般只用于形状简单、强度要求不高的耐磨件，如套筒、小轴、链条等。

第二类：低淬透性渗碳钢，常用的有 20Cr、20MnV、20Mn2V、20CrNi 等。这类钢具有一定的淬透性和心部强度，油冷时心部可以得到贝氏体组织。此类钢具有代表性的是 20Cr钢，目前被国内外广泛使用。20Cr 钢与相同含碳量的碳素钢相比，其强度和淬透性均明显提高。经淬火和低温回火后，其具有良好的综合力学性能和低温冲击性能，没有明显的回火脆性，当正火硬度为 170~217HBW 时，可加工性好，焊接性能和冷变形时塑性中等。Cr 在渗碳时使表面层的含碳量和硬度增高，奥氏体晶粒易长大，渗碳后需二次加热淬火，一般用油淬。

第三类：中淬透性渗碳钢，常用的有 20CrMn、20CrMnTi、20CrMnMo、20MnTiB、20MnMoB、20MnVB 等。这类合金渗碳钢具有较高的淬透性和心部强度，其心部抗拉强度为800~1200MPa，是汽车、拖拉机、矿山机械、机床制造中应用最为广泛的渗碳钢，适合制造心部强度要求较高的齿轮。20MnCr5 是从德国引进的钢号，相当于我国的 20CrMn。其中，20CrMnTi 钢在我国大量应用，国外则大量使用 20CrMnMo 钢。

第四类：高淬透性渗碳钢，常用的有 20Cr2Ni4、18Cr2Ni4W 等。这类钢中的20Cr2Ni4A 和 18Cr2Ni4W 是两种性能优良的含 Ni 渗碳钢，Ni 不但能提高其淬透性，而且在含量很高（质量分数达 5%）时仍能提高各种热处理状态下钢的韧性，并可显著改善钢的冲击疲劳抗力。这两种钢具有很高的淬透性，空冷即可淬硬，心部的抗拉强度可达1200MPa 以上。常用于制造截面较大的重载荷渗碳件，如坦克齿轮、飞机齿轮等。20Cr2Ni4A 钢在油中临界淬透直径达 114mm，此钢渗碳后不能直接淬火，淬火前需进行一次高温回火，以减少表层残留奥氏体。焊前需预热到 150℃左右，热加工时白点敏感性强，存在回火脆性倾向。18Cr2Ni4W 钢也可在不渗碳而调质的情况下使用，用于传动轴、曲轴、花键轴等。

3. 低碳马氏体型结构钢

低碳马氏体型结构钢是一类非常重要的钢种。一般中碳结构钢采用淬火+高温回火热处理，势必牺牲强度而保持较高的塑性和韧性；如果采用淬火+低温回火，虽然可以获得高强度，但又显得塑性、韧性不足。而低碳钢经淬火、低温回火形成的板条状位错马氏体、板条相界的残留奥氏体薄膜和板条内部析出的细小分散碳化物组织可以获得强度、韧性、塑性的最佳配合。

15MnVB 钢是我国研制开发的低碳马氏体型高强度冷镦螺栓用钢，用于制造 M20 以下的高强度螺栓。汽车用重要螺栓如连杆螺栓、缸盖螺栓、半轴螺栓等，过去常用 40Cr 调质钢制造，由于其冷塑性变形性能差，常常造成冷镦开裂、掉头而产生大量废品。采用低碳马氏体型结构钢 15MnVB 后，其工艺性能显著改善，冷拔、冷镦不易开裂，冷拔、冷镦模具和搓丝板、滚丝轮等不易损坏，可使工模具寿命延长 20%～30%，且脱碳倾向小，因而产品合格率大大提高，而且低碳马氏体的回火温度低、能耗少、生产周期短。

20SiMnVB 钢具有较高的淬透性，在 10%NaOH 水溶液中临界强化直径可达 35mm 以上，与 20MnTiB 钢相似，淬火低温回火后强度已接近超高强度钢的强度水平，而塑性和韧性及综合力学性能不亚于调质钢，且具有较好的低温冲击韧度。该钢经 900℃ 油淬，200℃×2h；回火空冷后的断裂强度 $R_m = 1350MPa$，$A = 13\%$，$a_K = 130J/mm^2$，主要用于制造负荷较大，强度和韧性要求较高的中小型零件，如滑动齿轮、齿圈、齿轮轴等。

4. 冷锻冷镦和冷挤压用钢

在现代化的机器制造业（如汽车、拖拉机等行业）中，广泛采用冷锻冷镦或冷挤压工艺生产互换性较高的标准零件和其他零件，如螺钉、螺栓、齿轮等。冷锻冷镦和冷挤压工艺的优点在于：零件尺寸精度高，表面粗糙度值低，材料利用率高，生产量大，生产率高，成本低，比常规的热锻和机械加工工艺简单。

冷锻冷镦和冷挤压用钢要求具有很高的塑性、表面粗糙度，冷锻冷镦过程中易于成形而不致产生裂纹，同时还要保证所成形的零件具有高的尺寸精度。钢材的表面状况和内部缺陷是影响冷塑性变形时开裂的主要原因，其中表面质量尤为重要。

我国将冷锻冷镦和冷挤压用钢按使用状态分为非热处理型、表面硬化型和调质型（包括含硼钢）三类，用"铆螺"汉语拼音的第一个字母"ML"表示冷锻冷镦和冷挤压用钢（GB/T 6478—2015）。

通常 8.8 级螺栓用 ML35 钢和 SWRCH35K 钢制造，而 ML35 钢是典型的常规冷镦钢。当截面大小不同时，ML35 钢由于淬透程度不同，虽然采用同一调质工艺，其表层与心部达到相近的硬度，但它们的显微组织却不同，表层为回火索氏体而心部仍是片状珠光体组织。国内某钢铁集团开发并批量生产的 CH35ACR 冷镦钢是替代 ML35 钢制造 ≥M16 的较大规格螺栓的材料与 ML35 钢和 SWRCH35K 钢相比，它们在 Si、Mn 含量方面有差异，前者还添加了 Cr 元素，并减少了 P、S 含量，不仅在油中冷却的淬火临界直径增加到 18～20mm，而且在相同的高温回火后的硬度差比较大，洛氏硬度值提高 4～8HRC，耐回火性更强。

5. 易切削钢

随着汽车工业和自动机床技术的发展，人们开发了各种可加工性能良好的易切削钢以发挥自动机床的效能，提高切削速度，延长刀具的使用寿命，同时还为广泛应用高强度钢创造了条件。

钢的可加工性能主要取决于非金属夹杂物的类型、大小、形态、分布、体积分数等。钢中加入一定量的 S、P、Pb、Bi、Se、Te、Ca 等元素是改善钢的可加工性能的有效方法。这些元素与钢中的其他元素形成非金属夹杂物或金属化合物，或以自由金属态的形式存在。在钢材轧制时，这些非金属夹杂物沿变形方向伸长，呈条状或纺锤状，类似于无数个微小的缺口，破坏了钢的连续性，减少了切削时将金属撕裂所需要的能量，提高了可加工性。另一方面，这些非金属夹杂物的存在不会显著降低钢材的纵向力学性能。非金属夹杂物本身的硬度不能太高，与刀具之间的摩擦系数较低，以降低刀具的磨损。非金属夹杂物的存在还应使切屑容易折断，易于处理。

Y12 钢、Y15 钢：用于制造机器上使用的螺钉、螺杆、螺母，连接机件用的螺栓，转向拉杆球形螺栓，油泵传动齿轮，手表零件，仪表的精密小件等。

Y20 钢：制造小型机器上难加工的复杂断面零件，以及内燃机凸轮轴、离合器开关、球形卡头的开关等。

6. 非调质钢与贝氏体钢

非调质钢与贝氏体钢均属于新型的机器零件用钢，其共同的特点在于简化生产工艺，取消淬火高温回火工序，减少淬火变形及矫正的工作量，从而达到降低能耗和生产成本的目的。同时，这两类钢还具有很好的使用性能，如强韧性、高抗疲劳性和耐磨损性。与合金调质钢相比，还有合金元素用量少的特点。

YF45MnV 钢是我国在 1980 年研制的一种易切削非调质钢，其强度指标与 45 钢调质态相当，而可加工性能相当于 45 钢的正火态。原用 45 钢调质处理加工的零件，均可以用 YF45MnV 钢代替，尤其适应于制造变形要求严格的细长杆件，如车床丝杠等。

7. 弹簧钢

弹簧是机器上的重要部件，其主要作用是储存能量和减轻振动。弹簧可分为板弹簧和螺旋弹簧两种，其中螺旋弹簧又可分为压力、拉力、扭力弹簧三种。

板弹簧的受力以反复弯曲应力为主，同时还承受冲击负荷和振动。板弹簧的棱角和中心孔处应力集中非常明显，其失效形式绝大多数是疲劳破坏。螺旋弹簧不论是受拉还是受压，其承受的应力主要是扭转应力，最大应力在螺旋弹簧的内表面。在动载荷作用下，弹簧的破坏形式是疲劳，疲劳源一般位于弹簧的内表面。因此，提高弹簧疲劳强度是提高弹簧使用寿命的主要方法。

对弹簧的性能要求是具有高的弹性极限，为了防止疲劳和断裂，弹簧应具有高的疲劳强度、足够的塑性和韧性。

65Mn 弹簧钢与碳素弹簧钢相比，其淬透性稍高，脱碳倾向小，但容易过热并有回火脆性，弹性极限较 Si-Mn 弹簧钢要低一些。

8. 轴承钢

轴承钢是机械工业中的基础零件之一，各种机械的转动部分都离不开轴承。随着现代技术的发展，滚动轴承的使用量越来越大，对轴承的性能要求也越来越高，如高精度、高可靠性、长寿命等。对某些特殊环境中使用的轴承，还要求具有耐高温、耐腐蚀、无磁性、耐低温、抗辐射等性能。

GCr15 钢通常的锻造温度范围为 850~1100℃，锻后进行球化退火和机加工等。如果锻造后冷却速度控制不当，容易形成网状碳化物。网状碳化物在 900℃ 左右开始形成，在 700~750℃ 温度范围内形成速度最快。因为终轧终锻温度过高时奥氏体晶粒粗大，容易形成粗的网状组织，所以合适的终轧终锻温度应控制在 830~850℃，锻后在 700~850℃ 温度范围内快冷（风冷、喷雾、水冷等），要求冷却速度不低于 150~200℃/min。在 700℃ 以下，应缓冷，如坑冷，以防止形成白点和减小钢的内应力。根据控制轧制原理，降低终锻温度既可以细化奥氏体晶粒，又可以减小网状碳化物的级别，因而有的企业采用两相区锻造，即将毛坯加热到 840℃ 后经锻造和挤压成形，然后在 680~700℃ 等温一段时间后冷却，以完成奥氏体向珠光体的转变。这样可使晶粒明显细化，并促使碳化物细化，使钢在等温冷却后直接获得粒状珠光体，省去了锻后的球化退火工序，又可使轴承套圈的疲劳寿命提高 50%。该工艺已应用于实际生产，它适合于直径 62mm 以下的轴承套圈的生产。

9. 特殊用途钢

（1）耐磨钢　近年来，我国耐磨材料的发展十分迅速，耐磨钢铁材料的研究和开发工作十分活跃。由于零件磨损形式不同，工况条件各异，处于研究开发中的耐磨钢铁品种有数十种之多，它们大体上分属以下两种类别：耐磨钢，包括耐磨低合金钢、奥氏体锰钢、空冷贝氏体钢、奥氏体-贝氏体耐磨钢等；耐磨铸铁，包括高铬耐磨铸铁、抗磨中锰球铁、奥氏体-贝氏体球铁等。

（2）低温用钢　随着科学技术的发展，在低温下使用的机械装备越来越多，对低温用钢的需求也越来越大，如制冷行业、液化石油气、各种液化气体（如液氢、液氧、液氮等）的储运和使用，以及低温超导装置等都需要低温用钢。

对低温用钢的基本要求是：低温下有足够的韧性。普通钢铁的晶体结构是体心立方，具有体心立方点阵结构的金属都有冷脆性，即随温度的降低，超过韧脆转变温度，材料断裂的形式由韧性断裂变为脆性断裂。因此，对于低温用钢，其低温下的缺口韧性是非常重要的性能指标。除此之外还需具有足够的强度、良好的焊接性和工艺性。

16Mn 钢可作为 -40℃ 的低温用钢，常用于中低压压力容器；09Mn2V 钢一般在正火（920℃加热）状态下使用，可用于 -70℃ 的低温设备；09MnTiCu 钢也可以在 -70℃ 的低温设备上使用，其正火温度为 950℃。我国研制和开发的 06AlNbCuN 钢的最低使用温度为 -120℃，该钢在正火状态下使用，正火温度为 910~970℃。

（3）大锻件用钢　在选择大锻件用钢时，应根据锻件的尺寸、力学性能的要求，零件的服役条件和工艺性能等因素来考虑。

大锻件用钢的性能要求：锻件冶金质量好，材料性能均匀，不应有裂纹、白点、缩孔、折叠、过度的偏析以及超过允许的夹杂和疏松；锻件经最终热处理后，具有较低的残余应力。例如，汽轮机转子和主轴锻件的残余应力规定不应大于锻件强度级别材料径向屈服强度下限值的 8%；锻件材料应具有足够高的强度、塑性和韧性等良好的综合力学性能；断裂韧度高，脆性转变温度低；对高温服役的零件材料要有较高的蠕变极限、持久强度和长期组织稳定性，以及抗高温氧化和蒸汽腐蚀能力。

二、工模具用钢

对各种各样的材料进行加工，需要使用各种形式的工具，其中包括各种刃具，冷、热成形模具和量具等。工具加工的对象大部分是金属材料，因而用来制造工具的钢，其硬度和耐磨性应高于被加工材料。

工模具用钢按照其用途不同可分为刃具钢、量具钢和模具钢三大类。

许多工具钢还被用来制造机器零件，以满足一些特殊使用条件的要求，如制作抗高温软化的弹簧、内燃机的阀门和各种类型的轴承等。

1. 刃具钢

刃具钢主要是用来制造切削加工的工具，如车刀、刨刀、铣刀、滚刀、钻头、丝锥、板牙、锯条和锉刀等。

在切削加工中，刃具与工件相对运动，使被切削工件的局部形成切屑而脱离工件。因此，各种类型的刃具都不同程度地承受着压应力、弯曲应力、扭转应力以及冲击和振动，并产生强烈的机械摩擦等。刃具的正常失效形式是刃口部分磨钝；崩刃、折断和塑性变形则属于不正常的失效。刃具与工件之间强烈的摩擦产生大量的热,使工件和刃具的温度同时升高。

根据刃具的使用条件,通常对刃具提出以下一些基本性能要求:高的硬度,一般要求刃具的硬度应在 60~65HRC;加工轻金属材料和木工用的刃具,其硬度可以低一些,一般在 45~55HRC;高的耐磨性,能够延长刃具的使用寿命;高的强度、足够的塑性和韧性,以保证刃具在工作时不产生断裂、崩刃,一些工具特别是细长形状的工具的破坏形式常常是断裂而不是磨损,因此,塑性和韧性对于工具钢而言是重要的性能指标。需要指出的是,工具钢的强度试验一般不用拉伸试验,而是采用软性系数较高的弯曲试验和扭转试验进行测定。以破断时的抗弯强度和抗扭强度来表征其强度;以挠度 f 和扭转角来表示其塑性。高的热硬性,热硬性是指刃具在高温下能够保持高硬度的能力。在高速切削中,产生大量的切削热,这时刃具的耐磨性主要取决于热硬性。评定热硬性的高低是将正常淬火和回火的工具钢加热到 600℃、625℃、650℃、675℃等温度,重复 4 次,每次 1h,以能够保持硬度为 60HRC 时的温度作为评定其热硬性的标准。

碳素工具钢的含碳量对其性能影响较大,含碳量越高,钢的耐磨性越好,而韧性越差。常用的碳素工具钢有 T7 钢、T8 钢、T9 钢、T10 钢、T11 钢、T12 钢、T13 钢,其中 T7 钢、T8 钢的韧性较好,而耐磨性较低,适合制作一些受冲击负荷的刃具;T10 钢、T11 钢强度、硬度较高,耐磨性较好,有一定的韧性,适合制造耐磨性要求较高的刃具和工具,应用比较广泛;而 T12 钢和 T13 钢,淬火后有较多的剩余碳化物,硬度和耐磨性高,但韧性略低一些,用于不受冲击载荷的工具。除了含碳量的影响外,钢中的杂质、成分偏析、非金属夹杂物以及渗碳体的形态和分布等均对碳素工具钢的性能有较大的影响。

低合金工具钢是用来制造截面较大、形状较复杂、变形要求严格、负荷较重、切削条件较为苛刻,而选用碳素工具钢不合适的刃具(如搓丝板、板牙等)。为了得到高的硬度($\geqslant$62HRC)和较多的过剩碳化物,低合金工具钢的 w_C 一般控制在 0.8%~1.4%。常加入的合金元素有 Cr、Mn、Si、W、V 等。合金元素的总量一般小于 4%(质量分数)。Cr、Mn、W、V 等可溶入渗碳体形成合金渗碳体,这些合金元素溶入奥氏体中可提高过冷奥氏体的稳定性、提高钢的淬透性、强化马氏体基体、提高钢的耐回火性。

2. 量具钢

量具钢是用来制造测量工件尺寸的工具,如量规、卡尺、塞规、样板等。

量具是用来度量工件尺寸的工具,如卡尺、千分尺、块规、卡规等。量具在使用中经常与被测工件接触、摩擦、碰撞,量具本身也必须具有高的尺寸精度和尺寸稳定性。因此,量具的要求是:高的硬度(58~64HRC)和耐磨性,避免因磨损而降低尺寸精度;高的尺寸稳定性,在长期使用或旋转中尺寸不能发生变化;足够的韧性,以避免因碰撞而损坏;有时还要求具有耐腐蚀性。

1)一般量具形状简单,精度要求不高。尺寸较小的量具,采用碳素工具钢制造,如 T10 钢、T12 钢等;尺寸较大,使用中易受到碰撞、冲击的量具,采用低碳或低碳低合金渗碳钢制造,如 20 钢、20Cr 钢等,或采用中碳调质钢,如 50 钢、60 钢、65 钢等。

2)精度要求高的量具常用低合金工具钢制造,如 GCr15 钢、CrWMn 钢、Cr2 钢、CrMn 钢等。如果尺寸稳定性和耐磨性要求特别高,可用 Cr12MoV 冷作模具钢或 38CrMoAl 氮化钢制造。

3）在腐蚀条件下使用的量具，可选用马氏体不锈钢 4Cr13 钢、9Cr18 钢制造。

3. 模具钢

模具钢按照其加工对象和工作温度进行分类，可分为：冷作模具钢、热作模具钢和塑料模具钢。

1）冷作模具钢。冷作模具钢是用来制造使金属在常温状态下塑性变形的模具。冷作模具包括拉延、拔丝和压变模、冲裁模（落料、冲孔、修边模、冲头、剪刀模等）、冷镦模和冷挤压模等。这类模具要求高硬度、高的耐磨性及一定的热稳定性。

常用来制造冷作模具的碳素工具钢有：T8 钢、T10 钢、T12 钢等。这类钢的可加工性能好，价格便宜。但其淬透性低，耐磨性差，淬火变形比较大，使用寿命低。因此，只适合制作一些形状简单、尺寸不大、工作负荷不高的模具。

2）热作模具钢。热作模具钢要求模具有高的强度、高的疲劳抗力、高硬度和高的耐磨性，同时还要求有良好的热疲劳抗力、抗氧化性和热强性，以及高的淬透性，良好的导热性。

5CrNiMo 钢和 5CrMnMo 钢是使用最为广泛的热作模具钢，前者适合制造形状复杂、受冲击载荷大的大型模具（模具高度大于 400mm），后者适用于中小锤锻模。5CrNiMo 钢在工作中受热温度升高时仍具有良好的力学性能，在室温和 500~600℃ 时的力学性能几乎相同，在加热到 500℃ 时仍具有 300HBW 以上的硬度。该钢具有非常好的淬透性，300mm×400mm×300mm 的大型模块，自 820℃ 油淬和 560℃ 回火后，断面各部分的硬度几乎一致。此钢对回火脆性不敏感，从 600℃ 缓慢冷却下来，冲击韧度稍有降低。

3）塑料模具钢。塑料制品在电器、仪表和日常生活中的使用极为广泛，塑料制品的 80%~90% 都要用模具来生产制造。随着生产的发展，对塑料成型所用的塑料模具材料需求量越来越大，并对钢的质量和性能要求越来越高。

塑料模具的工作条件一般是：工作温度，不论是热固性塑料还是热塑性塑料，其压制成形温度通常是在 200~250℃ ，近似于冷作模具的工作温度；受力情况，对于普通热塑性注射模具，其型腔的成形压力约为 25~45MPa，对于某些热塑性工程塑料的精密注射模具，成形压力有时可达 100MPa，对于热固性注射模具，型腔的成形压力约为 30~70MPa；摩擦磨损，注射模和浇注系统会受到熔融塑料对它们的流动摩擦和冲击，脱模时还受到固化后的塑料对其产生的刮磨作用，这些都导致模具型腔表面发生一定程度的磨损，特别是在成型带有玻璃纤维等硬质填料的塑料时，磨损现象更加严重；腐蚀作用，腐蚀的原因是高温塑料分解后挥发出的腐蚀性气体。例如，成形聚氯乙烯、阻燃型或难燃型塑料以及氟塑料时，高温分解出的 HCl、SO_2 和 HF 等气体均对模具型腔产生腐蚀作用。

因此，塑料模具钢的基本性能要求近似于冷作模具钢，如要求有足够的强度、一定的韧性、良好的耐磨性、热处理变形要小等。塑料模具钢还要求具有镜面加工性能，塑料制品的表面粗糙度值要求很低，因此，模具的表面必须加工成镜面，这就要求钢中夹杂物要少，偏析小，组织致密，且硬度较高（一般为 45HRC 以上），使模具表面的粗糙度能够长期保持不变。对于具有腐蚀性的塑料，其模具用钢还要求有抗腐蚀性能。

第四节 铸 铁

铸铁是指碳的质量分数大于 2.11% 的铁碳合金（工业上常用铸铁的 w_C 为 3.0% ~ 4.5%）。此外，铸铁还含有相当数量的合金元素和杂质，如硅、锰、硫、磷等，尤其硅的质量分数比较高，最高可达 $w_{Si} \approx 3.0\%$。铸铁作为机械制造工业的重要金属材料，广泛应用在汽车、拖拉机、机床、重型机器、冶金矿山机械的制造中，如制造内燃机、柴油机的气缸壳、曲轴、机床床身、导轨、重型机器的机架、箱体、机座、轴承座等。按铸铁的重量百分数计算，铸铁的用量占钢铁产品的一半左右。

铸铁之所以被如此广泛地应用，是与其具有许多优良性能分不开的，而铸铁的优良性能又取决于铸铁的组织。

一、铸铁的组织与性能特点

铸铁实质上是由各种不同形状的石墨分布在钢基体上所构成的混合组织。因此，随着钢的基体的组织不同以及石墨所具有的形态、大小、分布的不同，可以分为许多种类，并具有各自不同的性能。钢基体的组织主要有铁素体基体、铁素体加珠光体基体、珠光体基体等；石墨的形态主要有片状、团絮状和球状等，如图 3-9 所示。

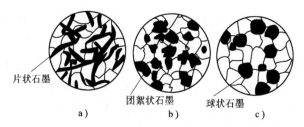

图 3-9　铸铁中石墨形态的示意图
a）片状　b）团絮状　c）球状

石墨的强度、硬度很低，塑性、韧性几乎为零。所以，石墨在铸铁中犹如裂纹和空洞。故常把铸铁看作是钢基体上布满了裂纹和空洞的钢。石墨常用符号 G 表示。

由于石墨的存在割裂了钢基体，破坏了钢基体的连续性，削弱了钢基体的强度和韧性。所以，铸铁与钢相比，力学性能显然要差。但是，由于石墨的存在给铸铁带来了许多钢所不具有的优良性能，如良好的铸造性能和减磨性能、较好的消振性、良好的可加工性能和低的缺口敏感性等。

二、铸铁的分类

铸铁按其中碳的存在形式和石墨的形状进行分类，可分为白口铸铁、灰铸铁、可锻铸铁和球墨铸铁等。此外还有含合金元素的合金铸铁。

1. 白口铸铁

白口铸铁组织中的碳几乎全部以渗碳体（Fe_3C）的形式存在，断口呈白亮状，故称为白口铸铁，如图 3-10a 所示。因为铸铁的含碳量比钢高，生成的渗碳体数量比钢多，所以硬度高、难以进行切削加工，而且脆性也大，不宜直接使用。工业上除一部分农用机具使用白口铸铁外，多数白口铸铁作为炼钢原料或生产可锻铸铁的坯料。

2. 灰铸铁

灰铸铁组织中的碳几乎全部或极大部分以片状石墨的形式存在，断口呈灰褐色，如图 3-10b 所示，故称为灰铸铁。

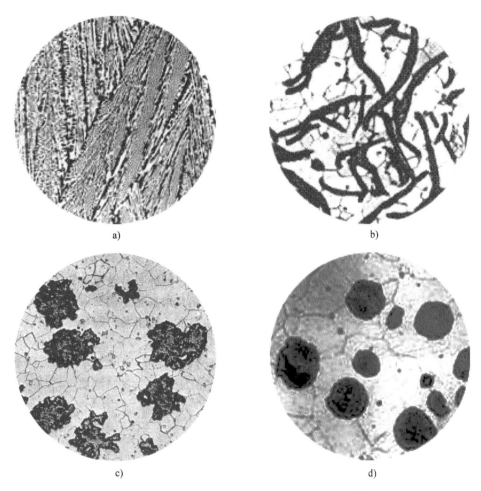

图 3-10　铸铁中碳的存在形式
a）白口铸铁　b）灰铸铁　c）可锻铸铁　d）球墨铸铁

3. 可锻铸铁

可锻铸铁组织中的碳几乎全部或极大部分以片团絮状石墨存在，如图 3-10c 所示。因团絮状石墨能吸收振动而使铸铁韧性较好，故称为可锻铸铁，但并非可以锻造。可锻铸铁的断口因表层脱碳而呈现外层白亮心部暗灰色。

4. 球墨铸铁

球墨铸铁组织中的碳几乎全部或绝大部分以球状石墨存在，如图 3-10d 所示。因球状石墨对钢基体的割裂作用小，力学性能损失小，所以，球墨铸铁是综合力学性能最好的一种铸铁。

三、铸铁的石墨化及其影响因素

从以上铸铁的分类中可知，影响铸铁组织和性能的关键是碳在铸铁中的存在形式，即以渗碳体存在还是以石墨体存在。此外，还涉及石墨的形状、数量、大小以及分布。

在铁碳合金中，碳有两种存在形式。即金属化合物形式的渗碳体（Fe_3C）和游离状态的石墨。如果对渗碳体形式存在的铁碳合金进行长时间的高温加热，其中的渗碳体将分解为铁和石墨（即 $Fe_3C \longrightarrow 3Fe+G$）。可见渗碳体只是一种不稳定的相，石墨才是一种稳定相。

因此，描述铁碳合金的结晶过程应有两个相图：Fe-Fe₃C 相图和 Fe-G（石墨）相图。两者重合在一起如图 3-11 所示，即为 Fe-Fe₃C 与 Fe-G（石墨）双重相图。图中实线表示 Fe-Fe₃C 相图，部分实线再加上虚线表示 Fe-G 相图。

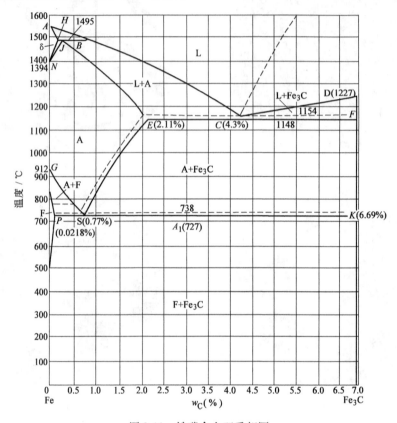

图 3-11　铁碳合金双重相图

常用铸铁中的碳主要是以石墨形式存在的，铸铁中碳以石墨形式析出的过程称为石墨化。

1. 石墨化

铸铁中的碳以石墨形式析出的过程称为石墨化。铸铁的石墨化是一个比较复杂的过程，它包括从液体中直接结晶出石墨和从固态奥氏体中析出石墨，或者是已形成的渗碳体发生分解，分解出石墨，即：

$$\mathrm{Fe_3C \longrightarrow 3Fe + G（石墨）}$$

由于铸铁的许多优良性能是通过石墨起作用的，所以石墨化的过程就决定了铸铁的性能。至于碳在铸铁中以何种形式存在主要取决于铸铁的化学成分和冷却速度（或石墨化时的温度）。

2. 影响石墨化的因素

影响铸铁石墨化的因素有多种，其中主要是铸铁的化学成分和冷却速度。

（1）化学成分的影响　铸铁中除了铁和碳以外还含有硅、锰及硫、磷、锰等杂质。它们对石墨化有不同程度的影响。

1）碳和硅的影响。碳和硅都是强烈促进石墨化的元素。其中碳、硅的含量越高，越容易得到灰铸铁。目前常用的铸铁，碳的质量分数一般在 3.0% ~ 4.5%，硅的质量分数在 1.0% ~ 3.0%。碳与硅配合形成的碳当量 $Ceq = w_C\% + 0.3w_{Si}\%$，一般接近于 4.3%。

2）硫的影响。硫是强烈阻止石墨化的元素，硫会增强铁和碳生成化合物的能力，容易形成白口。此外，硫还会降低铁液的流动性和造成热裂（脆）。所以，硫是对石墨化有害的元素。铸铁中含硫越少，越有利于石墨化。

3）锰的影响。锰虽然也是阻碍石墨化的元素，但锰会首先与铸铁中的硫化合生成硫化锰，从而减弱了硫对石墨化的阻止作用，间接地起着有利于石墨化的作用。因此，铸铁中的含锰量要适当高些，以有利于石墨化的进行。

4）磷的影响。磷对石墨化的影响不大，可是磷会与铁生成脆性的磷化三铁共晶体，分布在晶界上。虽然磷可增加强度，但会引起脆性，因此也应该予以严格控制。

通过上述分析可以知道，只有合理控制铸铁中碳、硅、硫、锰、磷等元素的含量，才有可能获得具有良好的组织和性能的灰铸铁。

（2）冷却速度的影响　铸铁浇注后的冷却速度对石墨化也将产生较大的影响。冷却速度越慢，析出的石墨越多。因此，要获得灰铸铁，就应该采用比较缓慢的冷却速度。铸件壁越厚，冷却越缓慢，越有利于石墨化的进行，产生白口组织的倾向越小。铸件壁越薄，冷却速度越快，越不利于石墨化的进行，越容易产生白口（图 3-12）。

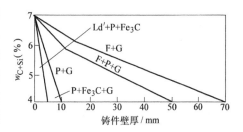

图 3-12　铸铁成分与冷却速度（铸件壁厚）对铸铁组织的影响

在生产上为了促使石墨化充分进行、防止产生白口组织和提高铸铁质量，除合理调整碳、硅、硫、锰的含量外，还要控制冷却速度，以影响石墨化的过程，改善切削加工性能。

四、灰铸铁

灰铸铁是工业上应用最广泛的一种铸铁。在各类铸铁中，灰铸铁的产量占铸铁总产量的 80% 以上。灰铸铁的铸造性、可加工性、耐磨性和消振性都优于其他铸铁，而且生产方便、成本低、成品率高、资源丰富，所以被大量用于机床制造，汽车、拖拉机制造和重型机械制造中。

1. 灰铸铁的分类

灰铸铁虽然都是由钢基体和大量的石墨片所组成的，但由于钢基体的组织不同以及石墨片大小细密程度不同而分为：

1）铁素体基体灰铸铁，如图 3-13a 所示。

2）铁素体加珠光体基体灰铸铁，如图 3-13b 所示。

3）珠光体基体灰铸铁，如图 3-13c 所示。

4）孕育铸铁。孕育铸铁是在浇注前向铁液中加入一定数量的孕育剂（硅铁或硅钙

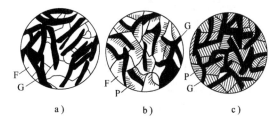

图 3-13　灰铸铁组织示意图
a）铁素体基体　b）铁素体-珠光体基体
c）珠光体基体

合金），使它们成为石墨的结晶核心，从而获得具有细、密片状石墨的铸铁。

2. 灰铸铁的牌号

灰铸铁按国家标准 GB/T 9439—2010 的规定分为七个等级，编号方法及牌号具体如下：

1）用表示该铸铁特征的"灰""铁"两字汉语拼音第一个大写字母"HT"作为代号。

2）代号"HT"后面加上一组数字，数字表示该铸铁的最低抗拉强度 R_m，其单位为 MPa。

牌号表示举例，如：

常用灰铸铁牌号、性能及用途，见表 3-6。

表 3-6 灰铸铁牌号、性能及用途（GB/T 9439—2010）

牌　号	最小抗拉强度 R_m/MPa	HBW	用　　途
HT100	100	≤170	制作盖、外罩、手轮、支架、重锤等
HT150	150	125~205	制作机床床身、带轮、普通铸铁管等
HT200	200	150~230	制作泵壳、泵的零件、气缸体、轴承座等
HT225	225	170~240	制作机座、飞轮、床身等
HT250	250	180~250	制作活塞、油缸等
HT275	275	190~260	制作活塞环、压力阀体等
HT300	300	187~255	制作齿轮、凸轮、高压油缸、车床卡盘等
HT350	350	197~269	制作压力机机身、滑阀壳体等

五、球墨铸铁

球墨铸铁是铸铁中性能最好的一种，其应用也日趋广泛，在一定范围内可以替代碳钢或低合金钢。球墨铸铁是用与灰铸铁化学成分相似的铁液，在浇注前加入适量的球化剂和孕育剂，进行球化和孕育处理，而获得球状石墨并分布在钢基体中的铸铁。目前常用的球化剂是纯镁或稀土镁合金，孕育剂是硅铁或硅钙合金。

1. 球墨铸铁的分类

球墨铸铁按基体组织分为：

1）铁素体基体球墨铸铁。

2）铁素体-珠光体基体球墨铸铁。

3）珠光体基体球墨铸铁。

4）贝氏体基体球墨铸铁。

5）马氏体基体球墨铸铁。

但是，在铸造状态下，一般只能获得铁素体-珠光体基体组织，要得到单一的铁素体基体或珠光体基体，还需进行退火或正火处理。而贝氏体基体或回火马氏体（索氏体）基体需进行等温淬火或淬火+回火处理才能得到。生产上应用最广泛的是以铁素体、珠光体和铁素体+珠光体为基体的球墨铸铁组织，如图 3-14 所示。

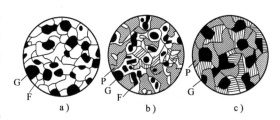

图 3-14　球墨铸铁组织的示意图
a）铁素体基体　b）铁素体+珠光体基体
c）珠光体基体

2. 球墨铸铁的牌号与用途

球墨铸铁的牌号按国家标准 GB/T 1348—2009 规定，编号方法及牌号具体如下：

1）用表示该铸铁特征的"球""铁"两字汉语拼音第一个大写字母"QT"作代号。

2）代号"QT"后面加两组数字，第一组数字表示该铸铁最低抗拉强度 R_m，单位为 MPa。第二组数字表示该铸铁的最低伸长率 A（%）。两组数字间用"-"隔开。

牌号表示举例，如

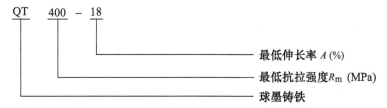

最低伸长率 A(%)

最低抗拉强度 R_m (MPa)

球墨铸铁

球墨铸铁的牌号、力学性能及用途，见表 3-7。

表 3-7　球墨铸铁的牌号、力学性能及用途

牌　号	钢基体组织	R_m/MPa	A（%）	用 途 举 例
QT400-18	铁素体	400	18	制作农机具：犁柱，犁托；汽车拖拉机；
QT400-15	铁素体	400	15	驱动桥壳体，差速器壳体；通用机械；阀门
QT450-10	铁素体	450	10	壳体，阀盖等
QT500 -7	铁素体+珠光体	500	7	制作铁路机车及车辆的油泵壳体，齿轮，
QT600 -3	铁素体+珠光体	600	3	轴瓦，输电线路：联板，碗头等
QT700-2	珠光体	700	2	制作气缸套，连杆，部分机床主轴
QT800-2	珠光体或索氏体	800	2	制作柴油机曲轴，螺旋伞齿轮，减速机齿
QT900-2	回火马氏体或托氏体+索氏体	900	2	轮，铧犁等

球墨铸铁是由球状石墨分布在钢基体上所构成的。由于球状石墨不容易引起钢基体产生应力集中和割裂钢基体的作用小，对钢基体的危害可降到最低程度，所以，球墨铸铁具有良好的力学性能。由于石墨的存在，又使球墨铸铁保持了铸铁的优良特性。此外，球墨铸铁还能进行退火、正火和调质多种热处理。通过热处理可改变钢基体组织，从而可以改变球墨铸铁的性能。

【分析与对比】　实际上，通过分析与对比铸铁的显微组织，可以发现：灰铸铁、可锻铸铁、球墨铸铁的显微组织就是在钢基体（如铁素体、铁素体+珠光体、珠光体）上分别分布着一些片状石墨、团絮石墨和球状石墨形成的。知道了这个特点，就很容易理解钢与铸铁在性能上的差异了，也很容易理解和分析各类铸铁所具有的性能了。

第五节 非铁金属

工业上常把除钢铁材料以外的所有金属及合金统称为非铁金属。由于非铁金属常具有某些特殊的性能而受到人们的重视。例如，铜、铝以及它们的合金因导电性、导热性好，所以经常用于制造电线电缆、电器零件以及加热容器和换热器等；钨、钼、钛、铌以及它们的合金因熔点高、耐热性好，常用于冶金、宇航等工业的耐热材料；镁、铋、铅以及它们的合金由于熔点低，所以，可作为钎焊的钎料和电器熔断器的易熔材料；镁合金、钛合金、铝合金由于重量轻、比强度高并具有较好的耐蚀性，而大量地应用于航空、宇航等工业。所以，非铁金属已成为现代工业和人们日常生活中不可缺少的材料之一，在国民经济中占有重要的地位。

焊接中常用的非铁金属材料主要有铝及铝合金、铜及铜合金、钛及钛合金等。

一、铝及铝合金

1. 纯铝

纯铝是银白色的金属，熔点为 660℃，其显著特点是密度小，约为 2.7g/cm³。因此，与其他金属相比重量轻。纯铝强度低，R_m 为 80~100MPa，但塑性较好，A 可达 30%~50%。纯铝的强度可以经冷变形提高，但主要通过合金化使之强化。

铝的导电性和导热性比较好，仅次于银和铜。目前电器工业上常用铝来替代铜作导线和铜制零件，也可以作电器、电子设备的散热片。但随着杂质含量的增加，纯铝的导电性降低。

铝在空气中有较好的耐蚀性，能与氧生成致密性氧化铝薄膜，附着于铝的表面，从而起到阻止铝继续氧化的作用。因此，铝广泛地用于化工、日用品工业。

纯铝分为高纯铝（或称实验室纯铝）及工业纯铝。工业纯铝又分为铸铝和变形铝两类。

变形铝是纯铝的压力加工产品，常经轧制、拉制、压制成电线、铝板及日常生活用具等。在 GB/T 16474—2011《变形铝及铝合金牌号表示方法》中，纯铝牌号以四位数字表示。常用纯铝的牌号及化学成分见表 3-8。

表 3-8　常用纯铝的牌号及化学成分

牌号①	化学成分不大于（质量分数）（%）									相当旧牌号
	Si	Fe	Cu	Mn	Mg	Zn	Ti	其他	Al	
1070A	0.20	0.25	0.03	0.03	0.03	0.07	0.03	0.03	99.7	L1
1060	0.25	0.35	0.05	0.03	0.03	0.05	0.03	0.03	99.6	L2
1050A	0.25	0.40	0.05	0.05	0.05	0.07	0.05	0.03	99.5	L3
1035	0.35	0.60	0.10	0.05	0.05	0.10	0.03	0.03	99.35	L4
1200	Si+Fe=1.00		0.05	0.05	—	0.10	0.05	0.20	99.00	L5

① 按 GB/T 3190—2008《变形铝及铝合金化学成分》。

2. 铝合金

铝合金可分为变形铝合金和铸造铝合金两类。

（1）变形铝合金　变形铝合金是由铝锭经轧制而成的型材，其加入合金元素总的质量分数大都小于 5%，仅高强度变形铝合金的合金元素总的质量分数达 8%~14%。按加入合金元素及其性能进行分类又分为：防锈铝、硬铝、超硬铝和锻铝。

常用变形铝合金的牌号、化学成分、力学性能见表3-9。

1）防锈铝包括铝-镁（Al-Mg）系合金和铝-锰（Al-Mg）系合金。

表 3-9 常用变形铝合金的牌号、化学成分、力学性能

（摘自 GB/T 3190—2008）

组别	牌号	化学成分（质量分数）（%）					直径及板厚/mm	供应状态	试样[①]状态	力学性能		原代号
		Cu	Mg	Mn	Zn	其他				R_m/MPa	$A_{11.3}$(%)	
防锈铝	5A05	0.10	4.8~5.5	0.30~0.60	0.20	Si0.5 Fe0.5	≤φ200	BR	BR	265	15	LF5
	3A21	0.20	0.05	1.0~1.6	0.01	Si0.6 Fe0.7 Ti0.15	所有	BR	BR	<167	20	LF21
硬铝	2A01	2.2~3.0	0.20~0.50	0.20	0.10	Si0.5 Fe0.5 Ti0.15	—	—	BM BCZ	—	—	LY1
	2A11	3.8~4.8	0.40~0.80	0.40~0.80	0.30	Si0.7 Fe0.7 Ti0.15	>2.5~4.0	Y	M CZ	<235 373	12 15	LY11
	2A12	3.8~4.9	1.2~1.8	0.30~0.90	0.30	Si0.5 Fe0.5 Ti0.15	>2.5~4.0	Y	M CZ	≤216 456	14 8	LY12
超硬铝	7A04	1.4~2.0	1.8~2.8	0.20~0.60	5.0~7.0	Si0.5 Fe0.5	0.5~4.0	Y	M	245	10	LC4
							>2.5~4.0	Y	CS	490	7	
							φ20~φ100	BR	BCS	549	6	
锻铝	6A02	0.20~0.6	0.45~0.90	或Cr0.15~0.35	0.20	Si0.5~1.2 Fe0.5 Ti0.15	φ20~φ150	R，BCZ	BCS	304	8	LD2
	2A50	1.8~2.6	0.40~0.80	0.40~0.80	0.30	Si0.7~1.2 Fe0.7 Ti0.15	φ20~φ150	R，BCZ	BCS	382	10	LD5

① 试样状态：B 不包铝（无 B 者为包铝的）；R 热加工；M 退火；CZ 淬火+自然时效；CS 淬火+人工时效；C 淬火；Y 硬化（冷轧）。

防锈铝不能通过热处理进行强化，但加入镁可适当提高强度，加入锰能提高耐蚀性。因此，防锈铝均有较好的塑性和耐蚀性，适合进行压力加工、铆接和焊接，有冷作硬化现象，常用于制作铆钉、容器和冷变形零件。

2）硬铝是铝-铜-镁（Al-Cu-Mg）系合金。

硬铝是通过淬火后时效处理来提高强度和硬度的，并能获得良好的可加工性能。例如，

2A11（LY11）退火状态有良好的冷弯、冷冲压性，还有较好的焊接性和耐热性。硬铝适合加工成板、棒、管、线等型材，用于制作飞机、汽车等的框架、桁条、槽条、蒙皮、铆钉、滑轮等。2A12（LY12）是高强硬铝，可制作部分机械零件、发电机的槽楔等。但硬铝的耐蚀性差，尤其不耐海水腐蚀，故使用时常在其表面包一层纯铝或防锈铝的外壳。

3）超硬铝是铝-铜-镁-锌（Al-Cu-Mg-Zn）系合金。

超硬铝经过淬火时效后，其强度、硬度比硬铝更高，R_m 可达 $500\sim700\text{MPa}$。比强度已接近超高强度钢，其他性能与硬铝相似，仅耐热性略差。超硬铝常加工成板、棒、管、线以及锻件供应，用于飞机大梁、桁条、蒙皮、加强框、接头、起落架等。

4）锻铝是铝-镁-硅-铜（Al-Mg-Si-Cu）系或铝-铜-镁-铁-镍（Al-Cu-Mg-Fe-Ni）系合金。

锻铝的特点是热塑性好，适宜进行锻造加工，用于锻制形状复杂的零件，如各种叶轮、发动机的风扇叶片、飞机操纵系统的摇臂、支架以及大型模锻零件等。锻铝淬火后要立即进行时效处理，防止降低时效强化的效果。

（2）铸造铝合金　铸造铝合金是直接用铸造方法浇注成零件或毛坯的铝合金，其所含合金元素的数量比较多，压力加工性能差，但铸造性能较好。合金元素总的质量分数在 $8\%\sim25\%$ 范围内，根据加入合金元素不同而分为许多类别。

常见铸铝合金的分类、牌号、力学性能及特点见表3-10。

表3-10　常用铸铝合金的分类、牌号、力学性能及特点（GB/T 1173—2013）

名　称	牌　号	代号	力学性能				特　点
			铸造①方法	热处②理	R_m/MPa	A（%）	HBW	
简单铝硅合金	ZAlSi12	ZL102	J	T2	145	3	50	铸造性好，力学性能低
特殊铝硅合金	ZAlSi7Mg	ZL101	J	T5	205	2	60	兼有良好的铸造性能和力学性能
	ZAlSi7Cu4	ZL107	J	T6	275	2.5	100	
	ZAlSi5Cu1Mg	ZL105	J	T5	235	0.5	70	
	ZAlSi12Cu1Mg1Ni1	ZL109	J	T6	245	—	100	
铝铜合金	ZAlCu5Mn	ZL201	S	T4	295	8	70	耐热性好，铸造及耐蚀性差
铝镁合金	ZAlMg10	ZL301	S	T4	280	9	60	力学性能较高，耐蚀性好

① J 为金属型铸造；S 为砂型铸造。

② T2 为退火；T4 为淬火+自然时效；T5 为淬火+不完全人工时效；T6 为淬火+完全人工时效。

3. 铝合金的强化热处理——淬火与时效

铝没有同素异构转变，铝合金在加热和冷却过程中也就没有像钢那样的奥氏体转变，故铝合金的强化热处理与钢不同。钢经淬火后其硬度、强度立即提高，塑性急剧下降，回火时硬度、强度下降而塑性上升。经热处理强化的铝合金在淬火后，硬度、强度并不立即升高，且塑性很好，在室温放置一段时间后，硬度、强度便显著升高，塑性明显降低。淬火后铝合金的性能随时间发生显著变化的现象称为时效或时效硬化，如图3-15所示。

铝合金的时效硬化是利用一些合金元素在铝中的溶解度随温度下降而减小，过饱和固溶体要沉淀析出新相的转变实现的。铝与某些合金元素（如铜、锌等）相互作用形成的时效强化相在析出过程中具有特殊的富集状态和晶体结构，致使固溶体发生严重的晶格畸变，导致变形时位错移动困难而产生硬化作用。图 3-16 所示为 Al-Cu 合金相图，下面以 $w_{Cu} = 4\%$ 的 Al-Cu 合金为例进行介绍。

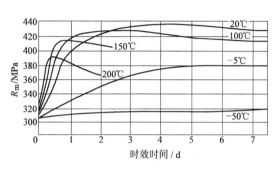

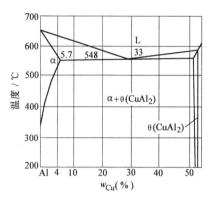

图 3-15 $w_{Cu} = 4\%$ 的铝合金在不同温度下的时效曲线

图 3-16 Al-Cu 合金部分相图

由 Al-Cu 相图可知，$w_{Cu} = 4\%$ 的合金在室温下的平衡组织为 α 固溶体+CuAl₂，这种状态下的合金强度提高不多，使用价值不大。

在热处理过程中，首先将合金加热到固溶线以上的 α 相区（约 550℃），CuAl₂ 溶解在 α 相中，经过保温得到均匀固溶体。将固溶体在水中急冷至室温，获得过饱和的固溶体；此时 α 相中的含铜量大大超过平衡状态。上述加热、保温及随后冷却以获得过饱和固溶体的处理过程称为固溶处理。

将固溶体加热到较低温度（100℃左右），并保持足够时间，此时，过饱和固溶体中的铜原子以一定速度扩散而发生沉淀，形成不同状态的沉淀相，使合金强化，即时效强化。这种处理称为时效处理，亦称为脱溶处理。在室温下进行的时效称为自然时效。经过加热的时效称为人工时效。

铝合金的时效过程是逐渐进行的，淬火后最初的几小时内合金的硬度、强度不增加或增加很少，这段时间称为孕育期。此时铝合金有较高的塑性，可进行各种形式的成形操作，如铆接、弯曲、矫直、卷边等。超过孕育期后，合金的硬度、强度很快升高，塑性下降，上述操作就不宜进行。

二、铜及铜合金

1. 纯铜

纯铜是玫瑰红色的金属，由于表面易氧化而呈紫红色，故俗称紫铜。纯铜密度较大，约为 8.9g/cm³，属于重金属。纯铜导电性、导热性好，仅次于银，无磁性，常作为制造电器零件、导线和传热器的材料。铜的耐蚀性强，也能生成氧化膜而起保护作用，能抵抗大气和淡水腐蚀。

纯铜熔点为 1083℃，具有面心立方晶格，不发生同素异构转变，所以强度、硬度低而塑性、韧性好。纯铜适宜进行压力加工，有一定的焊接性，但可加工性较差。当纯铜中含有铝、铋等杂质时，能引起热脆性；含氧、硫达一定量时，会造成冷脆性。

纯铜常分为三类：工业纯铜、脱氧铜和无氧铜。工业上使用的主要是工业纯铜，其 w_0

为 0.02% ~ 0.10%。

工业纯铜的牌号表示方法是用"铜"字汉语拼音第一个大写字母"T"作代号，后面加上顺序号（阿拉伯数字）表示。随序号增大，其纯度降低，共分四级。其中 T1、T2 主要用作导电材料或配制高纯度的铜合金；T3 主要用于一般铜材料和配制普通铜合金。

2. 黄铜

黄铜是以锌为主要加入元素的铜合金。按加入元素的种类不同，通常黄铜可分为普通黄铜和特殊黄铜两类。

（1）普通黄铜　普通黄铜是铜-锌合金（Cu-Zn 合金），通常 w_{Zn} 不超过 45%。

普通黄铜牌号的表示方法是用"黄"字汉语拼音第一个大写字母"H"作代号，后面加上一个两位数，表示铜的质量分数的平均值，用百分之几表示。例如：

常用普通黄铜的牌号、化学成分、力学性能及用途，见表 3-11 及表 3-12。

表 3-11　常用黄铜的牌号及化学成分

分类	牌号	化学成分（质量分数）（%）								杂质总量不大于（%）
		Cu	Pb	Mn	Al	Sn	Si	Ni	Zn	
普通	H68	67.0~70.0	—	—	—	—	—	—	余量	0.3
	H62	60.5~63.5	—	—	—	—	—	—	余量	0.5
特殊	HSn62-1	61.0~63.0	—	—	—	0.70~1.10	—	—	余量	0.3
	HAl59-3-2	57.0~60.0	—	—	2.50~3.50	—	—	2.0~3.0	余量	0.9
	HMn58-2	57.0~60.0	—	1.0~2.0	—	—	—	—	余量	1.2

表 3-12　常用黄铜的力学性能及用途

分类	牌号	力学性能[①]						用途举例
		R_m/MPa		A（%）		HBW		
		软	硬	软	硬	软	硬	
普通	H68	320	660	55	3	—	150	制作弹壳，冷凝器管及工业用的各种零件
	H62	330	600	49	3	56	164	制作散热器，垫圈，弹簧、各种网、螺钉等
特殊	HSn62-1	400	700	40	4	50	95	制作与海水或汽油接触的船舶零件
	HAl59-3-2	380	650	50	15	75	155	制作高强度、化学性能稳定的零件
	HMn58-2	400	700	40	10	85	175	制作海轮制造业和弱电流工业的零件

① 力学性能：软为 600℃ 退火，硬为 50% 变形度。

普通黄铜中，如果 w_{Zn} 小于 32%，则合金的塑性、韧性好，能进行冷、热压力加工成形；如果 w_{Zn} 大于 32%，则塑性、韧性显著下降，强度、脆性增加，冷压力加工困难，只能进行热压力加工，故又称为热加工黄铜；当 w_{Zn} 大于 45%以后，冷、热压力加工都困难，因此，机械工业一般不再使用。

由于黄铜强度比纯铜高，价格便宜，又有较好的耐蚀性，所以常用 H68 制造需要冷变形的和冲压的散热片、导电零件、弹壳及仪器和仪表的零件，用 H62 制造垫圈、螺栓、螺钉及小零件。

普通黄铜中铜的含量越多，延展性越好，可加工性越差。此外，通过加工硬化能改善黄铜的可加工性。

（2）特殊黄铜 特殊黄铜是为了获得某些性能，而在普通黄铜的基础上加入一定数量其他元素构成的铜合金。所以，特殊黄铜中除锌外，还常加入硅、铝、锡、铅、锰、铁、镍、稀土等元素。常用特殊黄铜的牌号、化学成分、力学性能及用途见表 3-11、表 3-12。

3. 青铜

凡是在铜中不是以锌和镍为主加入合金元素的铜合金，统称为青铜。最早使用的是铜锡合金，称为锡青铜。以后发展了不含锡而加入其他元素的青铜，称为特殊青铜或无锡青铜。

（1）锡青铜 锡青铜因呈青黑色而得名。它具有较高的强度和硬度，其塑性和韧性随含锡量的变化而发生明显的改变，当 w_{Sn} 低于 6%时，有一定的塑性，可进行压力加工；当 w_{Sn} 大于 6%时，塑性急剧降低，脆性明显增大，不能进行压力加工，只能采用铸造的方法生产。锡青铜的导热性和耐蚀性较好，不易受大气腐蚀。

（2）特殊青铜 特殊青铜主要加入的元素有铝、铅、铍等，以其主要加入元素命名，如铝青铜、铅青铜、铍青铜等。

1）铝青铜是铜铝合金，并含有一定量的铁、锰、镍等其他元素。其强度、耐磨性和耐蚀性均高于锡青铜，铸造性能也比较好，常用于制造耐磨、耐蚀的齿轮、蜗轮、轴套等。最常用的铝青铜牌号为 QAl9-4（w_{Al} = 8% ~ 10%，w_{Fe} = 2% ~ 4%），俗称 9-4 铜。

2）铍青铜是铜铍合金。铜中加入铍后具有许多优点，如提高了弹性、耐磨性、耐蚀性、耐寒性、耐疲劳性、导电性、导热性等，受冲击时又不产生火花，还能经热处理强化，强度接近中等强度的钢。因此，在航空、航海、钟表、仪器、仪表及机械工业中用于制造重要的弹性元件、齿轮、轴承、防爆电器零件、无磁性的耐磨零件和电阻焊机电极滚轮等。

三、钛及钛合金

钛的应用历史不长，在 20 世纪 50 年代才开始在工业中生产和使用，但发展非常迅速，这是因为钛及钛合金具有密度小、比强度大（钛合金的比强度较目前任何其他材料都大）、耐热性好、耐蚀性高、低温韧性优良等优点，同时又由于钛的资源丰富，所以钛及钛合金已成为航空、宇航、化工、造船、国防等工业部门的重要结构材料。

1. 工业纯钛

钛是银白色金属，密度小（4.59g/cm³），熔点高（1668℃）。钛可进行同素异构转变，在 882℃以下为 α-Ti，具有密排六方晶格；882℃以上为 β-Ti，具有体心立方晶格。

钛的熔点比铁、镍都要高，作为耐热材料有很大的潜力。钛的表面能形成一层致密的氧化膜，故对大气和海水的耐蚀性很强。

工业纯钛的力学性能与其纯度有很大的关系，即使存在少量杂质也会使强度激增而塑性下降，其中以碳、氮、氧、氢的影响最大。

工业纯钛力学性能如下：$R_m = 450 \sim 600\text{MPa}$，$A = 15\% \sim 30\%$，硬度为 $160 \sim 200\text{HV}$，与 40 钢相近。它们可以制作在 350℃ 以下工作的零件。工业纯钛的牌号有 TA1、TA2、TA3、TA4。

2. 钛合金

钛合金一般按合金的组织状态进行分类，可分为 α 相钛合金、β 相钛合金和 α+β 相钛合金三类，分别称为 α 钛合金、β 钛合金和 α+β 钛合金。我国钛合金牌号分别以 TA、TB、TC 代表这三类合金。

（1）α 钛合金　全部 α 相钛合金具有很好的强度和韧性，在高温下组织稳定，抗氧化性较强，热强性较好，其室温强度一般低于 α+β 钛合金，但在高温（550 ~ 600℃）时的强度却是三类钛合金中最高的。α 钛合金不能通过热处理强化，焊接性能良好。

铝是 α 钛合金的主要合金元素。TA4 主要用作钛合金的焊丝；TA5 合金中加入微量硼可提高其弹性模量；TA6 合金强度稍高一些。TA7 合金是在 TA6 合金中加入了 Sn（$w_{Sn} = 2.5\%$）形成的，合金抗拉强度由 700MPa 提高到 800MPa，塑性仍保持 TA6 的水平，所以获得广泛应用，TA7 合金可在 500℃ 长期工作，用其制造超音速飞机的涡轮机壳等。

（2）β 钛合金　β 钛合金有良好的塑性。这类合金在 540℃ 以上具有很高的强度。当温度高于 700℃ 时，合金很容易受大气中气体杂质的污染。它的生产工艺较复杂，且性能不太稳定，因而应用较少。β 钛合金可进行热处理强化，一般可用淬火和时效强化合金。

（3）α+β 钛合金　α+β 钛合金的耐热强度和塑性都比较好，并且可进行热处理强化，这类钛合金的生产工艺比较简单，可以通过改变成分和选择热处理工艺在很宽的范围内改变合金的力学性能，以适应各种不同的用途。其中以 TC4 合金应用最广，用量约占现有钛合金的一半。

TC4 合金中主要的合金元素是铝和钒，它具有较高的强度，良好的塑性，在 400℃ 时有稳定的组织和较高的抗蠕变强度，又有很好的抗海水应力腐蚀能力。它广泛用于制作长期在 400℃ 条件下工作的零件，如飞机压气机盘和叶片，以及舰艇耐压壳体等。此外，TC4 合金在超低温的条件下（-253℃）仍然有良好的韧性，故可用作火箭及导弹液氢燃料箱的制作材料。

常用钛合金的化学成分及力学性能见表 3-13。

表 3-13　钛合金的化学成分及力学性能（GB/T 3620.1—2007）

类型	合金牌号	名义化学成分	状态	室温力学性能，不小于				高温力学性能，不小于		
				R_m/MPa	A（%）	Z（%）	$a_K/(\text{J} \cdot \text{cm}^{-2})$	试验温度/℃	瞬时强度 R_m/MPa	持久强度 σ_{100}/MPa
α 钛合金	TA4	工业纯钛	退火	450	25	50	80	—	—	—
	TA5	Ti-4Al-0.005B		700	15	40	60	—	—	—
	TA6	Ti-5Al		700	10	27	30	350	430	400
	TA7	Ti-5Al-2.5Sn		800	10	27	30	350	500	450
	TA8	Ti-0.05Pd		1000	25	25	20 ~ 30	500	700	500

（续）

类型	合金牌号	名义化学成分	状态	室温力学性能，不小于				高温力学性能，不小于		
				R_m/MPa	A（%）	Z（%）	a_K/（J·cm^{-2}）	试验温度/℃	瞬时强度 R_m/MPa	持久强度 σ_{100}/MPa
β 钛合金	TB2	Ti-5Mo-5V-8Cr-3Al	淬火+时效	1400	7	10	15	—	—	—
α+β 钛合金	TC1	Ti-2Al-1.5Mn	退火	600	15	30	45	350	350	350
	TC2	Ti-4Al-1.5Mn		700	12	30	40	350	430	400
	TC4	Ti-6Al-4V		950	10	30	40	400	530	580
	TC6	Ti-6Al-1.5Cr-2.5Mo-0.5Fe-0.3Si		950	10	23	30	450	600	550
	TC9	Ti-6.5Al-3.5Mo-2.5Sn-0.3Si		1140	9	25	30	500	850	620
	TC10	Ti-6Al-6V-2Sn-0.5Cu-0.5Fe		1150	12	30	40	400	850	800

【史海探析——神奇的钛金属】 钛，这种以希腊神话中的大力神"泰坦"命名的金属元素，因其具有许多神奇的性能越来越引起人们的关注。1795 年，德国化学家马丁·克拉普罗士在分析矿石时，发现了一种金属元素，取名"钛"。过了 121 年，纯净的钛才被提炼出来。当时，它的世界年产量少得可怜，只有 0.12g，到 1947 年也只有 2t。可是 8 年之后，便增长了一万倍，达到 20000t。1970 年以后，每年都以 15% 的增长速度提高。被埋没 200 多年的钛，一跃变成前途似锦的"神奇金属"，受到人们的极大重视。钛是航空、航天、军工、电力、化工等领域的重要原材料，继铁和铝之后，钛被誉为第三金属。

对大多数人来说，钛也许是陌生的字眼，它虽然不像铁和铝一样与我们的生活息息相关，但随着科学技术的发展钛正在走进我们的生活。例如，利用钛制造的钛合金形状记忆合金，可制作航空用记忆天线、记忆铆钉、飞行器用管接头、脊柱矫形棒、牙齿矫形唇弓丝、人工关节、骨折部位的固定板、人造心脏、血栓过滤器、智能控制阀等。

本章小结

本章阐述了碳素钢、工程构件用钢、机器零件用钢及工模具用钢、铸铁、非铁金属的成分、组织、性能以及各种材料的分类。重点介绍了化学成分对碳素钢组织、性能的影响；各种合金元素对合金钢的组织、性能的影响以及钢的分类。通过本章的学习熟悉焊接常用工程结构用钢的牌号、性能及用途，了解不锈钢、铸铁、铝及铝合金、铜及铜合金的成分、组织、性能，为后续课程的学习与生产实践打下良好的基础。

习题与思考题

一、名词解释

1. 碳素钢　2. 合金钢　3. Q235AF　4. 热脆性　5. 铸铁　6. 青铜　7. 石墨化

二、填空题

1. 按正火组织进行分类，钢可以分为_____、_____、_____、_____。

2. 钢可按质量进行分类，它主要以杂质元素_____的限制含量来划分，有 A、B、C、D、E 五个等级。

3. 45 钢是碳的质量分数为_____的优质碳素钢。

4. 40Cr 表示碳的质量分数为_____、Cr 的质量分数为_____的合金结构钢。

5. 在 T8A 钢的牌号中字母"T"表示_____。

6. 工程构件主要承受_____载荷，具备一定的_____和_____。

7. 钢结构中运用最广泛的钢是_____。

8. 低合金结构钢也称为低合金_____。

9. 工模具用钢按其用途不同可分为_____、_____、_____。

10. 铸铁种类按碳的存在形式和石墨形状进行分类，可分为_____、_____、_____、_____。

11. 铝合金可分为_____铝合金和_____铝合金两大类。

12. α 钛是_____晶格，β 钛是_____晶格。

三、判断题

1. 随着钢中含碳量增加，钢的强度降低，塑性增加。 （　　）

2. Mn 能降低钢的热脆性。 （　　）

3. 硅能提高钢的强度和硬度。 （　　）

4. 16Mn 钢的屈服强度是 255MPa。 （　　）

5. 灰铸铁强度很高，塑性、韧性较差。 （　　）

6. 铸铁的冷却速度越慢，其石墨化越完全。 （　　）

7. 球墨铸铁是铸铁中，力学性能最好的铸铁。 （　　）

8. 纯铜又称为紫铜。 （　　）

9. 黄铜是铜锡合金。 （　　）

10. 钛的表面能形成一层致密的氧化膜，从而具有很强的耐蚀性。 （　　）

四、选择题

1. 引起钢热脆性的元素是（　　）。

A. S　　　　　B. P　　　　　C. Mn　　　　　D. Si

2. Mn 元素能提高钢材的强度和（　　）。

A. 硬度　　　B. 塑性　　　C. 韧性　　　　D. 脆性

3. 下列不能提高钢材强度的物质是（　　）。

A. TiC　　　　B. Mn　　　　C. Cr　　　　　D. S

4. 45 钢属于（　　）。

A. 优质碳素结构钢　　　　B. 低合金钢　　　C. 合金钢　　　D. 铸铁

5. 低合金强度钢每增加（　　）MPa 为一个级别。

A. 20　　　　B. 30　　　　C. 50　　　　　D. 100

6. X80 是（　　）。

A. 耐候钢　　　B. 管线钢　　　C. 钢轨钢　　　D. 钢筋钢

7. （　　），石墨化越充分。

A. 铸铁的冷却速度越快　　　B. Si 含量增加

C. C 含量减少　　　　　　　D. 加入镁元素

8. Al-Cu-Mg 系合金属于（　　）。

A. 锻铝　　　B. 防锈铝　　　C. 硬铝　　　D. 超硬铝

9. 黄铜是 Cu 与（　　）的合金。

A. Mn　　　B. Zn　　　C. Al　　　D. Sn

10. TA5 表示（　　）。

A. α+β 钛合金　　　B. β 钛合金　　　C. α 钛合金　　　D. 纯钛

五、简答题

1. 合金钢中合金元素是如何与碳作用的？

2. 分析 Q235 钢的性能？

3. 优质碳素结构钢是如何分类的？

4. 低合金结构钢应具有哪些力学性能？

5. 球墨铸铁为什么具有较好的力学性能？

6. 如何提高铝合金的强度？

六、课外交流与探讨

本章所讲述钢中，焊接结构中运用最广泛的是哪几种，其性能有何特点？

第四章　焊接冶金基础

　　熔焊时，焊件经过焊接形成结合的部分称为焊缝；母材因受热的影响（但未熔化）而发生组织变化与力学性能变化的区域称为热影响区；焊缝与热影响区之间的过渡区域称为熔合区。上述三个部分共同构成焊接接头（图 4-1）。

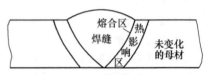

图 4-1　焊接接头示意图

　　焊接过程中，焊缝、热影响区、熔合区的组织和性能会随焊接的热作用过程发生一系列变化。例如，焊缝区会发生熔化、化学反应、结晶、固态相变等；热影响区会发生组织变化等。所有这些变化总称为焊接冶金过程。冶金过程将决定焊缝的成分和接头的组织以及某些缺陷的形成，从而决定焊接接头的质量。本章主要介绍焊接热过程、焊接冶金及焊缝结晶的基本知识和基本规律。

第一节　焊接热过程

　　加热是实现熔焊的必要条件。熔焊的热作用过程是一个局部非均匀加热的过程。这一加热特点造成焊件上温度分布不均匀，并随时间不断变化，而温度的变化势必影响焊接冶金过程各个阶段的进行。因此，在了解焊接冶金的有关问题前，必须先掌握焊件上的温度分布规律及温度和时间的关系。

一、焊接热源

　　熔焊的加热特点对热源提出了特殊的要求。焊接方法的发展实际上依赖于热源的发展，而新热源则与能源的开发有密切的关系。20 世纪以来，几乎每隔 10 年就有一种新焊接热源得到应用。

　　熔焊常用的焊接热源有电弧、化学反应热、等离子弧、激光束、电子束等。其中以电弧应用最为广泛。生产中常用的焊条电弧焊、埋弧焊、气体保护焊等方法都是以电弧作为热源的。

　　热源的性能不仅影响焊接质量，而且对焊接生产率有决定性的作用。为了使焊接区能够迅速达到熔点并防止加热范围过大，希望焊接热源的加热面积小，单位面积的功率（功率密度）大，同时在正常焊接条件下能达到较高的温度。近年来发展的新焊接热源，如等离子弧、电子束、激光束，其最小加热面积仅为 $10^{-8} \sim 10^{-5} \mathrm{cm}^2$，而功率密度可达 $10^7 \sim 10^9 \mathrm{W/cm}^2$，温度高达 $10000 \sim 20000 \text{℃}$，从而获得高的焊接质量与生产率。

　　焊接热源所输出的功率在实际应用中并不能全部得到有效利用，而是有一部分损失。一般来说，热源越集中，热量损失越少，利用率越高。例如，气焊比各种电弧焊的热能利用率低很多。由于影响热源热能利用率的因素有很多，一般情况下，往往不考虑能量损失。以电弧为例，其功率可以表示为

$$P = UI \tag{4-1}$$

式中　P——电弧功率（W）；

U——电弧电压（V）；

I——焊接电流（A）。

二、焊接温度场

由于熔焊时热源对焊件进行局部加热，同时热源与焊件之间还有相对运动，因此焊件上的温度分布不均匀，而且各点的温度还要随时间而变化。在实际生产中，这些变化还将受焊接方法、焊接参数及产品结构等诸多因素的影响，使焊接区温度的分布和变化要比整体加热的工艺方法（如锻造、热处理）复杂得多。本部分内容主要讨论焊件上温度的分布和随时间变化的规律。

焊接温度场是指某一瞬时焊件上各点的温度分布。与磁场、电场一样，温度场观察的对象是空间的一定范围，具体地说就是焊件上各点的温度分布情况。此外，焊件上的温度不仅分布不均匀，而且因热源的运动还将使各点的温度随时间而变化。因此，焊接温度场是某一瞬时的温度场。

在焊接过程中，焊件上温度分布的规律总是热源中心处的温度最高，向焊件边缘温度逐渐下降，不同的母材或热源，下降的快慢不同。

利用等温线（面）可以形象直观地表达焊接温度场。等温线（面）就是温度场中相同温度的各点所连成的线（或面）。因为在给定的温度场中，任何一点不可能同时有两个温度，因此，不同温度的等温线（面）绝对不会相交，这是等温线（面）的重要性质。

现以固定热源加热厚大工件时等温线的分布来说明其意义和应用。由于排除了热源运动和工件边缘散热所带来的影响，工件上各点温度仅仅与其到热源的距离有关。因此等温面的形状就是以热源中心为圆心的半球面，在 xOy 平面上的等温线则为同心圆，温度越低，圆的半径就越大，如图 4-2 所示。

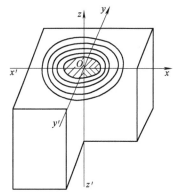

图 4-2　固定热源加热厚大工件时的等温线

焊接时，由于热源要沿一定方向运动，热源前后的温度分布不再对称，等温线（面）的形状将发生变化，图 4-3 所示为运动热源加热时，焊件表面的等温线。发生这样的变化是因为热源前面是未经加热的冷金属，温度很快下降，而热源后面则是刚焊完的焊缝，温差较小，所以在热源前面的等温线之间距离缩短，热源后面的等温线之间距离加长，而在热源两侧，等温线的分布仍然是对称的（图 4-3b）。由此可见，从等温线之间的距离可以判断温度变化的情况。图 4-3 中上部的温度-距离曲线就是将不同的等温线在 x 轴上（$y=0$）坐标值投射到 t-x 曲线而绘制的。y 值不同的曲线表示到 x 轴距离不同时的 t 与 x 的关系。同理亦可将 yOz 平面上的等温线投影而绘制出 t-y 曲线。

等温线的密度可以表示温度在空间的变化率，这个变化率与温度差成正比，与等温线之间的距离成反比，其比值称为温度梯度。图 4-4 中 T_1 与 T_2 之间的温度梯度可以表示为

$$G = \frac{T_1 - T_2}{\Delta s} \qquad (4-2)$$

当 $T_1 > T_2$，即温度上升时，温度梯度为正；反之为负。

三、影响焊接温度场的因素

影响焊接温度场的因素主要有：

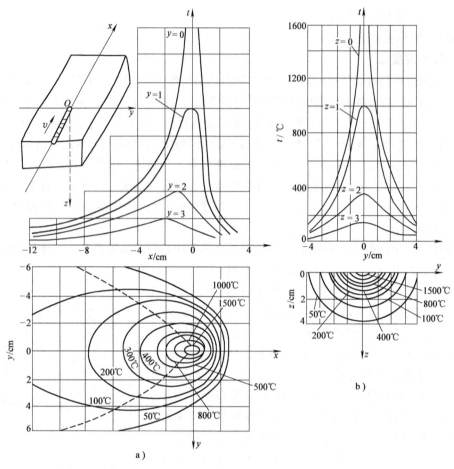

图 4-3　运动热源加热时物体表面的温度场

a) 在 xOy 平面上等温线及温度分布　b) 在 yOz 平面上等温线及温度分布

（1）热源的性质　不同热源其功率不同，加热面积不同。用加热面积小的热源（即集中的热源）加热时，等温线更加密集。

（2）焊接参数　焊接参数是焊接时为保证焊接质量而选定的各项参数的总称，包括焊接电流、电弧电压、焊接速度、热输入等。在热源相同时，焊接参数对温度场有明显的影响，其中影响最大的是热源功率 P 与焊接速度 v。

图 4-5a 所示为功率 P 不变而改变 v 的情况，随焊接速度 v 提高，加热面积减小，热源前方的等温线更加密集。图 4-5b 所示为 v 不变而改变 P 的情况，当功率 P 增加时，加热面积明显增大。图 4-5c 所示为功率 P 与焊接速度 v 同时变化，P/v 不变的情况，等温线沿运动方向伸长，但宽度变化不明显。

P/v 值是一个很有实用意义的参数，其物理意义是：熔焊时，由焊接热源输入给单位长度焊缝的能量，单位为 J/cm，称为热输入。

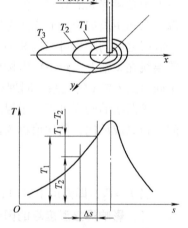

图 4-4　等温线与温度梯度

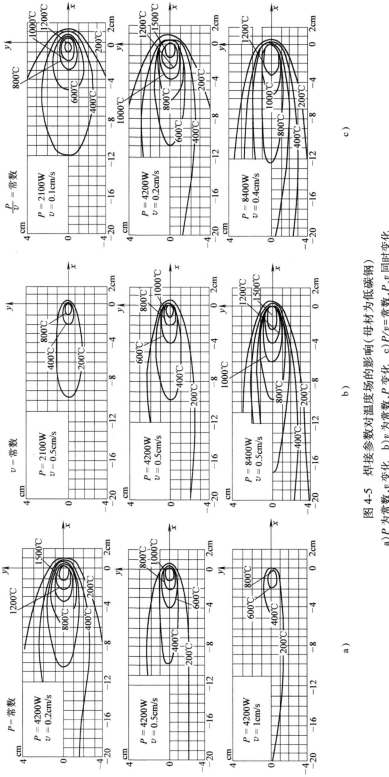

图 4-5 焊接参数对温度场的影响（母材为低碳钢）

a）P 为常数，v 变化 b）v 为常数，P 变化 c）P/v=常数，P，v 同时变化

（3）被焊金属的导热能力　金属的导热能力可用热导率来表示，它说明金属内部传导热量的能力。导热能力越强的金属（如铜、铝），焊接时向母材内部散失的热量越多，焊件上温度分布比较均匀，但高温部分的面积较小。反之，导热能力较差的金属（如铬镍奥氏体钢），温度梯度大，高温部分面积比较大。图4-6所示为几种常用的热导率不同的金属在相同加热条件下的温度场。四种材料的热导率关系是：纯铜>铝>低碳钢>铬镍不锈钢。

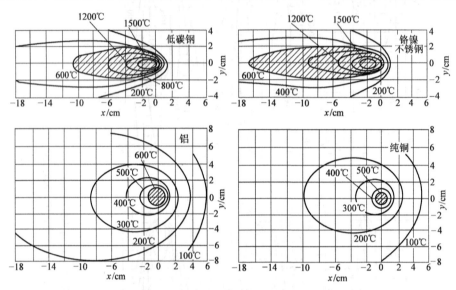

图4-6　金属导热性对焊接温度场的影响

（4）被焊金属的几何尺寸　由于金属的导热能力明显高于周围介质，因此，工件的尺寸越大，散失到金属内部的热量就越多，热源附近的温度下降得就越快，其效果与热导率升高相似。

四、焊接热循环

在焊接热源作用下，焊件上某一点的温度随时间的变化，称为焊接热循环。焊接热循环通常以温度-时间曲线来表示。

典型焊接热循环曲线如图4-7所示。焊件上某一点，从焊接开始，随热源运动，温度迅速上升达到最大值，热源远离后，其温度迅速恢复到与周围介质相同。

焊接热循环的基本参数是：

（1）加热速度（v_H）　焊接中加热速度比其他热加工要高得多，如焊条电弧焊时加热速度可高达 $200\sim1000℃/s$，加热速度与焊接方法、焊接参数有关。较快的加热速度对材料实际的相变温度值及相变的完全程度都有显著影响。

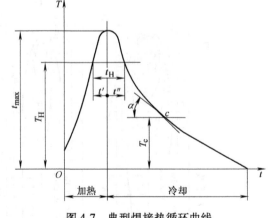

图4-7　典型焊接热循环曲线

（2）最高加热温度（t_{max}）　最高加热温度又称为峰值温度，是焊接热循环中最重要的参数之一。焊件上各点的峰值温度取决于该点到焊缝中心的距离，图4-8所示为焊条电弧焊时焊缝附近各点的焊接热循环。焊缝区的 t_{max} 可达 1800~2000℃，远高于钢铁冶炼时的最高温度。未熔化的近缝区（图4-8中①点）的 t_{max} 亦可达 1300~1400℃，比一般热处理要高得多。最高加热温度不同，组织的变化也不同，最终冷却后的组织和性能也不同。

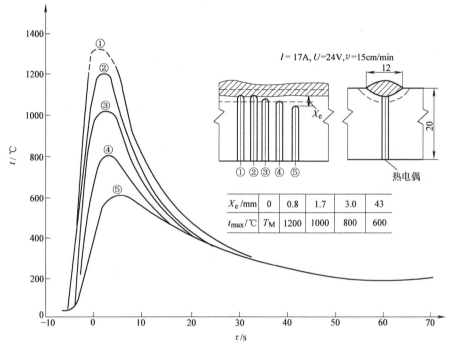

图 4-8　焊条电弧焊时焊缝附近各点的焊接热循环

τ——从电弧通过该点上方时算起的时间

（3）相变温度以上停留的时间（t_H）　焊接时，近缝区必然要在高于 Ac_3 300℃以上的温度停留，热影响区的某些部位发生晶粒粗化的现象对焊接质量带来不利的影响。

（4）在指定温度下的冷却速度（v_c）　从热循环曲线可以看出，不同温度下的冷却速度不同。从影响质量的角度来考虑，最重要的是在发生相变的温度范围内的冷却速度。对一般的钢材来说，就是从 800℃ 到 300℃（或从 800℃ 到 500℃）范围内的冷却速度。在实际应用中，多以一定温度范围内的冷却时间来表示冷却速度，如从 800℃ 到 500℃ 的冷却时间可表示为 $t_{8/5}$（$t_{800~500}$）。冷却速度不同，高温下组织的转变方式和规律不同，最终焊接接头的组织和性能会发生变化。

五、焊接热过程在生产中的应用

焊接热过程是一个不均匀加热的过程，焊件上各点经历的热循环不同，最终形成的组织结构就不同，所表现出来的性能也不一样。在材料一定的情况下，在焊接生产过程中可通过采取一些工艺措施来调整焊接热循环，从而达到改善焊接接头的组织与性能的目的。

一般从以下几个方面入手：

1）根据被焊金属的化学成分和性能选择适用的焊接方法。

2）合理选用焊接参数。

3）采用焊前预热、焊后保温或缓冷等措施来降低冷却速度。

4）调整多层焊的层数、焊道长度和控制层间温度。层间温度是指多层焊时在施焊后续焊道前其相邻焊道应保持的最低温度。在实践中可通过保温或加热等措施对层间温度加以调整。

上述措施仅提出一些调整焊接热循环的方法，至于在何种情况下应采取哪个具体措施，还应具体情况具体分析。

第二节　焊缝金属的形成

焊件经焊接后形成的结合部分就是焊缝。熔焊时的焊缝是由熔化的母材和填充金属共同组成的，其组成的比例取决于焊接条件。母材和填充金属的加热熔化影响焊缝的成分组成及最终的组织、性能。本节将介绍母材与焊条金属在焊条电弧焊中加热与熔化的特点，以及影响两者组成比例的因素。

一、焊条的加热与熔化

1. 焊条的加热

焊条电弧焊时，加热与熔化焊条的热量来自三方面：焊接电弧传给焊条的热能；焊接电流通过焊芯时产生的电阻热；化学冶金反应所产生的反应热。一般情况下化学反应热仅占总热量的 1%~3%，可忽略不计。

焊接电弧对焊条加热的特点是热量集中于距焊条端部 10mm 以内，沿焊条长度和径向温度很快下降，药皮表面的温度比焊芯要低得多。一般焊条电弧焊时，加热焊条的热量占焊接电弧总热量的 20%~27%。

焊接电流通过焊芯产生的电阻热 Q_R（单位 J）为

$$Q_R = I^2 Rt \tag{4-3}$$

式中　I——焊接电流（A）；

　　　R——焊芯的电阻（Ω）；

　　　t——电弧燃烧时间（s）。

电阻加热的特点是从焊钳夹持点至焊条端部热量均匀分布。当焊接电流不大、加热时间不长时，电阻热对焊接过程无明显影响；但当电流很大或因焊条过长而增加了电弧燃烧时间时，由于电阻热增大，焊芯和药皮温升过高将引起以下不良影响：①焊芯熔化过快引起飞溅；②药皮开裂过早脱落，电弧不稳；③焊缝成形不良，甚至产生气孔等缺陷；④焊条发红变软，操作困难。因此，为了焊接过程的正常进行，焊接时必须对焊接电流与焊条长度加以限制。焊芯材料的电阻较大时（如不锈钢焊芯），更应降低焊接电流，以控制电阻热。实验表明，通过提高焊条熔化速度，缩短电弧燃烧时间，可以降低焊接终了时焊条药皮的温度。

2. 焊条金属的熔化

焊条端部的焊芯熔化后进入熔池，焊条金属的熔化速度决定了焊条的生产率，并影响焊接过程的稳定性。焊条金属的熔化速度可用单位时间内熔化的焊芯质量来表示。试验证明，在正常的工艺条件下，焊条金属的熔化速度与焊接电流成正比，即

$$v_m = \frac{m}{t} = \alpha_p I \tag{4-4}$$

式中　v_m——焊条金属的平均熔化速度（g/h）；

　　　　m——熔化的焊芯质量（g）；

　　　　t——电弧燃烧时间（h）；

　　　　α_p——焊条的熔化系数 $[g/(h \cdot A)]$。

$$\alpha_p = \frac{m}{It} \tag{4-5}$$

α_p 的物理意义是：熔焊过程中，单位电流、单位时间内焊芯（或焊丝）的熔化量。

实际焊接时，熔化的焊芯（或焊丝）金属并不是全部进入熔池形成焊缝，而是有一部分损失。我们把单位电流、单位时间内焊芯（或焊丝）熔敷在焊件上的金属量称为熔敷系数（α_H），可表示为

$$\alpha_H = \frac{m_H}{It} \tag{4-6}$$

式中　m_H——熔敷到焊缝中的金属质量（g）；

　　　　α_H——熔敷系数 $[g/(h \cdot A)]$。

由于金属蒸发、氧化和飞溅，焊芯（或焊丝）在熔敷过程中的损失量与熔化的焊芯（焊丝）原有质量的百分比称为飞溅率（ψ），可表示为

$$\psi = \frac{m - m_H}{m} = \frac{v_m - v_H}{v_m} = 1 - \frac{\alpha_H}{\alpha_p} \tag{4-7}$$

或

$$\alpha_H = (1-\psi)\alpha_p \tag{4-8}$$

式中　v_H——焊条的平均熔敷速度。

可见，熔化系数并不能真实地反映焊条金属的利用率和生产率，真正反映焊条利用率和生产率的指标是熔敷系数。

3. 焊条金属的过渡

焊条金属或焊丝熔化后，虽然加热温度超过金属的沸点，但其中只有一小部分（不超过 10%）蒸发损失，而 90%~95% 以滴状过渡到熔池中。

熔滴过渡的形式、尺寸和质量，过渡的频率等均随焊接参数而变化，并影响到焊接过程的稳定性、飞溅情况、冶金反应进行的程度以及生产率。在焊条电弧焊时，熔滴过渡有以下几种形式。

（1）粗滴短路过渡　粗滴短路过渡主要发生在短弧焊接时，由于熔滴尺寸受电弧长度限制，熔滴在长大过程中尚未脱离焊条端部时就与熔池接触而形成短路（图4-9）。由于这种过渡形式交替发生短路与空载过程，因而电弧稳定性较差，且飞溅大。当电弧长度或焊接电流增大到一定程度时，由于电弧间隙加长，熔滴尺寸减小，短路过渡难以形成，而转变为附壁过渡。过渡形式还与焊条药皮的组成有关，一般情况下，E5015 型焊条焊接时就是以粗滴短路过渡为主。

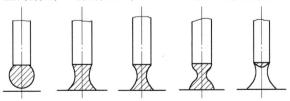

图 4-9　粗滴短路过渡过程示意图

（2）附壁过渡　熔滴沿着焊条药皮套筒壁向熔池过渡。与粗滴短路过渡相比，其明显的特点是熔滴尺寸较小，焊芯端部可同时容纳 2~3 个熔滴。附壁过渡属于一种细熔滴过渡形式，也是一种较好的过渡形式。

（3）喷射过渡　熔滴以更小的颗粒、高频率、高速从焊条套筒内喷出。过渡过程稳定，飞溅小，熔深大，焊缝成形美观。但是，只有电流密度大的条件下才会出现喷射过渡。

（4）爆炸过渡　熔滴在形成过程中，由于激烈的冶金反应，其内部产生的气体急剧膨胀，导致大颗粒熔滴爆炸并粉碎。这一现象多发生在熔滴尚未脱离焊芯端部的时候，有时也发生在熔滴通过弧柱区向熔池过渡的过程中。这种过渡形式在焊接时应该避免。

熔滴过渡形式对焊条的工艺性能有明显的影响，见表 4-1。

表 4-1　熔滴过渡形式对焊条的工艺性能的影响

熔滴过渡形式	电弧燃烧连续性	电弧稳定性	焊接参数的稳定性	飞溅	焊条温升	焊条熔敷效率[①]
粗滴短路过渡	差	差	差	大	高	低
附壁过渡	好	好	好	最小	低	高
喷射过渡	最好	最好	最好	小	低	高
爆炸过渡	差	差	差	大	中	中

① 熔敷金属与熔化焊芯质量的百分比。

4. 药皮的熔化与过渡

由于焊接电弧的热量非常集中，药皮材料的导热性低于焊芯和表面的散热作用，药皮内、外表面的温度并不相等。内表面与焊芯接触，温度应达到焊芯的熔点，而外表面的温度相对要低些。这样在焊条端部药皮的熔化不均匀，药皮内表面因为温度超过其熔点，熔化得要多些，并由内向外逐渐减少，形成了图 4-10 所示的套筒。药皮的熔点越高，厚度越大，套筒就越长。

药皮套筒的长度对焊接工艺性能、熔滴过渡形式和化学冶金过程都有影响。增加套筒长度，可以增加电弧的吹力，使熔深增加、熔滴变细，气流对熔池的保护作用也得到加强。但套筒过长，将使电弧电压过高，药皮成块脱落，焊接过程的稳定性遭到破坏，甚至电弧中断。

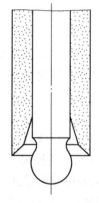

图 4-10　药皮形成的套筒

药皮熔化后向熔池过渡的方式有两种：一是以薄膜的形式包在金属熔滴外面或被夹在熔滴内，同熔滴一起落入熔池；二是熔渣直接从焊条端部以滴状落入熔池。在第一种情况下，在过渡过程中可进行冶金反应；第二种情况，药皮与熔滴没有接触，但此情况只有在焊条药皮厚度较大时才会产生。

二、母材的熔化与熔池

熔焊时，在热源作用下焊条熔化的同时母材也局部熔化。由熔化的焊条金属和熔化的母材组成具有一定几何形状的液体金属部分称为熔池。在不加填充金属时，熔池仅由熔化的母材组成。

当焊接过程进入稳定状态，焊接参数不变时，熔池的尺寸与形状不再变化，并与热源做同步运动。熔池的形状是不规则的，其示意图如图 4-11 所示。熔池的主要尺寸是：熔池长

度 L，最大宽度 B_{max} 与最大深度 H_{max}。其中 B_{max} 为焊缝宽度，称为熔宽，H_{max} 为焊缝深度，称为熔深。一般情况下，增加焊接电流，H_{max} 增加，B_{max} 减小；增加电弧电压，B_{max} 增加，H_{max} 减小。熔池长度 L 与电弧能量成正比。

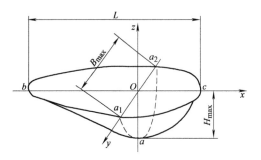

图 4-11　焊接熔池外形示意图

熔池的温度分布很不均匀，在电弧下面的熔池表面温度最高，在焊接钢时可达 2000℃ 以上，而其边缘是固液交界处，温度为被焊金属的熔点（对钢来说为 1500℃ 左右）。此外，在电弧运动方向的前方（即熔池头部）输入的热量大于散失的热量，温度不断升高，母材随热源运动不断熔化。而熔池尾部输入热量小于输出热量，温度不断下降，熔池边缘不断凝固而形成焊缝。也就是说，熔池前后两部分所经历的热过程完全相反。

在讨论冶金反应时，为使问题简化，一般取熔池的平均温度。熔池的平均温度取决于被焊金属的熔点和焊接方法，见表 4-2。

表 4-2　熔池的平均温度

被 焊 金 属	焊 接 方 法	平均温度/℃
低碳钢 $T_M = 1535℃$	埋弧焊	1705～1860
	熔化极氩弧焊	1625～1800
	钨极氩弧焊	1665～1790
铝 $T_M = 660℃$	熔化极氩弧焊	1000～1245
	钨极氩弧焊	1075～1215
Cr12V1 钢　$T_M = 1310℃$	药芯焊丝	1500～1610

三、焊缝金属的熔合比

熔焊时，熔化的母材在焊缝金属中所占的百分比称为熔合比，以符号 θ 表示。熔合比决定焊缝的成分，可用下式表示

$$\theta = \frac{G_m}{G_m + G_H} \tag{4-9}$$

式中　G_m——熔池中熔化的母材量（g）；

　　　G_H——熔池中熔敷的金属量（g）。

图 4-12 所示为不同焊接接头形式焊缝横截面的熔透情况。根据图示，熔合比还可以表示为

$$\theta = \frac{A_m}{A_H + A_m} \tag{4-10}$$

式中　A_m——焊缝横截面中母材所占的面积；

　　　A_H——焊缝横截面中焊条金属所占的面积。

所以熔合比又表示熔透情况。在实际生产中，母材与焊芯（或焊丝）的成分往往不同，当焊缝金属中的合金元素主要来自于焊芯（如合金堆焊）时，局部熔化的母材将对焊缝的成分起稀释作用。因此，熔合比又称为稀释率，即熔合比越大，母材的稀释作用越大。

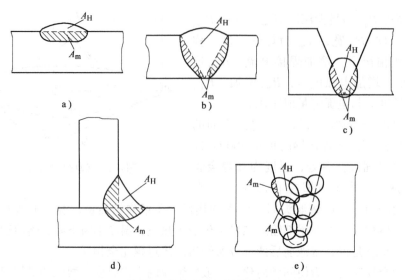

图 4-12　不同焊接接头形式焊缝横截面的熔透情况

熔合比的大小与焊接方法、焊接参数、接头形式、坡口形式以及焊道层数等因素有关。当焊接电流增大时，熔合比增大；电弧电压或焊接速度增大，熔合比减小。在多层焊时，随着焊道层数的增加，熔合比逐渐下降。但坡口形式不同时，下降的趋势不同。由图 4-13 可见，表面堆焊（Ⅰ）下降得最快；V 形坡口（Ⅱ）次之；U 形坡口（Ⅲ）下降得最慢。

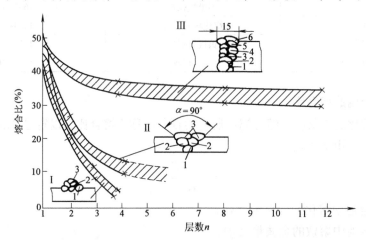

图 4-13　接头形式与焊道层数对熔合比的影响（奥氏体钢，焊条电弧焊）
Ⅰ—表面堆焊　Ⅱ—V 形坡口对接　Ⅲ—U 形坡口对接

焊接低碳钢时不同焊接方法与坡口形式的熔合比见表 4-3。

表 4-3　焊接方法与接头形式对熔合比的影响（低碳钢）

焊接方法	焊条电弧焊								埋弧焊
接头形式	I 形坡口		V 形坡口对接			角接或搭接		堆焊	对接
板厚/mm	2~14	10	4	6	10~20	2~4	5~20	—	10~30
熔合比 θ	0.4~0.5	0.5~0.6	0.25~0.50	0.2~0.4	0.2~0.3	0.3~0.4	0.2~0.3	0.1~0.4	0.45~0.75

第三节 焊接化学冶金的特点

焊接化学冶金过程主要是指在高温下液体金属与周围物质间的相互作用，其中包括化学反应，也包括蒸发、熔化、扩散等物理过程。焊接化学冶金过程决定了焊缝金属成分，从而直接影响其组织与性能，对焊接质量有重要影响。这里主要围绕焊条电弧焊焊接低碳钢的焊接化学冶金过程进行讨论。

在焊接结构制造中，所用的材料（母材、焊条、焊丝）都是合格的优质材料。焊接化学冶金过程实际上是金属再熔炼过程，与炼钢的冶金过程相比具有其自身的规律和特点。

一、焊接化学冶金过程的特点

（1）温度高及温度梯度大 焊接电弧的温度高达 6000℃ 以上，使金属强烈蒸发，并使电弧周围的 CO_2、N_2、H_2 等气体分子分解成原子或离子，分解的原子或离子很容易进入液体金属中。

熔池的温差大，因而形成很大的温度梯度，对冷却速度和缺陷的形成都会有明显的影响。

（2）熔池的体积小，存在的时间短 熔池的体积很小，焊条电弧焊时熔池的质量一般不足 10g。同时，加热及冷却速度很快，从局部金属开始熔化形成熔池，到完全凝固形成焊缝一般只有几秒时间。因此，整个冶金反应很难达到平衡，而且熔池金属的化学成分会有很大的不均匀性。

（3）熔池金属不断更新 焊接时，随热源运动不断有新的铁液和熔渣加入熔池中，参加反应的物质经常变化，增加了化学冶金的复杂性。

（4）反应接触面大，搅拌激烈 焊接时，熔滴过渡时与周围气体和熔渣接触面积大，大大超过了一般炼钢时的接触面积。接触面积大可加速反应的进行，但也增加了气体侵入液体金属的机会。另外，在电弧吹力及对流运动作用下，熔池产生激烈的搅拌，加速了反应的进行和气体的浮出。

二、焊接时对焊接区的保护

焊条电弧焊时，如果采用无药皮的光焊芯进行焊接，不仅施焊困难，而且由于空气的侵入使焊缝金属中的氮和氧增加，有益的合金元素由于氧化和蒸发而减少，最终导致焊缝金属的性能恶化。为了保证焊缝金属获得预期的化学成分与性能，熔焊时必须对焊接区进行保护，以防止空气的侵入，常用的保护方式见表 4-4。

表 4-4 熔焊时采用不同焊接方法时的保护方式

保护方式	焊接方法
熔渣保护	埋弧焊、电渣焊、不含造气物质的焊条或药芯焊丝焊接
气体保护	在惰性气体或其他气体（如 CO_2、混合气体）保护中焊接、气焊
气-渣联合保护	具有造气物质的焊条或药芯焊丝焊接
真空	真空电子束焊接
自保护	用含有脱氧、脱氮剂药芯的"自保护"焊丝进行焊接

不同的保护方式，其效果及成本不同，选用时应综合考虑。例如，焊接低碳钢和低合金钢，选用成本较低的气-渣联合保护或熔渣保护即可获得满意的保护效果。而对一些化学性能活泼（如铝、钛）或难熔金属，则选用成本较高的惰性气体保护或真空保护等方式。

三、焊接化学冶金反应区的主要反应

焊接冶金过程的特点之一是反应分区域（阶段）连续进行。焊条电弧焊时，反应从焊条端部开始，通过弧柱区到达熔池，最后形成焊缝而终止。因此，可将整个反应分为药皮反应区、熔滴反应区和熔池反应区（图4-14）。三个区的温度不同，所发生的具体反应不同，但又是相互衔接而连续的。

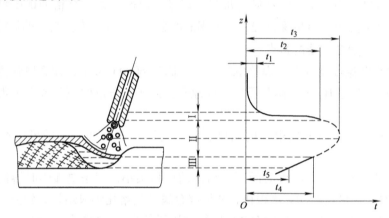

图4-14　焊接化学冶金反应区及其温度分布

Ⅰ—药皮反应区　Ⅱ—熔滴反应区　Ⅲ—熔池反应区

t_1—药皮开始反应温度　t_2—焊条端熔滴温度　t_3—弧柱间熔滴温度

t_4—熔池最高温度　t_5—熔池凝固温度

1. 药皮反应区

药皮反应区的温度在100℃至药皮熔点之间，主要发生水分蒸发，有机物、碳酸盐和高价氧化物分解，析出 H_2、O_2 和大量的 CO_2 等气体。

$$CaCO_3 \longrightarrow CaO+CO_2 \uparrow \tag{4-11}$$

$$2MnO_2 \longrightarrow 2MnO+O_2 \uparrow \tag{4-12}$$

这些气体一方面对熔池形成机械保护作用，另一方面将使药皮及液体金属中的合金元素氧化。

如

$$2Mn+O_2 = 2MnO \tag{4-13}$$

$$Mn+H_2O = MnO+H_2 \tag{4-14}$$

$$Mn+CO_2 = MnO+CO \tag{4-15}$$

反应的结果使电弧气氛的氧化性减弱，即所谓的"先期脱氧"。药皮反应区是整个冶金过程的准备阶段。

2. 熔滴反应区

熔滴反应区的温度最高，可达 1800~2400℃，熔滴与气相和熔渣的接触面积大，而且在过渡过程中液体金属与熔渣表面发生强烈的混合，虽然反应时间很短，但反应最为激烈。其中最主要的反应有：金属的蒸发、气体的分解与溶解、氧化物的分解、金属的氧化与还原等。因此，熔滴反应区对焊缝质量影响最大。

3. 熔池反应区

熔滴与熔渣进入熔池后与熔化的母材接触并熔合，从而进入熔池反应区。

熔池反应区的反应条件与熔滴反应区不同，其平均温度较低，为 1600~1900℃，单位体积的表面积较小，尽管反应时间长些，但反应远不如熔滴反应区激烈。此外，熔池头部与尾部分别处于升温与降温过程，对同一反应来说，在头部和尾部进行的方向可能相反。如头部反应向吸热方向进行，有利于气体的溶解和硅锰还原；而尾部反应向放热方向进行，有利于气体的析出和氧化反应。

总之，焊接化学冶金过程是分区域连续进行的。在熔滴阶段进行的反应多数将在熔池中继续，但也有的反应停止甚至改变方向。在各个阶段中冶金反应的综合结果决定了焊接金属的最终成分。

四、焊接参数的变化对焊接化学冶金的影响

在焊接生产中，焊接参数随母材成分、产品的结构和尺寸、接头形式及焊接位置等因素的变化而变化。因此，即使在同一产品上也需要选用几组不同的焊接参数，参数的变化将在以下几方面影响焊缝成分。

1. 焊接参数影响熔合比

如前所述，焊接电流、电弧电压和焊接速度的变化将影响熔合比的大小。假定焊接时合金元素没有损失，则焊缝中合金元素 B 的质量分数与熔合比的关系为

$$w_B = \theta w_B' + (1-\theta) w_B'' \tag{4-16}$$

式中　w_B——合金元素 B 在焊缝中的质量分数；

　　　w_B'——合金元素 B 在母材中的质量分数；

　　　w_B''——合金元素 B 在焊条中的质量分数；

　　　θ——熔合比。

因此，当 w_B' 与 w_B'' 不同时，θ 值的变化必然使 w_B 变化。

2. 焊接参数影响冶金反应的条件

焊接参数对熔滴过渡过程有明显的影响，如焊接电流增大时，熔滴过渡的速度提高，缩短了反应时间。而电弧电压增大时，由于电弧空间的加长而使反应时间增加。因此，可以断定，反应进行的完全程度将随电流的增大而减小，随电弧电压的增大而增大。

3. 焊接参数影响埋弧焊时焊剂的熔化量

埋弧焊时，焊剂的熔化量不是固定的，而是随焊接参数的变化而改变的。如焊接电流增大，电弧伸入熔池内部，焊剂熔化量减少，即参加冶金反应的熔渣量减少；电弧电压增大，电弧拉长，焊剂的熔化量增加，参加反应的熔渣增加。参加反应物质的量改变，必然影响反应产物的量，最终影响焊缝的化学成分。因此，当通过焊剂向焊缝中过渡合金元素时，保持焊接参数的稳定是保证焊缝成分均匀的重要因素。

由以上讨论可知，影响焊缝金属成分的主要因素除焊接材料（包括焊条、焊丝、焊剂、气体等）外，就是焊接参数。但其作用与焊接材料不同，焊接参数只能影响合金反应进行的程度，而不能改变焊缝金属的合金系统。而且焊接参数的调整还要受多种因素的限制，因此通过调整焊接参数来控制焊缝的成分，效果是有限的。

第四节 焊接熔渣

熔渣是指焊接过程中焊条药皮或焊剂熔化后，在熔池中参与化学反应而形成覆盖于熔池表面的熔融状非金属物质。它是焊接冶金反应的主要参与物之一，起着十分重要的作用。而焊后覆盖在焊缝表面的固态熔渣称为焊渣。

一、熔渣的作用

熔渣在焊接过程中主要有三个作用。

（1）机械保护作用　熔渣覆盖于熔池表面可有效地使液体金属与周围空气隔离，防止空气中氧和氮的有害作用。

（2）改善焊接工艺性能　熔渣的组成物可以起到稳定电弧、减少飞溅、改善焊缝成形和焊渣脱渣的作用，从而改善焊接工艺性能，保证焊接过程的稳定性。

（3）冶金处理　通过熔渣与液体金属之间的一系列化学反应，可以去除熔池中有害元素氧、硫、磷、氢等，还可向焊缝中过渡必要的合金元素。所以，通过熔渣可以在较大范围内调整和控制焊缝的成分。

二、熔渣的分类

根据焊接熔渣的成分，可以把焊接熔渣分为以下三大类。

1. 盐型熔渣

盐型熔渣主要由金属的氟盐、氯盐组成，如 $CaF_2 \cdot NaF$、$CaF_2 \cdot BaCl_2 \cdot NaF$ 等。盐型熔渣的氧化性很小，主要用于焊接铝、钛和其他活性金属及合金。

2. 盐-氧化物型熔渣

盐-氧化物型熔渣主要由氟化物和强金属氧化物所组成，如 $CaF_2 \cdot NaF\text{-}Al_2O_3$、$CaF_2 \cdot CaO\text{-}Al_2O_3 \cdot CaO$ 等。盐-氧化物型溶渣的氧化性也不大，主要用于焊接高合金钢及合金。

3. 氧化物型熔渣

氧化物型熔渣主要由各种金属氧化物所组成，如 $MnO\text{-}SiO_2$、$FeO\text{-}MnO\text{-}SiO_2$、$CaO\text{-}TiO_2\text{-}SiO_2$ 等。氧化物型熔渣的氧化性较强，主要用于焊接低碳钢和低合金结构钢。

生产中常用的 E4303 型焊条的熔渣为氧化物型；E5015 型焊条的熔渣为盐-氧化物型。

三、熔渣的碱度

焊接熔渣中的主要成分是各种金属和非金属氧化物，根据其化学性质可以分成三大类：

酸性氧化物：如 SiO_2、TiO_2；

碱性氧化物：如 CaO、MgO、MnO、FeO、Na_2O、K_2O；

中性氧化物：如 Al_2O_3。

焊接熔渣中碱性氧化物总和与酸性氧化物总和的比值称为焊接熔渣的碱度（B_1），其表示式为

$$B_1 = \frac{\sum 碱性氧化物物质的量(mol)}{\sum 酸性氧化物物质的量(mol)} \tag{4-17}$$

通俗地讲，碱度就是熔渣中酸性、碱性氧化物数量与作用的对比。在实际应用中，为便于计算，以质量分数取代物质的量（mol），B_1 可近似表示为

$$B_1 \approx \frac{\sum 碱性氧化物质量分数}{\sum 酸性氧化物质量分数} \qquad (4-18)$$

根据碱度值可将熔渣划分为酸性熔渣和碱性熔渣。划分的标准为 $B_1 > 1.3$ 为碱性熔渣；$B_1 < 1.3$ 为酸性熔渣。E4303 型焊条的熔渣 $B_1 = 0.74$ 为酸性；E5015 型焊条的熔渣 $B_1 = 1.44$ 为碱性。酸性、碱性熔渣的化学性质有明显的差别。

国际焊接学会推荐采用下式计算熔渣的酸碱度（B_3）

$$B_3 = \frac{CaO + MgO + K_2O + Na_2O + 0.4(MnO + FeO + CaF_2)}{SiO_2 + 0.3(TiO_2 + ZrO_2 + Al_2O_3)} \qquad (4-19)$$

式中，各种氧化物均按质量分数计算，B_3 划分酸碱性的标准为：

$B_3 > 1.5$ 为碱性熔渣；

$B_3 < 1$ 为酸性熔渣；

$B_3 = 1 \sim 1.5$ 为中性熔渣。

四、熔渣的物理性能

为保证熔渣起到应有的作用，对其物理性能有以下要求。

（1）熔点　熔渣的熔点应低于被焊金属的熔点。这样在焊缝完全凝固前都能均匀地覆盖在焊缝表面，保证了良好的机械保护作用和冶金反应的充分进行，并可防止因熔渣过早凝固而在熔池中形成夹渣。但熔渣的熔点过低，会使熔渣的覆盖性变差，破坏了保护作用，并使焊条难以进行全位置焊接。一般要求熔渣的熔点比焊缝金属的熔点低 200~450℃。

（2）密度　熔渣的密度应比被焊接金属的密度小，以保证良好的覆盖性并能较快地从熔池中浮出，避免形成夹渣。熔渣的密度取决于其组成物的密度和浓度。大多数熔渣组成物的密度都比铁低，常用焊条的熔渣密度见表 4-5。

表 4-5　常用焊条的熔渣密度　（单位：g/cm³）

温度　　　药皮类型	铁锰型	纤维素型	高钛型	低氢型	钛铁矿型
常温	3.9	3.6	3.3	3.1	3.6
1300℃	3.1	2.2	2.2	2.0	3.0

（3）黏度　黏度表示流体抵抗剪切或内摩擦力大小的性质，流体的黏度越大，其流动性越差。

在焊接时，要求熔渣的黏度适中。熔渣黏度过大，其流动性变差，阻碍熔渣与液体金属之间的反应充分进行和气体从熔池中排出，容易形成气孔，并使焊缝成形不良；熔渣黏度过小，则会因熔渣流动性大而难以完整覆盖于焊缝金属表面，破坏保护效果，焊缝的力学性能与成形性均变差，而且全位置焊接困难。

熔渣的黏度与温度关系很密切，温度升高，黏度变小；反之，温度降低，黏度增大。按照熔渣黏度在温度下降时变化率的不同，可分为长渣与短渣。随着温度降低，黏度增加缓慢的熔渣，因为凝固所需时间长，称为长渣；而随着温度降低，黏度迅速增加的熔渣称为短渣。长渣与短渣的温度-黏度曲线如图 4-15 所示。在进行立焊或仰焊时，为防止熔池金属在重力作用下流失，希望熔渣在较窄的温度范围内凝固，应选用短渣；而长渣只适用于平焊位置。图 4-16 所示为几种常用焊条和焊剂熔渣的温度-黏度曲线，其中 E4303 和 E5015 焊条均属于短渣，HJ431 则为长渣。

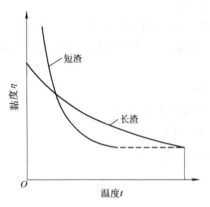

图 4-15 长渣与短渣的温度-黏度曲线

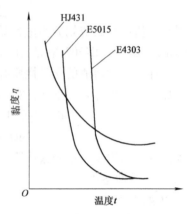

图 4-16 常用焊条和焊剂熔渣的温度-黏度曲线

熔渣的黏度与其组成有关。其中 SiO_2 含量增加，黏度增大；而在熔渣中加入 CaF_2、Al_2O_3 和 TiO_2，则黏度下降。

（4）表面张力 表面张力实质上是液体内部分子对表面分子的吸引力，这种吸引力使液体表面积尽量缩小。熔渣的表面张力影响其对焊缝的覆盖情况和熔滴的尺寸，从而对机械保护效果、冶金反应进行的程度、熔滴过渡形式以及焊缝成形都有直接的影响。

熔渣的表面张力越小，熔滴越细，熔渣覆盖的情况越好，增加了熔渣与液体金属的接触面积，有利于提高反应速度。但当表面张力过小时，难以实现全位置焊接，并容易造成焊缝夹渣。

熔渣的表面张力取决于其组成。例如，MnO、CaO、MgO、Al_2O_3 等氧化物使其表面张力增大；TiO_2、SiO_2 则使其表面张力减小。

第五节 有害元素对焊缝金属的作用及其控制

为使焊缝具有合格的使用性能和防止焊接缺陷，必须对其中有害元素加以控制。对一般低碳钢和低合金钢来说，焊缝中的有害元素主要是氢、氮、氧、硫和磷。

一、氢对焊缝金属的作用及其控制

1. 焊缝金属中氢的来源

氢主要来自于焊条药皮和焊剂中的有机物、结晶水或吸附水、母材与焊条表面的油污、铁锈以及空气中的水分等。高温时，上述物质将分解产生 H_2 分子，H_2 进一步分解为氢原子和离子，即

$$H_2 = 2H - 432.9 kJ/mol \tag{4-20}$$

$$H_2 = H + H^+ + e^- - 1745 kJ/mol \tag{4-21}$$

上述反应均为吸热反应。从热效应来看，按式（4-20）进行分解的可能性更大。氢的分解度随温度升高而增大。分解度 α 与温度的关系如图4-17所示。在弧柱区温度大于 5000K 的情况下，分解度可达到 90% 以上，氢主要以原子的形式存在。而在熔池尾部，温度仅有 2000K，氢则主要以分子形式存在并可以溶解在液态 Fe 中。

2. 氢的作用及对焊接质量的影响

（1）氢与熔池中金属的作用　在碳钢与低合金钢中，氢不会形成稳定的化合物，而主要以原子（少量以离子）的形式溶解在熔池中，氢在铁中的溶解度与其在电弧气氛中的浓度（以分压 p_H 表示）、温度及金属的状态等因素有关。电弧气氛中 p_H 增大，溶入熔池中的 H 增加。氢在铁中的溶解度随温度的升高而加大，如在 1350℃ 时，氢在固态铁中的溶解度是室温下的 10 倍左右。当金属的状态或结晶结构发生变化时，氢的溶解度要发生突变。当金属从固态转变为液态时，氢的溶解度急剧上升。此外，氢在 γ 相中的溶解度大大高于在 α 相中的溶解度。在压力一定时，氢在铁中的溶解度与温度的关系如图 4-18 所示。

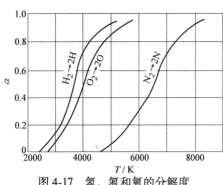

图 4-17　氢、氮和氧的分解度
与温度 T 的关系（$p = 101\mathrm{kPa}$）

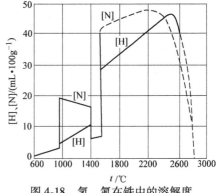

图 4-18　氢、氮在铁中的溶解度
与温度的关系

氢的扩散能力很强，H 与 H^+ 甚至在室温下都能在固体金属中扩散。能够在焊缝金属中自由扩散运动的氢称为扩散氢。一部分扩散氢聚集在晶格中某些部位后结合成分子时不能继续扩散而残留在金属中，这部分氢称为残余氢。扩散的结果使焊缝金属中的含氢量随时间而变化。随焊后放置时间的增加，扩散氢减少，残余氢增加，总含氢量下降，如图 4-19 所示。即扩散氢一部分逸出到焊缝外面，一部分变成残余氢。通常所说的焊缝中的扩散氢含量是指焊后立即进行测定所得的结果。

（2）氢对焊接质量的影响　氢的溶解与扩散给焊接质量带来以下影响。

1）造成氢脆。金属因吸收氢而导致塑性严重

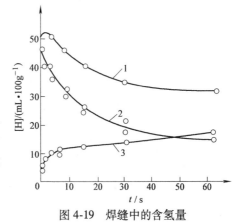

图 4-19　焊缝中的含氢量
与焊后放置时间的关系
1—总含氢量　2—扩散氢　3—残余氢

降低的现象称为氢脆（氢脆性）。氢脆的特点是使金属的塑性明显下降，而对强度的影响不大。氢脆往往会造成结构的整体破坏。经过脱氢处理，钢的力学性能可以恢复。

2）造成白点。当碳钢或合金钢焊缝中含氢量较高时，常会在拉伸试样的断面出现光亮的脆性断裂圆点，称为白点。出现白点的焊缝塑性大大降低，焊缝中含氢量越高，出现白点的可能性越大。如果含氢的焊缝在拉伸前进行一定的热处理，则在拉伸时就不会出现白点。

3）产生气孔。当熔池吸收了大量的氢时，这些氢在结晶过程中就会聚集而形成气泡，

如果气泡在焊缝完全凝固前来不及浮出，就会在金属中形成空洞，即气孔。

4）导致冷裂纹。氢是导致焊接接头在较低温度（一般 300℃ 以下）开裂的主要因素之一。焊接冷裂纹是危害最严重的焊接缺陷。

综上所述，氢对焊接质量的影响可以分为两种类型：一类是经过时效或热处理可以消除的，如氢脆，称为暂态现象；另一类则是一旦出现即无法消除的，如气孔、裂纹等，称为永久现象。有关气孔与裂纹的问题将在第六章中做详细的介绍。

3. 控制氢的措施

氢对焊接质量有严重危害，为了保证焊接质量，必须采取措施减少焊缝中的含氢量。常用的措施有以下几种。

（1）限制焊接材料中氢的来源　限制焊条药皮或焊剂原料中的有机物和水分。在使用前按规定的温度和时间进行烘焙；在存放焊接材料时应有必要的防潮措施；不允许焊条或焊剂长时间暴露在大气中等。

（2）焊接前仔细清除母材焊接区和焊丝表面上的铁锈、油漆和吸附水　目前，国内外多采用对焊丝进行镀铜处理的办法，可防止焊丝生锈，又可改善其导电能力。

（3）进行冶金处理　通过化学反应降低电弧气氛中氢的分压，从而降低氢在液体金属中的溶解度。

目前最有效的办法是通过药皮或焊剂组成物与氢作用，使之转化为在高温下既稳定又不溶于液体金属的 HF 或 OH（自由氢氧基）。为此，在药皮中加入适量的 CaF_2 或 MnO_2、Fe_2O_3 等氧化剂，可以有效降低氢的分压。

（4）控制焊接参数　焊接参数对焊缝中的含氢量（以［H］表示）有明显的影响。一般情况下，电流加大，［H］增加。但在气体保护电弧焊时，当电流增加到一定值，熔滴过渡形式由颗粒过渡转变为喷射过渡时，［H］明显减少。电流的种类和极性的影响是：用交流焊接时［H］比用直流时高；用直流正极性（焊件用正极）时比反极性时焊缝［H］高。

（5）焊后热处理　焊后对焊件进行加热可使扩散氢排出。

实验表明，焊后加热到 350℃，保温 1h，扩散氢几乎可以全部排出。生产中的脱氢处理一般加热到 300~400℃，保温 1h。需要说明的是，随焊件焊后放置时间的延长，部分扩散氢将转变为残余氢，而残余氢通过加热是无法消除的。因此，脱氢处理要在焊后立即进行。

在上述措施中，控制氢和水分的来源是最重要的。

二、氮对焊缝金属的作用及其控制

1. 氮的来源及作用

氮主要来自于电弧周围的空气。焊接时，即使在正常保护的条件下也总会有少量的氮进入焊接区与熔池金属作用。

氮既能溶解在铁中，又可与 Fe、Ti、Mn、Cr 等元素形成化合物。在高温时，氮分子分解为原子。但分解所需的能量比氢大，因而在温度相同时，氮的分解度比氢小，5000K 时分解度不足 10%（图 4-17）。所以在焊接条件下，氮大部分是以分子形式存在的。

氮以原子形式溶入金属，这些原子主要由氮分子分解产生，也有少量是由 NO 分解成 N^+ 与电子中和而形成的。氮的溶解规律与氢相似（图 4-18）。

2. 氮对焊接质量的影响

（1）形成气孔　与氢相似，氮也是形成气孔的重要因素之一。由于熔池在凝固时溶解度突然下降，过饱和氮形成气泡，气泡来不及析出而形成气孔。

（2）降低焊接金属的力学性能　氮使钢的强度升高，塑性、韧性下降（图4-20）。当熔池中有较多的氮时，其中一部分以过饱和的形式溶解于固溶体中，其余的部分则以针状氮化物 Fe_4N 的形式析出，分布在固溶体的晶格内和晶界上，从而使焊缝的强度上升，塑性、韧性急剧下降。只有当焊缝中 $w_N<0.001\%$ 时，才可不考虑其影响。

（3）时效脆化　这里所说的时效是指金属和合金（如低碳钢）从高温快冷或经过一定的冷加工变形后其性能随时间改变的现象。一般而言，经过时效，金属的强度有所提高，而塑性、韧性下降。

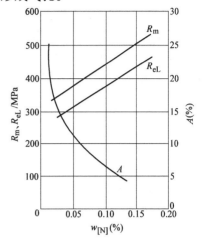

图4-20　氮对焊缝金属常温力学性能的影响

氮造成时效脆化，主要是由焊缝中过饱和溶解的氮随时间延长逐渐以 Fe_4N 的形式析出而造成的。

3. 消除氮的有害作用的常用措施

（1）加强机械保护　氮主要来自于周围的空气，而且一旦进入焊缝金属中，脱氮比较困难。因此，加强机械保护是控制氮的主要措施。现代熔焊所采用的各种保护方式，虽然效果有区别，但大多可以保证焊缝中的含氮量与母材和焊丝相当。

（2）合理选用焊接参数　提高电弧电压，电弧长度增加，机械保护效果变坏，同时氮与熔滴作用的时间增长，致使焊缝中的含氮量增加。因此，焊接时应尽量降低电弧电压，用短弧施焊。

在焊接低碳钢时，焊接电流开始增加，焊缝的含氮量增加；但继续增大焊接电流，由于金属强烈蒸化，使氮的分压下降，焊缝中的含氮量又逐渐下降。

（3）在焊丝中加入一定量的元素形成氮化物　如加入钛、铝、锆等元素与氮化合并形成稳定的氮化物进入熔渣，少量残留在焊缝中时，焊缝的力学性能有所改善。

由于氮主要来自于电弧周围的空气，加强机械保护是控制焊缝中的含氮量的主要措施。

三、氧的作用与焊缝金属的脱氧

氧化还原反应是贯穿焊接冶金过程的基本反应。气相中的氧化性气体、氧化性的熔渣组成物、焊件坡口与焊丝表面的铁锈与水分都对熔池金属有氧化作用。可以认为氧化作用发生于化学冶金反应的各个阶段，而且是不能完全避免的。因此，抑制氧的不利影响，必须以冶金处理为主要措施。

氧既可溶解于铁中，又可与铁和钢中的合金元素形成氧化物。氧在铁中的溶解度与温度有关。温度降低，氧在铁中的溶解度急剧下降。如在1600℃以上时，氧的溶解度可达到0.3%；在铁的熔点时，则降为0.16%；由 δ-Fe 转变为 α-Fe 时，又降到0.05%；而在室温下，氧几乎不溶于铁中。因此，在焊缝中氧主要以氧化物夹杂的形式存在，在低碳钢中则主要是铁的氧化物。而固溶于焊缝金属中的氧是极少量的。通常所说的焊缝含氧量是指溶解氧与化合氧之和。高温时（560℃以上），铁的氧化物为 FeO。

1. 焊缝金属的氧化

（1）气相对焊缝金属的氧化　电弧气氛中的 O_2、O、CO_2、H_2O 都对 Fe 及钢中的合金元素有不同程度的氧化作用。焊接低碳钢及低合金钢时，主要考虑铁的氧化。

焊条电弧焊时，药皮中的高价氧化物（MnO_2、Fe_2O_3）分解产生的氧和来自电弧周围空气中的氧可与铁或合金元素直接作用，如

$$2Fe+O_2=2FeO \tag{4-22}$$
$$Fe+O=FeO \tag{4-23}$$
$$2Mn+O_2=2MnO \tag{4-24}$$
$$2C+O_2=2CO \tag{4-25}$$

CO_2、H_2O 在电弧高温下分解产生的 O_2 或 O 也起到氧化作用。温度越高，分解度越大，氧化性就越强，如

$$CO_2=CO+\frac{1}{2}O_2 \tag{4-26}$$

生成的氧按式（4-22）与铁作用，总的反应则为

$$Fe+CO_2=FeO+CO \tag{4-27}$$

同样 H_2O 在高温下分解后也将产生 O_2 或 O 而对金属起氧化作用。由于 CO_2 比 H_2O 更容易分解，在一定的温度下 CO_2 的氧化性比 H_2O 强。

（2）熔渣对焊缝金属的氧化　熔渣对焊缝金属的氧化有两种基本形式：扩散氧化和置换氧化。

FeO 既可溶于熔渣也可溶于液体金属，所以熔渣中的 FeO 可以直接扩散到焊缝金属中而使之增氧，这就是扩散氧化。

此过程可以表示为

$$(FeO) \rightleftharpoons [FeO] \tag{4-28}$$

式中　（FeO）——熔渣中的 FeO；

［FeO］——焊缝金属中的 FeO。

上述过程是可逆的，当达到平衡时，熔渣中与焊缝金属中 FeO 的浓度比值是常数，即

$$\frac{(FeO)}{[FeO]}=L \tag{4-29}$$

式中　L——分配常数。

式（4-29）的物理意义是：在一定温度下 FeO 在熔渣与熔池中的浓度可随 FeO 的总量而变化，当达到平衡时，两相中 FeO 的比值是定值。这一规律具有普遍性，称为分配定律。因此，在温度一定时，如果熔渣中 FeO 的浓度增加，就会自动向熔池中扩散，以保持 L 不变，而使焊缝增氧。在焊接低碳钢时，焊缝金属中的含氧量随熔渣中（FeO）的增加而直线上升（图 4-21）。

L 与温度有关，温度上升，L 值下降，FeO 由熔渣向熔池扩散。因此在熔滴区和熔池前部［FeO］增加，最终使焊缝增氧。

L 还与熔渣的性质有关，在温度相同的条件下，碱性熔渣的 L 值小于酸性熔渣。实验表明，在熔渣中 FeO 含量相同时，碱性熔渣焊缝的含氧量比酸性熔渣焊缝的含氧量大（图 4-22）。形成这一现象的原因除了与分配常数大小有关外，还与 FeO 在熔渣中存在的形式有

关。在冶金过程中，只有自由的 FeO 分子才能参加反应，而形成复合盐后就不能再扩散到熔池中。在碱性熔渣中，SiO_2、TiO_2 等酸性氧化物比较少，FeO 大部分以自由状态存在。在酸性熔渣中，因有较多的酸性氧化物能与 FeO 形成稳定的复合盐，FeO 以分子形式存在的很少，所以扩散到熔池中的 FeO 也比较少。

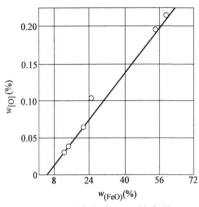

图 4-21　熔渣中 FeO 的含量
与焊缝中含氧量的关系

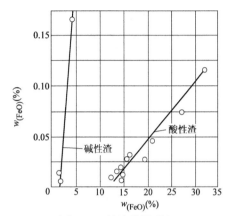

图 4-22　熔渣的性质与
焊缝中含氧量的关系

上述分析是以熔渣中 FeO 的含量相同为前提的。而在实际的碱性焊条或焊剂中，一般不使用含有氧化铁的原材料，又加入了较多的脱氧剂，并要求焊前仔细清理母材与焊丝表面的氧化皮和铁锈，保证了用碱性熔渣焊接的焊缝中含氧量大大低于酸性熔渣焊接的焊缝。

焊缝金属与熔渣中容易分解的氧化物发生置换反应的现象，称为置换氧化。例如，用低碳钢焊丝配合高锰高硅焊剂进行焊接时，发生如下反应

$$(SiO_2)+2[Fe]\Longrightarrow[Si]+2FeO \tag{4-30}$$

$$(MnO)+[Fe]\Longrightarrow[Mn]+FeO \tag{4-31}$$

反应产物 FeO 按分配定律部分进入焊缝，部分残留在熔渣中，结果是焊缝中含氧量增加。

上述反应进行的方向取决于温度和 SiO_2、MnO 的浓度。温度上升，反应向右进行，焊缝增氧。因此，置换氧化主要发生在熔池前部高温区和熔滴反应区。在熔池后部，温度下降，反应向左进行，Si、Mn 有一部分又被氧化。但是在熔池后部由于温度低、反应速度慢等，反应不如熔池前部及熔滴区那样剧烈，总的结果是焊缝中氧、硅、锰都增加。此外，只有当 MnO、SiO_2 的浓度都比较高时，反应才向右进行。

高锰高硅焊剂配合低碳钢焊丝在焊接低碳钢时，尽管反应的结果使焊缝增氧，但因有益元素硅、锰的同时增加，因而焊缝的机械性能还能有所改善，抗裂能力也有所提高，故此种配合仍有实用价值。但是，在焊接中、高合金钢时，这种焊剂与焊丝的配合是不允许使用的，因为在焊缝中增氧的同时导致焊缝合金元素总量的减少而使其力学性能恶化。

（3）焊件表面氧化物对焊缝金属的氧化　焊件表面的铁锈及氧化皮对焊缝金属都有氧化作用。铁锈在高温下分解为

$$2Fe(OH)_3=Fe_2O_3+3H_2O \tag{4-32}$$

分解产物 H_2O 进入气相后进一步分解，增加了气相的氧化性。而 Fe_2O_3 与液态铁作

用，即

$$Fe_2O_3 + [Fe] = 3FeO \qquad (4\text{-}33)$$

氧化皮的成分为 Fe_3O_4，与铁作用，即

$$Fe_3O_4 + [Fe] = 4FeO \qquad (4\text{-}34)$$

式（4-33）与式（4-34）产生的 FeO 将按分配定律部分进入熔池，而使焊缝增氧。因此，焊前必须清理焊件坡口附近及焊丝表面的氧化皮及铁锈。

2. 氧对焊缝金属质量的影响

焊缝金属中含氧量的增加使焊缝金属的性能与成分发生变化，具体表现如下：

（1）焊缝金属的力学性能下降　随着焊缝中含氧量的增加，其强度、塑性、韧性等各项力学指标都下降，其中冲击韧度下降最为显著（图4-23）。

（2）导致气孔产生　熔池中含氧量较高时，在结晶后期氧与钢中的碳作用而产生 CO，CO 形成气泡且来不及浮出时就会形成 CO 气孔。

（3）使焊缝中的有益元素烧损　由于氧几乎可以和各种元素化合，熔池中的氧将钢中的合金元素氧化，而使焊缝的力学性能达不到要求。

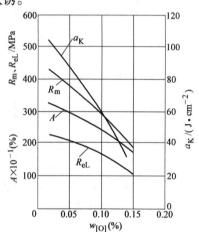

图 4-23　氧对低碳钢焊缝
常温力学性能的影响

（4）降低焊缝金属的其他使用性能和加工性能　氧使焊缝金属的导电性、导磁性和耐蚀性降低；还会引起热脆性、冷脆性及时效脆化。在焊接时，熔滴区产生的 CO 使熔滴爆炸，引起飞溅，影响焊接过程的稳定性。

3. 焊缝金属的脱氧

在正常的焊接条件下，氧主要来自焊条药皮与焊剂原材料及保护气体。因此，控制氧的措施除限制其来源外，主要通过冶金反应进行脱氧。焊缝金属的脱氧反应从药皮反应区即已开始，其中的先期脱氧就是脱氧反应的组成部分。熔渣对焊缝金属的脱氧有两种形式，即沉淀脱氧与扩散脱氧。

（1）先期脱氧　对于熔焊过程，药皮和液态熔滴与电弧气氛接触发生氧化反应，降低电弧气氛氧化性的脱氧反应称为先期脱氧。其特点是脱氧过程和脱氧产物与高温的液态金属不发生直接关系，脱氧产物直接参与造渣，起到了降低电弧气氛氧化性的作用。反应多为合金元素的烧损。详见本章第三节药皮反应区部分。

（2）沉淀脱氧

1）沉淀脱氧的实质。溶解于液态熔池金属中的脱氧剂（合金元素）直接和熔池中的 [FeO] 起作用，使其转化为不溶于液态金属的化合物，并析出转入熔渣，使焊缝含氧量降低的一种脱氧方式。用来进行脱氧的合金元素称为脱氧剂，通常以纯金属或铁合金形式加在焊条药皮或焊剂中。

沉淀脱氧反应的一般反应式为

$$m[FeO] + n[Me] = (Me_nO_m) + m[Fe] \qquad (4\text{-}35)$$

式中　Me——脱氧剂。

脱氧的目的是使［FeO］减少（即使反应按上式向右进行）。为此应适当增加脱氧剂的用量并设法减少熔渣中脱氧产物 Me_nO_m 的含量。因此，在焊条药皮或焊剂配方中应尽可能少用或不用脱氧产物作原材料。

2）脱氧剂的基本要求。在焊接温度下，脱氧剂与氧的亲和力应大于被焊金属与氧的亲和力。在焊接低碳钢和低合金钢时，主要要求脱氧剂对氧的亲和力比铁大，从而可夺取 FeO 中的氧使焊缝脱氧。在钢常用的元素中，对氧的亲和力比铁大的元素，按亲和力从大到小，顺序为铝、碳、钛、硅、锰等。在其他条件相同时，元素与氧的亲和力越大，脱氧效果越好。

为使脱氧产物能顺利过渡到熔渣中，要求脱氧产物不溶解于液态金属中，并且密度比液体金属小。

脱氧产物的熔点低于焊缝金属，或能与熔渣中的其他化合物结合成熔点较低的复合盐。因为在熔池凝固过程中，脱氧产物处于液态，很容易聚集长大并浮到熔渣中。如果脱氧产物以固态形式存在，就很容易在焊缝中形成夹杂物，而且颗粒越小，形成夹杂物的可能性就越大。

脱氧剂本身应对焊缝金属的使用性能及焊接工艺性能无有害作用，且其中硫、磷等杂质含量低。

3）脱氧过程。焊接低碳钢和低合金时，最常用的脱氧剂是锰和硅。下面介绍锰、硅的脱氧过程，以及脱氧剂的选用与熔渣酸碱性的关系。

锰的脱氧：锰一般加入焊丝（焊芯）或以锰铁形式加入焊条药皮中。其反应式为

$$[Mn]+[FeO]=[MnO]+[Fe] \tag{4-36}$$

脱氧产物 MnO 不溶于液体金属而进入熔渣。为使反应顺利进行，希望自由的 MnO 分子不断减少。MnO 为碱性氧化物，能够与酸性氧化物 SiO_2、TiO_2 结合成稳定的复合盐。因此，锰在酸性熔渣中的脱氧效果较好。在酸性焊条（如 E4303 型）药皮中主要以锰作脱氧剂。

硅的脱氧：硅作为脱氧剂以硅铁的形式加到药皮中。脱氧反应式为

$$2[FeO]+[Si]=2[Fe]+[SiO_2] \tag{4-37}$$

SiO_2 为酸性氧化物，在碱性熔渣中可与 CaO、MnO 等碱性氧化物形成复合盐，所以硅在碱性熔渣中的脱氧效果较好。

综上所述，在选用脱氧剂时还应考虑脱氧产物与熔渣酸碱性的关系，即要求脱氧产物的酸碱性与熔渣酸碱性相反。

硅、锰联合脱氧：用硅或锰脱氧时，其脱氧产物 SiO_2 和 MnO 的熔点分别为 1713℃ 和 1585℃，都比铁的熔点高，如果不能形成熔点较低的复合盐，形成夹杂物的可能就比较大。而同时采用几种脱氧剂进行联合脱氧，脱氧产物相互作用而形成熔点较低、密度较小的复合盐，有利于消除夹杂物。焊接低碳钢时经常采用硅、锰联合脱氧。为达到较好的脱氧效果，［Mn］/［Si］值应在 3 ~ 7 之间。其脱氧产物为颗粒较大，熔点较低的 $MnO_2 \cdot SiO_2$（1270℃）。［Mn］/［Si］值过大或过小，都不是完全的联合脱氧。CO_2 气体保护电弧焊时，采用 H08Mn2SiA 焊丝，其 $w_{Mn}=1.8\% \sim 2.10\%$，$w_{Si}=0.65\% \sim 0.95\%$，就是典型的硅、锰联合脱氧。

碳虽然具有较强的脱氧能力，但对钢的焊接质量有很多不利影响，一般不专门选作脱氧剂。但焊丝、药皮中的碳在焊接中能起到脱氧作用。铝和钛对氧的亲和力很大，它们在药皮

反应区就被氧化，很难进到熔池中起沉淀脱氧作用，主要的作用是先期脱氧。

（3）扩散脱氧　当温度下降时，原先溶解于熔池中的 FeO 会不断地向熔渣扩散，从而使焊缝中的含氧量下降，这种脱氧方法称为扩散脱氧。

如果熔渣中有强酸性氧化物 SiO_2、TiO_2 等，它们会与 FeO 生成复合物，其反应式为

$$(SiO_2)+(FeO)=(FeO \cdot SiO_2) \tag{4-38}$$
$$(TiO_2)+(FeO)=(FeO \cdot TiO_2) \tag{4-39}$$

反应的结果是熔渣中的自由 FeO 减少。为了保持分配系数 L 不变，这就使熔池金属中的 [FeO] 不断地向熔渣中扩散，焊缝金属中的氧含量因此得以减少。

酸性熔渣（如焊条 J422、焊剂 HJ431 熔化所成的熔渣）中含有较多的 SiO_2、TiO_2，所以其脱氧方法主要是扩散脱氧。但是在焊接条件下，由于熔池冷却速度快，熔渣和液体金属相互作用的时间短，扩散脱氧进行得很不充分。因此，即使是酸性熔渣中也要加入一定的脱氧剂，只是比碱性熔渣用量要少些。

焊缝金属的脱氧过程是由先期脱氧、沉淀脱氧和扩散脱氧几种方式构成的，贯穿于焊接化学冶金的全过程。酸性熔渣与碱性熔渣的脱氧方式有所不同，前者是扩散脱氧与沉淀脱氧两种方式并存，后者则以沉淀脱氧为主。但在实际生产中，焊缝的含氧量不仅取决于脱氧方式，更与熔渣的具体组成有关。碱性熔渣中虽然 FeO 大部分以自由分子状态存在，但由于严格控制了原材料中 FeO 的来源，并加入了较多的脱氧剂，而保证了焊缝的含氧量最低。如用低氢型焊条焊接的焊缝中氧的质量分数仅为 0.03%；而用钛钙型焊条焊接时，焊缝中氧的质量分数为 0.07% 左右。

四、焊缝金属中硫、磷的危害及控制

1. 硫的危害及控制

（1）硫的来源、存在形式及危害　焊缝中的硫主要来自于母材、焊芯（焊丝）、焊剂或焊条药皮原材料。实验表明，母材中几乎全部的硫、焊芯中 70%～80% 的硫以及药皮或焊剂原材料中 50% 的硫将进入焊缝中。

硫在钢焊缝中通常以 FeS 和 MnS 两种形式存在。MnS 几乎不溶于液态铁中，在焊接冶金过程中可进入熔渣而降低焊缝中的含硫量。少量 MnS 残存于焊缝中，因其熔点较高，且以微小质点弥散分布，对焊缝的力学性能无明显的影响。以 FeS 形式存在的硫危害较大，高温时 FeS 可与液态铁无限互熔；而在固态铁中，FeS 的溶解度很低。所以在熔池一次结晶时很容易形成偏析，并与 Fe 或 FeO 形成低熔点的共晶体，（FeS+Fe）共晶体的熔点为 985℃；（FeS+FeO）共晶体的熔点为 940℃。这些共晶体在结晶后期分布在晶界，在焊接应力作用下就会在焊缝中形成结晶裂纹。硫还会降低焊缝金属的冲击韧度和耐蚀性。在焊接含镍的合金钢时，硫与镍还会形成熔点更低（644℃）的（NiS+Ni）共晶体，使结晶裂纹的敏感性增大。因此，要求低碳钢的焊缝中 $w_S \leqslant 0.035\%$，合金钢的焊缝中 $w_S \leqslant 0.025\%$。

（2）硫的控制

1）限制硫的来源。即对母材、焊芯（焊丝）及药皮（焊剂）原材料中的硫加以限制。为此，在有关的国家标准中对焊接结构用钢和焊丝、焊条用钢中的含硫量都有严格的限制。

在焊条药皮和焊剂原材料，如钛铁矿、氟石、锰矿、赤铁矿等中常含有一定的硫，而且含量的变化幅度较大，如果不加以控制，将对焊缝金属的含硫量有很大的影响。具体的控制方法是将这些材料预先进行熔烧处理，处理前后的含硫量见表 4-6。

表 4-6 药皮组成焙烧处理实例

材　料	原含硫量 w_S（%）	处理方法	处理后含硫量 w_S（%）
TiO_2	0.14	1000℃焙烧 25~30min	0.07
CaF_2	0.32	焙烧	0.13

2）冶金处理。脱硫处理的实质是用某种元素（脱硫剂）与溶解在金属中的硫或硫化物作用，生成不溶解于液体金属的产物，使其进入熔渣，降低焊缝中的含硫量。

在焊接冶金过程中，常用锰作为脱硫剂，其反应式为

$$[FeS]+[Mn]=[Fe]+(MnS) \tag{4-40}$$

MnS 几乎不溶于液态铁而进入熔渣。上述反应是放热反应，因此，熔池尾部有利于脱硫的进行。但由于冷却速度快，反应难以充分进行，必须加大锰的用量，才能取得较好的效果。

也可以采用碱性氧化物脱硫，如

$$[FeS]+(MnO)=(MnS)+(FeO) \tag{4-41}$$

$$[FeS]+(CaO)=(CaS)+(FeO) \tag{4-42}$$

生成的 MnS 与 CaS 可进入熔渣。为使式（4-41）和式（4-42）顺利向右进行，必须增加熔渣中 MnO 和 CaO 的含量。减少其中 FeO 的含量。所以碱性熔渣的脱硫能力明显高于酸性熔渣，碱度越高，脱硫效果越好。在实际焊接条件下，熔渣的碱度都不是很高，加之熔池冷却速度很快，脱硫效果受到限制，因此，限制硫的来源是控制焊缝中含硫量的主要措施。

2. 磷的危害及控制

（1）磷的存在形式及危害　磷在低碳钢和大多数的低合金钢中是有害的。在液态铁中，磷主要以 Fe_2P 和 Fe_3P 的形式存在，它们可与铁形成低熔点共晶体 Fe_3P+Fe（熔点为 1050℃）。磷加入铁中扩大了固相线与液相线之间的距离，所以含磷的铁合金在从液态转变到固态的过程中，含磷较高（熔点较低）的铁液将聚集在枝晶之间，造成偏析，削弱了晶间结合力。因此，磷将降低钢的冲击韧度，特别是低温冲击韧度。在焊接含镍的合金钢时，磷还会形成熔点更低的（Ni_3P+Ni）共晶体（熔点为 880℃），而导致焊缝中产生结晶裂纹。在焊接时，应对焊缝金属中的含磷量严格控制，低碳钢和低合金钢的焊缝中要求 $w_P \leq$ 0.045%，高合金钢的焊缝要求 $w_P \leq 0.035\%$。

磷在钢中除有害作用外，也有一定的有益作用，如它可以提高钢在大气与海水中的耐蚀性，改善钢的可加工性，增加金属的流动性，改善铸造性等。例如，在某些耐蚀钢、易切削钢、铸铁和铜合金中，磷是作为合金元素有意加入的。

（2）磷的控制　控制焊缝中的含磷量，首先必须严格限制母材、焊丝（焊芯）、焊条药皮（焊剂）原材料中的含磷量。药皮和焊剂中的锰矿往往是焊缝中磷的主要来源，其中 $w_P = 0.20\% \sim 0.22\%$，以 $(MnO)_3 \cdot P_2O_5$ 的形式存在，焊接时通过如下反应过渡到熔池中。

$$(MnO)_3 \cdot P_2O_5+11[Fe]=3(MnO)+5(FeO)+2[Fe_3P] \tag{4-43}$$

通过冶金处理进行脱磷的方法是首先将磷氧化产生 P_2O_5，然后与碱性氧化物形成稳定的复合盐进入熔渣。磷对氧的亲和力比铁大，所以，当熔渣有适量的 FeO 与 CaO 时，就可发生如下反应

$$2Fe_3P+5FeO=11Fe+P_2O_5 \tag{4-44}$$

$$P_2O_5+3(CaO)=(CaO)_3 \cdot P_2O_5 \tag{4-45}$$

$$P_2O_5+4(CaO)=(CaO)_4 \cdot P_2O_5 \tag{4-46}$$

根据以上反应，适当增加自由 FeO 与 CaO 分子的浓度，可以提高脱磷效果。但这与熔渣的实际情况是有矛盾的。在碱性熔渣中，自由的 CaO 分子较多，但不允许有较多的 FeO，因而脱磷效果不理想。酸性熔渣中虽 FeO 多些，但多以复合盐的形式存在，而且自由的 CaO 分子又较少，所以它的脱磷能力比碱性熔渣更差。实验表明，焊缝中磷的增量 Δw_P 随焊剂中磷的质量分数的增加而增加（图 4-24）。因此，限制磷的来源是控制焊缝含磷量的主要措施。

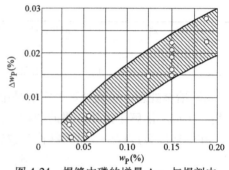

图 4-24 焊缝中磷的增量 Δw_P 与焊剂中磷的质量分数 w_P 之间的关系

第六节 焊缝金属的合金化

在实际生产中，除了对有害元素进行控制外，为了补偿合金元素的氧化、蒸发损失，防止焊接缺陷，或是满足产品的某些特殊要求（如表面耐磨、耐蚀性），还需要通过焊接材料向焊缝中过渡一定的合金元素，这个过程称为焊缝金属的合金化。

一、焊缝金属合金化的目的

焊缝金属合金化的目的有以下几点：

1）补偿焊接过程中由于蒸发、氧化等原因造成的合金元素的损失。

2）消除工艺缺陷，改善焊缝金属的组织和性能。例如，为了消除因硫引起的热裂纹，需要向焊缝中加入锰；焊接某些结构钢时，常向焊缝中加入钛、铝等元素，以细化晶粒，提高焊缝的冲击韧度。

3）获得具有特殊性能的堆焊金属。例如，冷加工或热加工用的工具或其他零件（如切削刀具、热锻模、轧辊、阀门等）要求其表面具有耐磨性、热硬性、耐热性和耐蚀性，可以向焊缝中加入铬、钼、钨、锰等合金元素，形成具有特殊性能的堆焊层。

二、焊缝金属合金化的方式

焊缝金属合金化有以下几种方式：

1）采用合金焊丝或带状电极。

2）应用药芯焊丝或药芯焊条。

3）采用普通焊丝配以含有合金元素的焊条药皮或焊剂。

4）采用合金粉末。

三、合金元素的过渡系数及其影响因素

1. 合金元素过渡系数

焊缝金属的合金化可以通过采用合金焊丝（焊芯），将合金元素加入药芯焊丝的药芯或加在焊条药皮或焊剂中等方式实现。不同的方式效果不同，其中以采用合金焊丝（焊芯）的效果最好，焊缝金属成分均匀，质量稳定，且制造工艺比较简单。

在焊缝金属合金化的过程中，由于氧化、蒸发和残留在熔渣中的损失，加入焊接材料的合金元素不可能全部过渡到焊缝中。合金元素的利用率可用过渡系数表示。合金元素的过渡系数是焊接材料中的合金元素过渡到焊缝金属中的数量在其原始含量中所占的百分比。其表

达式如下

$$\eta_x = \frac{[x]_d}{[x]_0} \times 100\% \qquad (4\text{-}47)$$

式中　η_x——合金元素 x 的过渡系数；

　　$[x]_d$——熔敷金属中元素 x 的实际含量，即由焊接材料过渡到焊缝中的合金元素 x 的含量；

　　$[x]_0$——元素 x 在焊接材料中的原始含量，应为 x 元素在焊丝与药皮（或焊剂）中原始含量之和。

合金元素的过渡系数可以通过实验测定。当 η 值已知时，可根据焊条中合金元素的原始含量与熔合比来预测焊缝的成分。也可以根据预期的焊缝成分预先计算出焊接材料需要加入的合金元素数量，然后通过实验加以修正。

2. 影响过渡系数的因素

凡是使合金元素在熔渣中残留量及氧化、蒸发损失下降的因素都可以使过渡系数提高，具体的因素有以下几个。

（1）合金元素对氧的亲和力　合金元素对氧的亲和力越强，过渡系数越小。在 1800℃ 左右，合金元素对氧的亲和力从大到小按以下顺序排列。一般情况下，合金元素的过渡系数由小到大的顺序与之相同。

Al-Zr-Mg-C-B-Ti-Si-V-Mn-Nb-Cr-Fe-Mo-W-P-S-Co-Ni-Cu

对氧的亲和力从大到小 →

各种合金元素中，Ni 和 Cu 对氧的亲和力最小，在多数情况下可以认为其 $\eta \approx 1$。

（2）合金元素的物理性能　物理性能中对过渡系数影响最大的是合金元素的沸点。沸点越低，焊接时蒸发损失越大，过渡系数就越小。例如，Mn 在工业纯氩中的过渡系数低于 Si、Cr、W、V 等元素（表4-7），就是由于 Mn 的沸点较低而容易蒸发。

表4-7　不同介质条件下的合金过渡系数

焊接条件	合金过渡系数 η					
	C	Si	Mn	Cr	W	V
空气中无保护	0.54	0.75	0.67	0.99	0.94	0.85
工业纯氩中	0.80	0.97	0.88	0.99	0.99	0.98
CO_2 中	0.29	0.72	0.60	0.96	0.96	0.68
HJ251 层下	0.53	2.03	0.59	0.83	0.83	0.78

（3）焊接区介质的氧化性　表4-7 同时列出在不同氧化性介质中的过渡系数。介质的氧化性越强，过渡系数越小。例如，Si 在纯氩中的过渡系数高达 97%，而在 CO_2 气体保护时只有 72%。此外，焊条药皮或焊剂的组成决定了熔渣的氧化性，对过渡系数也有明显的影响。药皮或焊剂中含高价氧化物或碳酸盐越多，气相与熔渣的氧化性越强，合金元素的过渡系数越小。所以，在焊接高合金钢或某些合金时，要求在无氧或低氧介质中进行，以避免合金元素的氧化损失。

（4）合金元素的粒度　合金元素的粒度增大，表面积减小，因而蒸发与氧化损失降低，但残留损失不变，过渡系数增大。表4-8 为 Mn、Si、Cr 和 C 在氧化性很弱的以 Al_2O_3- CaF_2-MgO 为基的焊剂进行焊接的结果。但颗粒尺寸过大，则不易全部熔化，反而会使残留量增大，过渡系数减小。

表 4-8　合金元素粒度与过渡系数的关系

粒度/μm	过渡系数 η			
	Mn	Si	Cr	C
<56	0.37	0.44	0.59	0.49
56~125	0.40	0.51	0.62	0.57
125~200	0.47	0.51	0.64	0.57
200~250	0.53	0.58	0.67	0.61
250~355	0.54	0.64	0.71	0.62
355~500	0.57	0.66	0.82	0.68
500~700	0.71	0.70	—	0.74

（5）合金元素在焊接材料中的原始含量　试验表明，当焊条药皮或焊剂中合金元素的原始含量开始增加时，由于其他组成相对减少，氧化损失下降，过渡系数随之增加。但原始含量增加到一定值后，由于残留量的增加和熔渣保护作用变差等因素抵消了氧化损失减少的作用，过渡系数保持不变。图 4-25 所示为锰的过渡系数与其在焊条中含量的关系。

（6）熔渣的酸碱性与组成　为了抑制合金元素氧化，减少氧化损失，熔渣的酸碱性应该与合金元素氧化物的酸碱性相同。图 4-26 中，随着（CaO + MgO）/SiO_2 值增加，碱度增加，硅的过渡系数减小，Mn 和 Cr 的过渡系数上升。此外，合金元素与其氧化物在焊条药皮中共存时，亦可抑制其氧化反应，使过渡系数增加。

在需要过渡合金元素时，应选用比它对氧亲和力更强的元素作脱氧剂，这样可保证脱氧剂优先氧化而保护合金元素不被氧化。

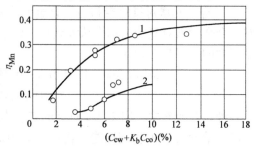

图 4-25　锰的过渡系数与其在焊条中含量的关系
1—碱性渣　2—酸性渣
C_{cw}—锰在焊芯中的含量　C_{co}—锰在药皮中的浓度
K_b—药皮重量系数

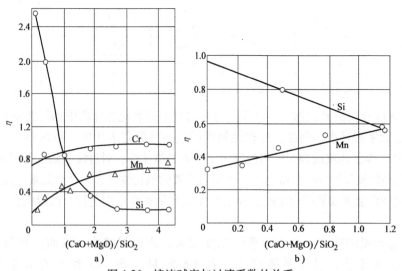

图 4-26　熔渣碱度与过渡系数的关系
a）药皮含大理石 20%，焊芯 H06Cr19Ni9Ti　b）无氧药皮，焊芯 H08A

（7）药皮（焊芯）重量系数和焊接参数　当药皮成分一定时，药皮重量系数增加，焊接时形成的熔渣增厚，合金元素进入熔池所通过的路程增长，使其在熔渣中的残留量和氧化损失也有所增加，使过渡系数变小，如图 4-27 所示。

由以上分析得知，影响合金元素的过渡系数的因素来自材料、焊接工艺等各方面。同一焊丝用于不同焊接方法，或是同一元素在不同合金材料中，过渡系数是不尽相同。所以，在实际生产中，必须事先在与生产完全相同的条件下进行试验，这样获得的结果才能用于指导生产。

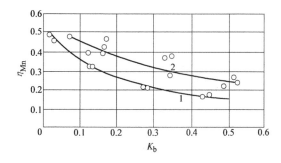

图 4-27　锰的过渡系数与药皮重量系数的关系
1—锰的质量分数 $w_{Mn} = 20\%$　2—锰的质量分数 $w_{Mn} = 50\%$

第七节　焊缝的组织与性能

在化学成分一定的条件下，焊缝金属的性能取决于组织。焊缝金属的组织则与其结晶过程和固态相变有关。

一、焊缝金属的结晶

随焊接热源前进，熔池温度开始下降，熔池进入从液态到固态的结晶过程（图 4-28）。焊缝的结晶过程符合金属结晶的普遍规律；结晶温度总是低于理论结晶温度，即结晶过程在有一定过冷度的条件下才能进行的。此外，焊缝金属的结晶也是由晶核形成与晶核长大两个基本过程组成的。但是焊接热循环的条件特殊，将会对焊缝结晶过程产生明显的影响。因此，讨论焊缝结晶时必须结合焊接热循环的特点与焊缝的具体工艺条件。

1. 熔池结晶的条件与特点

焊接熔池与铸锭相比，结晶过程有如下特点。

（1）体积小　熔池的体积最大不过几十立方厘米，质量不超过 100g，而铸锭的质量多以 t 为单位。

（2）温度不均匀　熔池中部处于热源中心，电弧焊时可达 2000℃，而边缘则是过冷的液体金属，温度略低于母材的熔点（对一般的钢来说为 1500℃ 左右）。因此，温度梯度很大。由于熔池体积小，温度梯度大，因而熔池冷却速度很高，约在 4~100℃/s 范围内。

（3）在运动状态下结晶　在焊接过程中，熔池随热源运动，因而在液态下停留的时间很短，而且熔池的前后两半是熔化与凝固同时进行。如图 4-29 所示，熔池前半部（*abc*）进行加热与熔化；而后半部（*cda*）则进行冷却与凝固。

（4）熔池金属不断更新　随热源运动与焊条不断给进，熔池中不断有新的液体补充，并进行搅拌。因此，结晶总是在新的基础上进行。固液界面向前推进的速度比铸锭高 10~100 倍，有利于气体和杂质的排出。所以，焊缝的组织比铸锭致密。

（5）以熔化母材为基础进行结晶　与铸锭不同，焊缝与母材之间不存在空隙，熔池边缘母材的原始结晶状态，对焊缝结晶过程与组织有明显的影响。

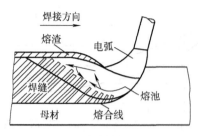

图 4-28　熔池的凝固过程

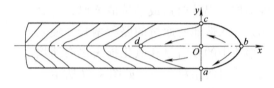

图 4-29　熔池在运动状态下结晶

2. 熔池结晶过程

过冷度是结晶进行的必要条件。在一定范围内，过冷度越大，越有利于结晶过程的进行。焊接时，由于冷却速度很高，容易获得较大的过冷度。

熔池的形核也是以异质晶核为主，但是由于温度很高，悬浮在液体金属中的难熔质点很少，因而母材的半熔化晶粒就成为新相的结晶核心。即熔池的结晶是以母材半熔化晶粒的表面为晶核而长大的。也就是说，焊缝的结晶是从母材半熔化晶粒开始，朝着散热反方向（与等温面的垂直方向）以柱状晶的形式向熔池中心推进。焊缝实际上是母材晶粒的延伸，两者之间不存在界面（图4-30）。图4-31所示为结晶后不发生相变的奥氏体钢焊缝的结晶情况。可以看出，焊缝与母材具有共同的晶粒而形成一个整体。这种依附于母材半熔化晶粒开始长大的结晶方式，称为联生结晶或交互结晶。联生结晶是熔焊最重要、最本质的特征，它决定了熔焊具有密封性好、强度高等一系列优点。

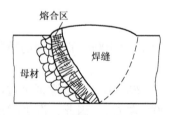

图 4-30　焊缝的结晶情况

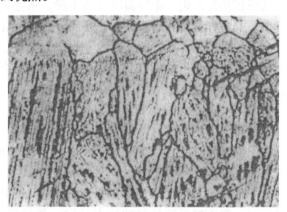

图 4-31　奥氏体钢焊缝的结晶情况

既然焊缝的柱状晶相当于母材晶粒的延伸，焊缝边界母材晶粒的尺寸可能就相当于焊缝柱状晶的尺寸，所以容易过热，而晶粒粗化的母材，其焊缝的柱状晶必然也会粗化。

焊缝凝固后的结晶组织为铸造组织，结晶从母材半熔化晶粒开始形核，以柱状晶形式向焊缝中心长大，最终形成焊缝。由于熔池体积小，冷却速度快，一般在电弧焊条件下焊缝中看不到等轴晶粒。

二、焊缝金属的偏析

合金中各组成元素在结晶时分布不均匀的现象称为偏析。焊接熔池一次结晶过程中，由于冷却速度快，已凝固的焊缝金属中化学成分来不及扩散，造成化学成分分布不均匀现象并产生偏析。偏析是焊缝金属结晶中常见的缺陷，主要有枝晶偏析和区域偏析两种形式。

1. 枝晶偏析

枝晶偏析发生于晶粒内部，偏析范围很小，又称为显微偏析。焊缝中形成枝晶偏析的原因与铸锭基本相同，都是因为枝晶在长大过程中先后析出的化学成分不同，而又来不及扩散的结果。在焊接条件下，由于冷却速度比铸锭快得多，形成枝晶偏析的可能性更大。冷却后柱状晶中心晶轴部分合金元素的含量低于平均含量，而在晶界处出现浓度最大值（图4-32）。两者的差值越大，表明偏析程度越严重。

钢中常用元素偏析的程度不同，容易引起偏析的元素是碳、硫和磷。在低碳钢焊缝中，由于碳及合金元素的含量都很低，枝晶偏析不明显，而当碳或硫、磷的含量偏高时，枝晶偏析会对焊接质量带来明显的影响。

2. 区域偏析

区域偏析是指在整个焊缝范围内的化学成分不均匀现象。它形成的原因是熔池在结晶过程中，柱状晶前沿向熔化中心推进的同时把低熔点物质（一般为杂质）排挤到最后凝固，从而造成在整个焊缝截面上化学成分明显不均匀。由于偏析的范围比较大，区域偏析又称为宏观偏析。杂质的集中使焊缝性能下降，特别是当焊缝成形系数（B/H）比较小时（图4-33a），杂质集中在焊缝中心，在横向拉应力作用下就会造成焊缝沿纵向开裂。而当焊缝成形系数比较大时（图4-33b），杂质偏聚于焊缝上部，对焊缝的抗裂性影响较小。因此，在焊接对裂纹比较敏感的材料时，选择焊接参数时应考虑对焊缝成形系数的要求。

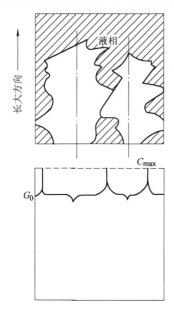

图4-32 焊缝的枝晶偏析示意图

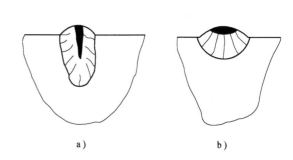

图4-33 焊缝的区域偏析及成形系数的影响
a）成形系数小 b）成形系数大

除上述两种形式的偏析外，焊缝横截面在抛光腐蚀后，可以看到颜色不同的分层结构（图4-34）。检测结果表明，分层结构是化学成分做周期性变化的表现，这种偏析称为层状偏析。关于层状偏析形成的原因及影响，目前尚未完全认识清楚。

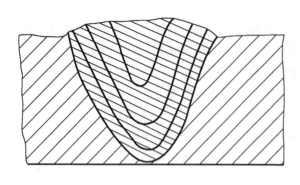

a)

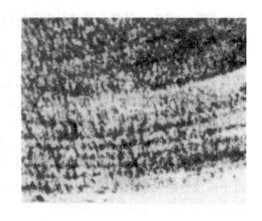

b)

图 4-34　焊缝的层状偏析

a）层状偏析示意图　b）焊条电弧焊时焊缝的层状线

三、焊缝金属的固态相变组织和性能

熔池结晶后得到的组织称为一次组织。对大多数的钢焊缝来说，一次组织是奥氏体。在继续冷却中，奥氏体还会发生固态相变，得到的组织称为二次组织。一般情况下，焊缝的二次组织即为室温组织。二次组织对焊缝的性能起决定性的作用。

固态相变是在结晶后一次组织的基础上进行的。与热处理时不同的是，焊缝是从液态连续冷却到室温，一次组织是在快冷条件下形成的不平衡的铸造组织。

低碳钢焊缝由于含碳量低，二次组织一般为铁素体+珠光体。其中铁素体首先沿着原奥氏体柱状晶晶界析出，可以勾画出一次组织的轮廓。当焊缝在高温停留时间较长而在固态相变的温度下冷却速度又比较快时，铁素体可能从奥氏体晶粒内部按一定方向析出，以长短不一的针状或片状直接插入珠光体晶粒中而形成所谓的魏氏组织（图 4-35）。魏氏组织的塑性和韧性比正常的铁素体+珠光体要低些。低碳钢焊缝中铁素体与珠光体的比例与平衡状态也有较大区别，冷却速度越快，珠光体所占的比例越大，组织越细，硬度也随之上升。当焊缝冷却速度为 10℃/s 时，珠光体在焊缝中所占的体积分数为 35%，硬度为185HV；而当冷却速度提高到 110℃/s 时，珠光体的

图 4-35　低碳钢焊缝中的魏氏组织

体积分数上升为 62%，硬度为228HV。因此，当焊缝与母材的化学成分完全相同时，焊缝的强度、硬度均高于母材。所以，为保证焊缝与母材的力学性能相匹配，要求焊缝中的含碳量低于母材。

低合金钢焊缝的固态相变比较复杂，不仅可能发生铁素体和珠光体转变，而且有些钢中还会发生贝氏体或马氏体转变。当母材强度不高时（如 Q395、Q345 钢），焊缝中的碳和合金元素均接近于低碳钢，焊缝的二次组织通常为铁素体+珠光体。而当母材是热处理强化钢

时，焊缝中合金元素的品种及数量较多，淬透性也相应提高，这时一般不会发生珠光体转变，随冷却速度不同，二次组织可能是铁素体+贝氏体、铁素体+马氏体或马氏体。一般焊接用高强度钢的碳的质量分数都比较低（$w_C \leqslant 0.18\%$），因此，得到的低碳马氏体或下贝氏体都有较高的韧性。而当冷却速度很慢时，析出较多的粗大铁素体反而使焊缝性能下降。

四、改善焊缝组织与性能的途径

改善焊缝的性能可从调整成分与组织两方面入手，通常的措施有以下几个。

1. 焊缝的变质处理

在液体金属中加入少量合金元素（变质剂）使结晶过程发生明显变化，从而使晶粒细化的方法称为变质处理。焊接时通过焊接材料（焊条、焊丝或焊剂）在金属熔池中加入少量合金元素，这些元素一部分固溶于基体组织（如铁素体）中起固溶强化作用；另一部分则以难熔质点（大多为碳化物或氮化物）的形式成为结晶核心，增加晶核数量使晶粒细化，从而较大幅度地提高焊缝金属的强度和韧性，有效改善焊缝金属的力学性能。目前，常用的合金元素有 Mo、V、Ti、Nb、B、Zr、Al 及稀土元素。加入这些合金元素的效果已被大量实践所证实，并在生产中获得广泛应用，现已研制出一系列的含有微量合金元素的焊接材料。

但由于微量合金元素在焊缝中作用的规律比较复杂，其中不仅有合金元素本身的作用，而且还有不同合金元素之间的相互影响。各种合金元素在不同合金系统的焊缝中都存在一个对提高韧性的最佳含量，同时多种合金元素共存时其作用并不是简单的叠加关系。这些问题迄今未有统一的结论和理论上圆满的解释。因此，目前变质剂的最佳含量都是通过反复试验得出的经验数据。此外，变质剂加入的方式与减少其在电弧高温下的烧损等问题也有待进一步解决。

2. 振动结晶

振动结晶是通过不同途径使熔池产生一定频率的振动，打乱柱状晶的方向并对熔池产生强烈的搅拌作用，从而使晶粒细化并促使气体排出。常用的振动方法有机械振动、超声振动和电磁振动等。

机械振动的频率不超过 100Hz，振幅在 1mm 左右，对钢焊缝来说效果不明显。超声振动可获得 1000~2000Hz 的振动频率，振幅约为 10^{-4}mm，效果优于机械振动。电磁振动是利用强磁场使熔池产生强烈的搅拌，效果更为显著。

振动结晶虽试验研究多年，但因受设备条件的限制，广泛用于生产尚有一定困难。

3. 锤击坡口表面或多层焊层间金属

锤击坡口表面或多层焊层间金属使表面晶粒破碎，熔池以打碎的晶粒为基面形核、长大而获得晶粒较细的焊缝。此外，逐层锤击焊缝表面，还可以起到减小残余应力的作用。锤击焊缝的方向和顺序如图 4-36 所示。

4. 调整焊接参数

实践证明，当功率 P 不变时，增大焊接速度 v 可使焊缝晶粒细化；当热输入 E 不变而同时提高功率 P 和焊接速度 v，也可使焊缝晶粒细化。此外，为了减少熔池过热，在埋弧焊时可向熔池中送入

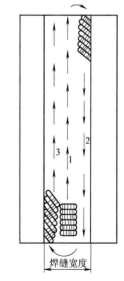

图 4-36　锤击焊缝的
方向和顺序

附加的冷焊丝，或在坡口面预置碎焊丝。

5. 焊后热处理

要求严格的焊接结构焊后需进行热处理。按热处理工艺不同，焊后热处理可分别起到改善组织、性能、消除残余应力或排除扩散氢的作用。焊后进行正火（或正火+回火）和淬火+回火，可以改善焊缝的组织与性能。具体的焊后热处理工艺选用应根据母材的成分、焊接材料、产品的技术条件及焊接方法而定。有些产品（如大型的或在工地上装焊的结构）进行整体热处理有困难，也可采用局部热处理。

6. 多层焊

根据多层焊热循环的特点可知，通过调整焊道层数 n 可以在较大范围内调整焊接参数，比单道焊调整焊接参数时细化晶粒的作用更为明显。同时，多层焊时焊道间的后热作用还可以改善焊缝的二次组织。

多层焊的后热效果在焊条电弧焊时比较明显，因为每一焊层的热作用可达到前一焊层的整个厚度。而埋弧焊时，由于焊层厚可达 6~10mm，后一焊层的热作用只能达到 3~4mm深，而不能对整个焊层横截面起后热作用。

7. 跟踪回火

跟踪回火就是在焊完每道焊缝后用气焊火焰在焊缝表面跟踪加热。加热温度为 900~1000℃，可对焊缝表层下 3~10mm 深度范围内不同深度的金属起到不同的热处理作用。以焊条电弧焊为例，每一层焊缝的厚度平均为 3mm，跟踪回火对表层下不同深度金属的热作用分别为：最上层加热温度为 900~1000℃，相当于正火处理；中间深度为 3~6mm 的一层加热温度为 750℃左右，相当于高温退火；最下层（6~9mm）则相当于进行 600℃左右的回火处理。这样，除了表面一层外，每层焊道都相当于进行了一次焊后正火及不同次数的回火，组织与性能将有明显改善。

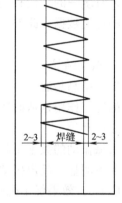

图 4-37 跟踪回火运行轨迹

跟踪回火使用中性焰，将焰心对准焊道做"Z"形运动（图 4-37），火焰横向摆动的宽度大于焊缝宽度 2~3mm。大型结构或补焊件采用跟踪回火还可以显著提高熔合区的韧性。

优质焊缝不仅要满足使用性能的要求，而且不应该存在技术条件不允许的焊接缺陷（如气孔、夹杂物、裂纹等）。有关缺陷的产生及防止的内容将在第六章中介绍。

第八节　焊接热影响区

在焊接过程中，母材因受热（但未熔化）而发生金相组织和力学性能变化的区域称为热影响区。在焊接技术发展初期，所用金属材料以低碳钢为主，焊接热影响区一般不会出现问题，焊接质量主要取决于焊缝质量。因而焊接工作者的主要精力用在解决焊缝的质量问题。随着焊接结构材料品种的日益扩大，结构尺寸与板厚的不断增加，不仅广泛应用了低合金高强度钢，而且高合金特殊钢、铝、铜、钛等非铁金属也常用来作为焊接结构材料。这些材料在加热时一般性能都有明显的变化，有些材料的化学性质还很活泼。因而焊接热影响区的组织与性能将发生较大的变化，甚至会产生严重的焊接缺陷。因此，有些情况下热影响区会成为决定焊接接头质量的关键部位。近年来，热影响区的问题越来越引起焊接工作者的重视。母材选定后热影响区的成分在焊接过程中是不会改变的，改善其组织、性能和防止缺陷只能从焊接工艺着手，难度更大。

一、焊接热影响区的组织

热影响区的组织与焊接热循环有密切的关系。根据热处理的知识，钢在加热时的组织转变主要取决于最高加热温度和冷却速度。在焊接热源作用下，焊接热影响区各点的最高加热温度与冷却速度取决于其到焊缝中心的距离，也就是相当于进行了一次自发的、不同的热处理（图 4-38）。在近缝区，最高加热温度可达到固相线温度或晶粒粗化的温度，而远离焊缝的部位最高加热温度逐渐降低，最后低于相变开始的温度 Ac_1。各点经历的热循环不同，组织与性能的变化不一样。为此，在研究热影响区时，按最高加热温度将其细分为几个区（图 4-38）。

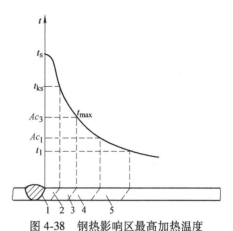

图 4-38　钢热影响区最高加热温度
与区域划分示意图
1—熔合区　2—过热区　3—相变重结晶区
4—不完全重结晶区　5—回火区
t_s—固相线温度　t_1—焊前回火温度

1. 熔合区

熔合区又称为熔合线，位于焊缝与母材交界处，最高温度在液相线温度 t_L 与固相线温度 t_s 之间。高温时，区内既有液态金属，又有未完全熔化的母材，是固液两相并存的半熔化区。被焊金属的固液相温度差越大，温度梯度越小，熔合区越宽。由于合金元素及钢中杂质在液相中的溶解度大于在固相中的溶解度，因而在固液交界处往往有较明显的偏析。在焊接低碳钢时，硅、硫、磷的偏析比较明显，而且要保留到冷却以后。另外，熔合区在冷却速度较快时，位错、空位等结晶缺陷也较多。这些不仅影响此区的性能，而且该区还可能成为焊接裂纹的起源。

2. 过热区

过热区紧邻熔合区，最高加热温度在 $t_s \sim t_{ks}$（晶粒急剧长大的温度）之间。由于温度高，奥氏体晶粒急剧长大，难溶质点分解并溶入，局部晶界甚至可能液化。对于低碳钢和淬硬倾向小的钢冷却后将获得粗大的过热组织，有时，还会出现魏氏组织。因此，过热区的塑性和韧性都很低，韧性指标低于母材 20%~30%。对于淬硬倾向比较大的钢冷却后可得到马氏体组织。

3. 相变重结晶区

相变重结晶区紧邻过热区，最高加热温度在 $t_{ks} \sim Ac_3$ 之间。由于加热温度超过 Ac_3，奥氏体转变进行完全；又由于最高加热温度低于 t_{ks}，晶粒不会明显长大，整个热过程相当于正火处理。淬硬倾向小的钢冷却后得到晶粒比母材还要细的铁素体+珠光体，因此这个区又称为细晶区或正火区。

4. 不完全重结晶区

不完全重结晶区的最高加热温度在 $Ac_1 \sim Ac_3$ 之间，处在奥氏体+铁素体两相区。加热时的组织为奥氏体+残余铁素体。根据铁碳平衡图可知，在温度为 Ac_1 时，奥氏体中碳的含量接近于共析成分（$w_C = 0.77\%$），而没有转变的铁素体晶粒有不同程度长大，所以这个区的高温组织是高碳奥氏体+粗大铁素体。最 t_{max} 越接近于 Ac_1，奥氏体中的含碳量越高，残余铁素体越多。而 t_{max} 越接近于 Ac_3 的部位，铁素体越少，奥氏体中的含碳量越接近于母材的含碳量。

对于淬硬倾向较小的钢，不完全重结晶区在冷却过程中奥氏体转变为细小的珠光体+铁素体，残余铁素体不发生变化，得到的室温组织为细小的铁素体+珠光体+粗大的铁素体。在特殊情况下，含碳量接近共析成分的奥氏体也可能转变为马氏体，从而得到马氏体+铁素体的特殊组织（图4-39）。对于淬硬倾向较大的钢，这个区在冷却过程中将发生马氏体转变，最终得到马氏体+残留奥氏体+块状铁素体，所以又称为不完全淬火区。

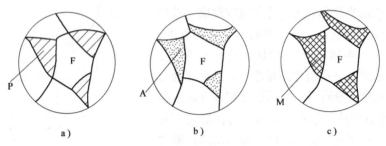

图 4-39　不完全重结晶的 M-F 组织
a）加热前　b）加热后　c）冷却后

5. 回火区

对于焊前经过淬火+回火的钢，最高加热温度在 $Ac_1 \sim t_{回}$ 之间还存在了一个回火区。由于淬火马氏体在回火时随着回火温度的提高，将分别得到回火马氏体、托氏体或索氏体，强度也随之下降。因此，热影响区最高加热温度超过 $t_{回}$ 而又未达到 Ac_1 的部位，强度将比焊前的母材有不同程度的下降。

热影响区的宽度受到焊接方法、焊接参数、结构尺寸等很多因素的影响。用不同焊接方法焊接低碳钢时，热影响区的平均尺寸见表4-9。

表 4-9　低碳钢用不同方法焊接时热影响区的平均尺寸

焊接方法	各区平均尺寸/mm			总宽/mm
	过热区	相变重结晶区	不完全重结晶区	
焊条电弧焊	2.2~3.0	1.5~2.5	2.2~3.0	6.0~8.5
埋弧焊	0.8~1.2	0.8~1.7	0.7~1.0	2.3~4.0
电渣焊	18~20	5.0~7.0	2.0~3.0	25~30
氧乙炔焊	21	4.0	2.0	27.0
真空电子束焊	—	—	—	0.05~0.75

低碳钢埋弧焊焊接热影响区的组织如图4-40所示。

应该说明的是，由于焊接加热的速度快，熔合区和过热区的最高加热温度又很高，使相变有明显的滞后现象。即热影响区中 Ac_1 和 Ac_3 的实际温度均比热处理时高。

综上所述，热影响区的组织是不均匀的，性能必然也不均匀。其中熔合区和过热区往往成为整个焊接接头中的薄弱环节。表4-10所列为低碳钢埋弧焊焊接接头的组织分布特征及性能。

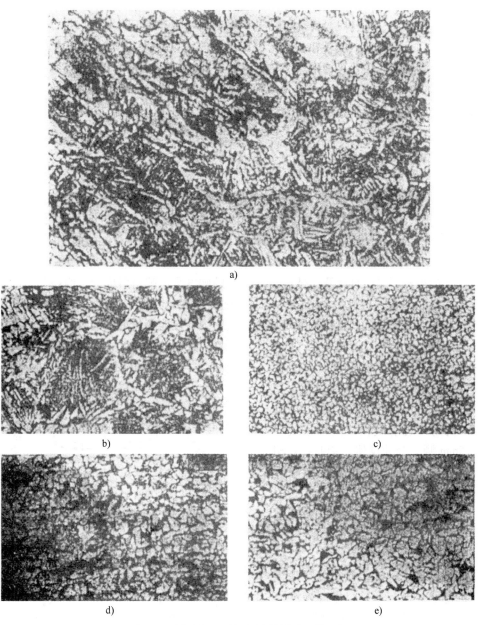

图 4-40　低碳钢埋弧焊焊接热影响区的组织

a）熔合区　b）过热区　c）相变重结晶区　d）不完全重结晶区　e）未变化的母材

二、焊接热影响区力学性能变化及改善

热影响区性能的变化及不均匀性表现在很多方面，包括常温、高温和低温的力学性能，以及特殊的工作条件提出的耐蚀性、疲劳强度等。本节主要讨论焊接热影响区的常温力学性能。对焊接接头进行的常规力学性能测定得出的结果，只能代表整个焊接接头的平均性能，这类数据对产品设计及制造是有指导作用的，但不能明确焊接接头中薄弱环节的具体问题。为了能够根据薄弱环节的部位及问题所在，以采用针对性措施提高焊接接头的质量，就必须研究热影响区性能变化的规律。

表 4-10　低碳钢埋弧焊焊接接头的组织分布特征及性能

部　位	最高加热温度范围/℃	组织特征及性能
焊缝	>1500	铸造组织柱状枝晶
熔合区及过热区	1400~1250	晶粒粗大，可能出现魏氏组织，硬化之后易产生裂纹，塑性不好
	1250~1100	粗晶与细晶交替混合
相变重结晶区	1100~900	晶粒细化，力学性能良好
不完全重结晶区	900~730	粗大的铁素体、晶粒细小的铁素体和珠光体，其力学性能不均匀，在急冷条件下可能出现高碳马氏体
母　材	300~室温	没有受到热影响的母材部分

1. 焊接热影响区的硬度分析

硬度指标虽然不是设计计算的依据，但金属的硬度是反映材料成分、组织与力学性能的一个综合指标。当金属材料化学成分一定时，硬度的变化可以表明组织与性能的变化。因此，通过对热影响区显微硬度值的测定可以找到组织与性能变化最大的部位，即焊接接头上的薄弱环节。

如图 4-41 所示，测定热影响区硬度分布时，一般在垂直于焊缝的横截面上进行，在与板面平行的 AA'（穿过焊缝）和 BB'（与焊缝轮廓线相切）两条线上每隔 0.5mm 测一个硬度值。图4-41为相当于 16Mn 钢热影响区硬度测定及硬度分布。从曲线可以看出，最高硬度值（HV_{max}）不在熔合线上，而在熔合线附近的过热区。一般情况下，硬度升高，塑性、韧性下降，抗裂能力减弱，因此，热影响区硬度最高的部位往往就是焊接接头上的薄弱环节。此外，最高硬度值还可以表明母材对冷裂纹的敏感程度。

2. 热影响区的常温力学性能

热影响区内各区的常温力学性能是通过热模拟的方法测定的，即将每个区的焊接热循环在一定尺寸的工件上再现，然后进行相应的力学试验而得到的数据。碳锰钢焊接热影响区的力学性能如图 4-

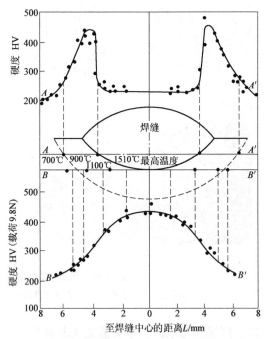

图 4-41　相当于 16Mn 钢热影响区硬度测定及硬度分布
（$w_C = 0.20\%$，$w_{Mn} = 1.38\%$，$w_{Si} = 0.23\%$，$\delta = 20mm$）

42 所示。曲线横坐标表示热影响区各点的最高加热温度。在 $t_{max} = Ac_1 \sim Ac_3$ 的不完全重结晶区，由于晶粒尺寸不均匀，强度最低。在 t_{max} 超过 Ac_3 的部位强度随温度上升而增大，塑性下降。在 $t_{max} = 1300℃$ 处，强度、硬度达到最大值，温度继续上升，强度、硬度、塑性同时下降。对大多数的钢来说，力学性能最低的部位是过热区。因此，在研究热影响区的性能时，多以过热区为重点。

过热区的性能还与冷却速度有关，图 4-43 所示为冷却速度对过热区力学性能的影响。低碳钢与 16Mn 钢的过热区在冷却速度提高时，性能变化的趋势相同，即强度、硬度上升，塑性下降。但 16Mn 钢的变化更为明显，说明合金钢对冷却速度的变化更为敏感。

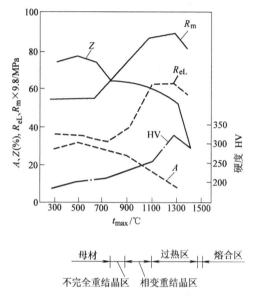

图 4-42　碳锰钢焊接热影响区的力学性能
（$w_C = 0.17\%$，$w_{Mn} = 1.28\%$，$w_{Si} = 0.40\%$）

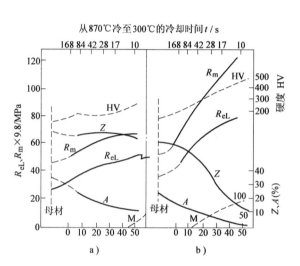

图 4-43　冷却速度对过热区力学性能的影响
a）低碳钢　b）16Mn 钢

3. 热影响区的脆化

脆化是指材料韧性急剧下降，而由韧性转变为脆性的现象。脆性材料破坏时消耗的能量小，而且没有明显的塑性变形，一般属于突发性的低应力破坏，往往造成严重的后果。

热影响区的脆化是焊接结构失效的主要原因之一。各种钢的焊接接头过热区都有不同程度的脆化，显然脆化与加热温度高和形成过热组织有关。但不同材料导致脆化的具体因素有所不同。对于低碳钢与不易淬火的低合金钢来说，其脆化的主要原因是晶粒粗化，脆化程度不严重，在提高加热温度与冷却速度时还有所缓解。对于通过沉淀强化而提高强度的钢来说，其过热区的脆化主要是由于在 1300℃ 高温下沉淀强化相溶解在奥氏体中，冷却时来不及析出，合金元素以过饱和状态存在于基体中所致。对于易淬火钢来说，其过热区的脆化主要是马氏体相变造成的，脆化程度取决于马氏体的形态和数量两个因素。当钢中含碳量较低（$w_C = 0.18\%$）时，得到低碳板条状马氏体，具有较高韧性，并不会脆化，而且提高冷却速度，韧性还会提高；反之，如果降低冷却速度，过热区出现铁素体+上贝氏体组织，韧性反而下降。钢中含碳量较高时，情况有所不同，在提高冷却速度时，高碳针状马氏体增多，脆化更严重。

此外，在某些低碳钢和碳锰钢焊接接头中，加热温度在 Ac_1 以下（一般为 400~600℃）的部位，焊后放置一定时间也会出现脆化现象。这个区在显微镜下观察不到组织的变化。

4. 热影响区的软化

软化是指热影响区焊后强度低于母材的现象，主要出现在强度较高的钢中，一般发生在焊前经过淬火+回火的回火区。产生软化的原因是加热温度超过焊前回火温度，软化的程度与焊前回火温度和焊接热输入有关。焊前回火温度越低，强度下降越多，软化区越宽；焊接热输入越大，回火区越宽。

5. 改善热影响区性能的途径

由于热影响区不参与化学冶金反应，焊后化学成分不会变化，不能像焊缝那样通过调整化学成分来改善性能。因此，改善热影响区的性能要从选材和调整热过程入手。常用的措施有以下几个方面。

（1）采用高韧性母材　为了保证焊接热影响区焊后具有足够的韧性，近年来发展了一系列低碳微量多合金元素强化钢种。这些钢在焊接热影响区可获得韧性较高的组织——针状铁素体、下贝氏体或低碳马氏体，同时还有弥散分布的强化质点。

随着冶金技术的迅速发展，采用炉内精炼、炉外提纯等一系列工艺，使钢中的杂质（S、P、N、O等）含量极低，加之微量合金元素的强化作用，可得到高纯度、细晶粒的高强度钢。这些钢有很高的韧性，热影响区的韧性相应也有明显的提高。

采用新钢种和先进的冶金技术，为扩大焊接技术的应用开辟了广阔的前景。但在母材选用上，必须注重合理性。也就是说，钢材的质量与价格应与产品的重要性及工作条件相匹配，而不是一味追求高质量。

（2）焊后热处理　焊后热处理（如正火或正火加回火）可以改善组织，有效提高性能，是重要产品制造中常用的一种工艺方法。但对大型的、复杂的或在工地装配的结构即使采用局部热处理也很困难，因此，焊后热处理的应用很有局限性。

（3）合理制订焊接工艺　它包括正确选择预热温度、合理控制焊接参数及后热处理等。具体的数据则因钢的化学成分不同而异。

本章小结

本章以焊接冶金过程为主线，阐述了在焊接冶金条件下焊缝的结晶组织及性能变化的规律，并指出了改善焊缝及热影响区组织和性能的方法。本章的内容是本书的重点内容。学习好本章内容对实际生产中焊接工艺的编制及焊接工艺的执行有很大帮助。建议在教学过程中配合多媒体辅助教学资源进行实训及实验以加深学生对相关知识的学习和认识。

习题与思考题

一、名词解释

1. 焊接热循环　2. 熔合比　3. 长渣　4. 短渣　5. 沉淀脱氧　6. 联生结晶　7. 焊接热影响区

二、填空

1. 影响焊接温度场的因素有＿＿＿＿＿＿、＿＿＿＿＿＿、＿＿＿＿＿＿、＿＿＿＿＿＿。

2. 焊接热循环的基本参数是＿＿＿＿＿＿、＿＿＿＿＿＿、＿＿＿＿＿＿、＿＿＿＿＿＿。

3. 焊条金属的过渡形式有＿＿＿＿＿＿、＿＿＿＿＿＿、＿＿＿＿＿＿、＿＿＿＿＿＿。

4. 对焊接区常用的保护方式有＿＿＿＿＿＿、＿＿＿＿＿＿、＿＿＿＿＿＿、＿＿＿＿＿＿、＿＿＿＿＿＿。

5. 焊接化学冶金反应区可分为＿＿＿＿＿＿反应区、＿＿＿＿＿＿反应区和＿＿＿＿＿＿反应区。

6. 根据熔渣的组成，可将熔渣分为＿＿＿＿＿＿、＿＿＿＿＿＿、＿＿＿＿＿＿三类。

7. 氢的溶解和扩散给焊接质量带来的影响是＿＿＿＿＿＿、＿＿＿＿＿＿。

8. 焊接低碳钢和低合金钢时，常用的脱氧剂是_____和_____。

9. 焊缝金属合金化的方式有_____、_____、_____、_____。

10. 偏析是焊缝金属结晶中的常见缺陷，主要有_____偏析和_____偏析两种形式。

11. 按照最高加热温度的不同可将焊接热影响区分为_____、_____、_____、
_____和_____五个区。

三、选择题

1. 焊条电弧焊时，电流密度较大时会出现（　　　）。

A. 粗滴短路过渡　　　　B. 附壁过渡　　　　C. 喷射过渡　　　　D. 爆炸过渡

2. 焊条电弧焊属于（　　　）保护方式。

A. 熔渣保护　　　　B. 气体保护　　　　C. 气-渣联合保护　　　　D. 自保护

3. E4303 的熔渣属于（　　　）。

A. 酸性熔渣　　　　B. 碱性熔渣　　　　C. 中性熔渣

4. 通过熔渣进行脱氧的过程是（　　　）。

A. 先期脱氧　　　　B. 沉淀脱氧　　　　C. 扩散脱氧

5. 焊接热影响区的性能最差部位在（　　　）。

A. 熔合区　　　　B. 过热区　　　　C. 相变重结晶区　　　　D. 不完全重结晶区　　　E. 回火区

四、判断题

1. 焊接热源的加热面积越大，单位面积的功率越大。　　　　　　　　　　　　　　（　　　）

2. 药皮熔点越高，厚度越大，药皮套筒就越长。　　　　　　　　　　　　　　　　（　　　）

3. 熔合比越大，母材的稀释作用越严重。　　　　　　　　　　　　　　　　　　　（　　　）

4. 熔渣的凝固时间越短越好。　　　　　　　　　　　　　　　　　　　　　　　　（　　　）

5. 焊后热处理可完全恢复金属材料的性能。　　　　　　　　　　　　　　　　　　（　　　）

6. 焊条直径越小，长度越长。　　　　　　　　　　　　　　　　　　　　　　　　（　　　）

7. 焊缝的结晶与铸件结晶状态相同，在焊缝中心存在大量等轴晶。　　　　　　　　（　　　）

8. 可以通过提高焊缝含氧量降低焊缝中磷的含量从而提高焊缝质量。　　　　　　　（　　　）

9. E5015 的脱氧效果要比 E4303 的脱氧效果好。　　　　　　　　　　　　　　　　（　　　）

10. 可以通过焊缝坡口形式的不同来改变焊缝熔合比的大小。　　　　　　　　　　（　　　）

五、简答题

1. 常用哪些工艺措施来调整焊接热循环，从而达到改善焊接接头的组织与性能的目的？

2. 为了消除氮的危害，应采取哪些具体措施？

3. 氧对焊缝金属的质量有哪些影响？

4. 为什么酸性熔渣既可以进行扩散脱氧，又能进行沉淀脱氧，而焊缝中的含氧量还比碱性熔渣的含氧量高？

六、课外交流与探讨

1. 列表分析对氢、氧、氮的控制措施。

2. 焊接热影响区的组织分布特征及性能特点是什么？为什么说过热区是整个焊接接头的薄弱环节？

（实验一）焊条熔化系数与熔敷系数的测定

1. 实验的目的与要求

1）理解熔化系数与熔敷系数的物理意义及应用。

2）掌握熔化系数、熔敷系数的测定方法。

3）了解熔化系数、熔敷系数的影响因素。

2. 实验的仪器设备及材料

（1）仪器设备与工具：交直流弧焊机，天平（精度 0.1g），秒表，钳形电流表，钢印，

焊接防护手套及面罩。

（2）材料：试板、不同牌号焊条。

3. 说明与建议

1）实验分组进行，每组人数应在满足实验需要的前提下尽量少。实验开始前由指导教师讲解实验目的，操作要领及安全注意事项。

2）由于实验内容较多，试板及焊条消耗量大，所需时间也比较长，因此在教学中可将实验过程适当简化，试样尺寸及焊接量都可适当减少，但每块试板的焊接量应不少于 1 根焊条。

3）熔化金属的质量，根据焊接时消耗的焊芯长度计算。为简化运算过程，可先从同一批量的焊条中选出 2~3 根，仔细刮掉药皮，称出质量，然后算出单位长度（一般取 100mm）焊芯的质量 m_0，再以焊接消耗的焊条长度 $l \times m_0$ 即为熔化金属的质量。施焊过程中如因断弧或其他原因中断，继续焊接前应重新测量焊条长度及试样的质量。

4）如果条件允许，可测定铁粉焊条的熔化系数，并与不含铁粉的同型号焊条进行对比，可使学生了解铁粉对提高生产率的作用，并掌握在药皮中加入铁粉时对计算公式的修正办法。

5）实验时要求分工明确，认真注意观察并做好记录。

4. 实验报告内容及要求

1）说明实验目的及要求。

2）简述实验的操作过程。

3）将原始数据、测量数据及计算结果填入实验指导书所规定的表格中，并进行必要的分析。对数据中出现的较大误差或反常现象，要根据实验中观察的情况分析误差产生的原因。

4）实验中的收获、存在问题及建议。

（实验二） 熔敷金属扩散氢的测定

1. 实验的目的与要求

1）掌握焊条熔敷金属中扩散氢的测定方法。

2）了解影响熔敷金属中扩散氢含量的因素。

3）理解氢对焊接质量的危害及控制措施。

2. 实验的仪器设备及材料

1）仪器设备与工具：扩散氢测定仪、交直流弧焊机、恒温干燥箱（0~400℃）、钳形电流计、秒表，焊接夹具（固定试样用）、钢印、锤子、水槽、夹钳、钢丝刷、天平等。

2）材料：低碳钢试板，尺寸 130mm×25mm×12mm（长×宽×高），尺寸精度为±1mm。

试验用焊条　　E4303（J422）ϕ4mm

　　　　　　　E5015（J507）ϕ4mm

　　　　　　　E347-16（A132）ϕ4mm

无水乙醇

3. 说明与建议

1）本实验应按 GB/T 3965—2012《熔敷金属中扩散氢测定方法》进行。该标准中，对试样尺寸、程序及操作要求均有明确的规定，任课教师（或实验指导教师）可根据其内容编制试验指导书。

2）为节约时间，试样的脱氢处理应在实验前进行，并应提前将扩散氢测定仪电源接通，温度调至 45℃ 保温。

3）实验分组进行，每组用每种焊条各焊一块试样，然后取各组相同试样的平均值作为该焊条的扩散氢测定值。

4）用 E347-16 焊条进行测定的目的，主要是考察熔敷金属的化学成分与结晶结构对扩散氢数值的影响。

5）为了对控制氢的措施有进一步的理解，可将同一型号的焊条在不同烘干条件下分别进行焊接，然后将各测定值进行对比。

6）为了掌握扩散氢的扩散规律，可在工件放入集气瓶中后每隔 1~2h 记录一次气体排出量，并绘制［H］-时间曲线。

4. 实验报告内容及要求

1）说明本实验的目的及要求。

2）简述本实验的原理。

3）将各组的测定值及计算结果归纳并取平均值，将各组的数据及平均值填入统一制订的表中。表格中应包括 GB/T 3965—2012 中规定的全部内容，并指出影响扩散氢含量的因素。

4）根据实验的具体操作过程，分析误差产生的原因。

5）实验的收获、存在问题与建议。

（实验三）焊接接头金相组织观察

1. 实验的目的与要求

1）掌握焊接接头显微试样的制备方法。

2）了解焊接接头的组织特点。

3）了解典型钢种焊接接头的组织分布。

4）了解焊接接头金相试样中宏观试样与微观试样的区别。

2. 实验仪器设备及材料

1）仪器设备：金相试样切割机、台式砂轮机、抛光机、金相显微镜、10 倍放大镜和电吹风机等。

2）材料：18-8 钢（06Cr19Ni9）堆焊试样（以 A132 焊条在 150mm×80mm×3mm 试板上堆焊而成，在切割机上割成若干块）。Q235A（或 16Mn）钢对接接头，各号金相砂纸，各种腐蚀剂、抛光粉、玻璃平板等。

3. 说明与建议

1）本实验所需时间较长，试样制备工作可与第一章实验一相结合进行。例如，在做第一章实验时，将本实验所需试样进行切割与粗磨（在砂轮机上进行），在做本实验时仅进行细磨（用金相砂纸）与抛光。为使学生较快地熟练掌握显微试样的制作技术，也可适当增加实验学时数。

2）18-8 堆焊试样，主要用于观察焊缝的联生结晶；Q235A 钢对接接头，主要用于观察热影响区的组织变化。为使学生能较清楚地观察到热影响组织变化情况，建议：

①制作一个或几个焊接接头的宏观试样。

②试样最好用埋弧焊方法焊接。

③利用标准组织照片进行对照。

3）本实验的操作程序与注意事项与第一章实验一基本相同，在观察与写实验报告中要求重点突出焊接接头的组织特点。

4. 实验报告内容及要求

1）说明本实验的内容、目的与要求。

2）将观察到的组织绘制示意图，图中应注明母材、焊接材料、焊接方法及组织所在的位置等。

3）实验的收获、问题与建议。

第五章 焊接材料

焊接材料是指在焊接时所消耗的各种材料的统称，包括焊条、焊丝、焊剂、气体和电极等。

要制造出高质量的焊接结构，必须要有完善的设计、优质的焊接材料和熟练的操作技术，缺一不可。焊接材料对焊接质量具有举足轻重的作用。而焊接材料的品种繁多，性能与用途各异，其选用是否合理，不仅直接影响焊接接头的质量，还会影响焊接生产率、成本及焊工的劳动条件。因此，从事焊接技术工作的人员，必须对常用焊接材料的性能特点有比较全面的了解，才能在实际工作中做到合理选用，主动控制焊缝金属的成分与性能，从而获得高质量的焊缝。

第一节 焊 条

焊条是指涂有药皮的供焊条电弧焊用的熔化电极。它由药皮与焊芯两部分组成。

通常焊条引弧端有倒角，药皮被除去一部分，露出焊芯端头，有的焊条引弧端涂有黑色引弧剂，引弧更容易。不锈钢焊条夹持端端面涂有不同颜色，以便识别焊条型号。

一般在靠近夹持端的药皮上印有焊条牌号。

一、焊条的分类

1. 按用途分类

焊条按用途分类见表 5-1（表中还列出了焊条型号按化学成分进行分类的方法以便于比较）。

表 5-1　焊条按用途分类

焊条牌号			焊条型号		
序号	焊条分类（按用途分类）	代号汉字（字母）	焊条分类（按化学成分分类）	代号	国家标准
1	结构钢焊条	结（J）	碳钢焊条	E	GB/T 5117—2012
			低合金钢焊条	E	GB/T 5118—2012
2	钼及铬钼耐热钢焊条	热（R）			
3	低温钢焊条	温（W）			
4	不锈钢焊条： 铬不锈钢焊条 铬镍不锈钢焊条	铬（G） 奥（A）	不锈钢焊条	E	GB/T 983—2012
5	堆焊焊条	堆（D）	堆焊焊条	ED	GB/T 984—2001
6	铸铁焊条	铸（Z）	铸铁焊条	EZ	GB/T 10044—2006
7	镍及镍合金焊条	镍（Ni）	镍及镍合金焊条	ENi	GB/T 13814—2008
8	铜及铜合金焊条	铜（T）	铜及铜合金焊条	TCu	GB/T 3670—1995
9	铝及铝合金焊条	铝（L）	铝及铝合金焊条	TAl	GB/T 3669—2001
10	特殊用途焊条	特（TS）	—	—	—

2. 按焊条药皮熔化后熔渣特性分类

（1）酸性焊条　酸性焊条是指焊条药皮中主要含有多量酸性氧化物的焊条，其药皮的成分主要是 SiO_2、TiO_2、FeO 等，施焊后熔渣呈酸性，药皮中含有有机物为造气剂，焊接时产生保护气体。

酸性焊条的主要特点为焊接氧化性强，容易使合金元素氧化，对锈、水、油污等产生气孔因素的敏感性小，对工艺准备要求低，可长弧操作，容易产生热裂纹，焊缝金属的冲击韧度较低，电弧燃烧稳定，可用交流或直流电源，熔渣色黑而发亮，流动性好，脱渣容易，飞溅小，焊缝成形好，广泛用于一般结构的焊接。

（2）碱性焊条　碱性焊条是指焊条药皮中主要含有碱性氧化物的焊条，其药皮的成分是 CaO、CaF_2 和铁合金等，施焊后熔渣呈碱性。在药皮中用铁合金作脱氧剂。焊接时，$CaCO_3$ 分解产生 CO_2 作为保护气体。

药皮里的氟化钙在高温下能分解出氟，氟能与氢化合成氟化氢（HF），且氟与氢的亲和力极强，从而降低了氢的有害影响。由于焊缝金属中保护气体的含氢量很少，所以又称为低氢型焊条。

碱性焊条的主要特点是焊接氧化性弱，对锈、水、油污等产生气孔因素的敏感性大，如果焊前工件和焊接区没有清理干净，或焊条未完全烘干，容易产生气孔。但焊缝金属中合金元素较多，硫、磷等杂质较少，因此，焊缝的抗裂能力和力学性能，特别是冲击韧度比酸性焊条高，宜采用直流电源反接法，对工艺准备要求较严格，熔渣呈棕色而发暗。它主要用于焊接重要结构。但电弧稳定性较差，引弧困难，飞溅较大，必须采用短弧焊，焊接过程中烟尘较大，焊缝表面成形亦较粗糙。

另外，碱性焊条在焊接过程中会产生氟化氢（HF）和氧化钾（K_2O）气体，危害人体健康，故需加强焊接场所的通风和焊工的劳动保护。

酸性焊条和碱性焊条性能对比见表 5-2。

表 5-2　酸性焊条和碱性焊条性能对比

酸 性 焊 条	碱 性 焊 条
1）对水、铁锈产生气孔的敏感性不大	1）对水、铁锈产生气孔的敏感性较大
2）药皮中含有有机物，熔渣呈酸性，电弧稳定，可用交流或直流焊机施焊	2）由于药皮中含有氟化物，恶化电弧稳定性，需用直流反接施焊，只有当药皮中加入稳弧剂后，才可用交直流两用施焊
3）焊接电流较大	3）焊接电流较小，比同规格酸性焊条约小 10%
4）可长弧操作	4）需短弧操作，否则易产生气孔
5）熔渣氧化性强，合金元素过渡效果差	5）熔渣氧化性弱，合金元素过渡效果好
6）熔深稍浅，焊缝成形较好	6）熔深稍深，焊缝成形尚可，容易堆高
7）熔渣呈玻璃状，脱渣较方便	7）熔渣呈结晶状，脱渣不及酸性焊条好
8）焊缝的抗裂性能较差，常温、低温冲击韧度一般	8）焊缝的抗裂性能好，常温、低温冲击韧度较高
9）焊缝的含氢量高，影响塑性	9）焊缝的含氢量低
10）焊接时产生有害烟尘较少，飞溅小	10）焊接时产生有害烟尘稍多，飞溅大

3. 按焊条药皮类型分类

焊条按药皮类型可分为钛铁矿型、钛钙型、高纤维钠型、高纤维钾型、高钛钠型、高钛钾型、低氢钠型、低氢钾型、氧化铁型以及铁粉钛钙型、铁粉氧化铁型和铁粉低氢型等焊条。

4. 按焊条性能分类

根据其特殊使用性能而制造的专用焊条，如超低氢焊条、低尘低毒焊条、立向下焊条、躺焊焊条、打底层焊条、高效铁粉焊条、防潮焊条、水下焊条、重力焊条等。

二、焊条的型号与牌号

1. 焊条的型号

焊条的型号是在国家标准或国际权威组织的有关法规中根据焊条指标而明确规定的代号。型号内容所规定的焊条质量标准是生产、使用、管理及研究等有关单位必须遵照执行的标准。例如，在 GB/T 5117—2012 和 GB/T 5118—2012 中规定，非合金钢及细晶粒钢焊条型号就是根据熔敷金属的力学性能、药皮类型、焊接位置、焊接电流种类、熔敷金属化学成分和焊后状态等划分的，由字母 E 与后缀四位数字组成。

1）碳钢焊条型号编制方法为：首字母"E"表示焊条，前面的两位数字表示熔敷金属抗拉强度的最小值，单位为 MPa；第三位数字表示焊条的焊接位置，"0"及"1"表示焊条适用于全位置（即平、横、立、仰）焊接，"2"表示焊条适用于平焊及平角焊，"4"表示焊条适用于向下立焊；第三位和第四位数字组合时表示焊接电流种类及药皮类型。

碳钢焊条熔敷金属的抗拉强度等级有 E43 系列（抗拉强度≥430MPa）和 E50 系列（抗拉强度≥490MPa）两类，见表 5-3。

表 5-3　非合金钢及细晶粒钢焊条（GB/T 5117—2012）

焊条类型	药皮类型	焊接位置	电流种类
E43 系列—熔敷金属抗拉强度≥430MPa			
E4340	特殊型	平、立、仰、横	交流和直流正、反接
E4319	钛铁矿型		
E4303	钛钙型		
E4310	高纤维钠型	平、立、仰、横	直流反接
E4311	高纤维钾型		交流和直流反接
E4312	高钛钠型		交流和直流正接
E4313	高钛钾型		交流和直流正、反接
E4315	低氢钠型		直流反接
E4316	低氢钾型		交流和直流反接
E4320	氧化铁型	平	交流或直流正、反接
		平角焊	交流和直流正接
E4324	铁粉钛型	平、平角焊	交流和直流正、反接
E4327	铁粉氧化铁型	平	交流和直流正、反接
		平角焊	交流和直流正接
E4328	铁粉低氢型	平、平角焊	交流和直流反接

（续）

焊条类型	药皮类型	焊接位置	电流种类
E50 系列—熔敷金属抗拉强度≥490MPa			
E5003	钛钙型	平、立、仰、横	直流反接
E5010	高纤维素钠型		交流和直流反接
E5011	高纤维素钾型		交流和直流反接
E5014	铁粉钛型		交流和直流正、反接
E5015	低氢钠型		直流反接
E5016	低氢钾型		交流和直流反接
E5018	铁粉低氢钾型		
E5024	铁粉钛型	平、平角焊	交流和直流正、反接
E5027	铁粉氧化铁型		交流和直流正接
E5028	铁粉低氢型		交流和直流反接
E5048		平、横、仰、立向下	

注：直径不大于 4.0mm 的 E5014、E××15、E××16、E5018 型焊条及直径不大于 5.0mm 的其他型号的焊条，可适用于立焊和仰焊。

碳钢焊条在第四位数字后附加"R"表示耐吸潮焊条；附加"M"表示耐吸潮和力学性能有特殊要求的焊条；附加"-1"表示对冲击性能有特殊要求的焊条。

典型的碳钢焊条型号举例如下：

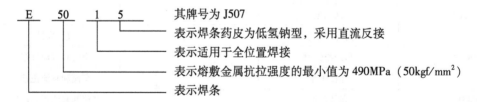

E   50   1   5   其牌号为 J507
　　　　　　└─ 表示焊条药皮为低氢钠型，采用直流反接
　　　　　└── 表示适用于全位置焊接
　　　└──── 表示熔敷金属抗拉强度的最小值为 490MPa（50kgf/mm²）
　└────── 表示焊条

2）低合金钢焊条型号编制方法与碳钢焊条基本相同，但后缀字母为熔敷金属化学成分的分类代号，并以短横线"-"与前面数字分开。如果还有附加化学成分时，附加化学成分直接用元素符号表示，并以短横线"-"与前面后缀字母分开。

2. 焊条的牌号

焊条的牌号是根据焊条的主要用途及性能特点来命名的，一般可分为 10 大类。焊条牌号通常以一个代表用途的汉语拼音字母（或汉字）与三位数字表示，拼音字母（或汉字）表示焊条各类见表 5-1，后面的三位数字中，前面两位数字表示熔敷金属的抗拉强度最小值，第三位数字表示药皮类型及焊接电源，具体内容见表 5-4，其中盐基型主要用于非铁金属焊条（如铝及铝合金焊条等），石墨型主要用于铸铁焊条及个别堆焊焊条中。

表 5-4　焊条牌号中第三位数字的含义

焊条牌号	药皮类型	电流种类	焊条牌号	药皮类型	电流种类
□××0	不属已规定类型	不规定	□××5	纤维素型	交、直流
□××1	氧化钛型	交、直流	□××6	低氢钾型	交、直流
□××2	钛钙型	交、直流	□××7	低氢钠型	直流
□××3	钛铁矿型	交、直流	□××8	石墨型	交、直流
□××4	氧化铁型	交、直流	□××9	盐基型	直流

例如，J507（结507）焊条："J"（结）表示结构钢焊条，牌号中前两位数字表示熔敷金属抗拉强度最低值为 490 MPa，第三位数字"7"表示其药皮类型为低氢钠型，直流反接电源。又如 A102（奥102）焊条："A"（奥）表示奥氏体不锈钢焊条，熔敷金属化学组成为 06Cr19Ni10 型，药皮类型为钛钙型，交直流电源。当熔敷金属中含有某些主要元素时，也可在焊条牌号后面加注元素符号，如 J507MoV、D547Mo 焊条。当药皮中含有多量铁粉，牌号后面可加注"Fe"及两位数字（以熔敷效率的 1/10 表示），如 J502Fe16 表示熔敷金属抗拉强度大于 490MPa 的铁粉钛钙型焊条，其熔敷效率为 160% 左右。

对焊条牌号命名，很多焊条生产厂家把国家通用牌号都改为自己厂家的牌号，如普通钛钙型低碳钢焊条，大西洋 CHE422，上海 SH·J422，大桥 T-42，兰虹 CH-422 等，而不用"J422"来表示。

三、焊芯

1）焊芯的作用及要求。焊芯的作用主要在于传导焊接电流和在焊条端部形成电弧。同时，焊芯靠电弧热熔化充当填充金属、过渡合金元素、冷却形成具有一定成分的熔敷金属。

2）焊芯的分类及牌号。根据国家标准 GB/T 14957—1994《熔化焊用焊丝》将焊芯分为碳素结构钢、合金结构钢及不锈钢三类。

焊芯（实芯焊丝）牌号编制方法：牌号第一个字母"H"表示焊接用钢；"H"后面的一位数字或两位数字表示碳的质量分数，化学元素符号及后面的数字表示该元素大致的百分质量分数数值；化学元素的质量分数小于 1% 时，该元素化学符号后面的数字 1 省略；在结构钢焊丝牌号尾部标有"A"或"E"时，"A"表示高级优质钢，含硫、磷量比普通钢低；"E"表示特级钢，其硫、磷含量更低。

举例如下：

H08——低碳钢焊条，碳的质量分数为 0.08%，硫、磷的质量分数均小于 0.04%；

H08A——高级低碳钢焊条，碳的质量分数为 0.08%，硫、磷的质量分数均小于 0.03%；

H1Cr19Ni9Ti——铬镍不锈钢焊条。

通常各种焊条所用的焊芯种类见表 5-5。

表 5-5　焊条所用的焊芯种类

焊 条 种 类	所用焊芯种类
低碳钢焊条	低碳钢焊芯（H08A 等）
低合金高强度钢焊条	低碳钢或低合金钢焊芯
低合金耐热钢焊条	低碳钢或低合金钢焊芯
不锈钢焊条	不锈钢或低碳钢焊芯
堆焊焊条	低碳钢或合金钢焊芯
铸铁焊条	低碳钢、铸铁或非铁合金焊芯
非铁金属焊条	非铁金属焊芯

在实际工作中，可根据被焊材料及工况要求选用相应的焊丝作为焊芯。焊接碳钢和低合金钢时，一般选用低碳钢焊芯，常用的有 H08A 和 H08E 两个牌号，其化学成分见表 5-6。

表 5-6　低碳钢焊芯的化学成分（质量分数,%）

成分 牌号	C ≤	Si ≤	Mn ≤	P ≤	S ≤	Ni ≤	Cr ≤	其 他
H08A	0.10	0.030	0.30~0.55	0.030	0.030	0.30	0.20	Cu≤0.20
H08E	0.10	0.030	0.30~0.55	0.020	0.020	0.30	0.20	Cu≤0.20

由于焊芯的质量对焊条性能有很大的影响，因此，必须特别注意焊芯的成分、材质、均匀性和加工状态等。焊接时，为了防止熔敷金属产生裂纹，要求严格控制对产生裂纹有很大影响的碳元素的含量，并尽可能降低硫、磷、硅等杂质的含量，以保证焊缝金属，性能不低于母材金属。

低碳钢焊芯的碳的量，应在保证焊缝与母材等强度的条件下越低越好。因此，国家标准规定 $w_C \leqslant 0.10\%$。焊芯中含碳量增加，会使焊缝的气孔与裂纹倾向加大，同时会增加飞溅，破坏焊接过程的稳定性。

锰是有益元素，可以脱氧、脱硫，一般要求低碳钢焊芯中 $w_{Mn} = 0.30\% \sim 0.55\%$。

硅虽然可以脱氧，但在焊接过程中极易生成 SiO_2，会在焊缝中形成硅酸盐夹杂物，甚至会引起裂纹。因此，焊芯中的硅越少越好。

铬、镍对于低碳钢焊芯来说属于杂质，是从冶炼原材料中混入的，含量在规定范围以内对焊接质量不会有明显影响。

硫、磷是有害元素，在焊芯中应严加控制。焊芯钢的质量等级越高，对硫、磷控制越严。

其他类焊条的焊芯，亦应按照国家标准选用相应的牌号。

焊条的规格通常用焊芯直径表示。常用焊芯直径为 $\phi 2.0$、$\phi 2.5$、$\phi 3.2$、$\phi 4.0$、$\phi 5.0$ 和 $\phi 5.8(mm)$。焊条的长度即为焊芯的长度，其大小取决于焊芯直径、材料和药皮类型。随着直径的增大，焊条长度也相应地加长。不锈钢焊条因焊芯电阻率较大，为防止焊接时焊芯发红，药皮脱落，故焊条长度应短些。

四、焊条药皮

焊条药皮是指涂在焊芯表面的涂料层，它由几种或几十种成分组成。

1. 药皮的作用

（1）稳定电弧　焊条药皮中含有稳弧物质，如碳酸钾、碳酸钠、水玻璃等这些含有钾和钠成分的"稳弧剂"，能提高电弧的稳定性，使焊条在交流电或直流电的情况下都能容易引弧，稳定燃烧以及熄灭后的再引弧。

（2）机械保护　药皮加有造气剂、造渣剂，如木粉、大理石、氟石、钛铁矿等，在药皮熔化后产生气体，使熔化金属与外界空气隔离，防止空气侵入，熔化后形成的焊渣覆盖在焊缝表面，使焊缝金属缓慢冷却，有利于焊缝中气体的逸出，并改善焊缝成形。

（3）冶金处理　药皮中加有脱氧剂和脱硫剂，如锰铁、硅铁、钛铁、铝粉等，通过熔渣与熔化金属的化学反应，可减少氧、硫、磷等有害杂质，使焊缝金属获得符合要求的力学性能。

（4）合金化　药皮中加入一定量的合金元素，主要有锰铁、硅铁、钼铁、钒铁及各种金属粉等合金剂，熔化后过渡到熔池中，可提高焊缝金属中合金元素含量，从而改善焊缝金属的性能，通过渗合金甚至可获得性能与母材完全不同的焊缝金属，如在碳钢上堆焊不锈钢、高速钢等。

（5）改善焊接工艺性能　药皮中含有合适的造渣、稳弧、稀渣成分的金红石、钛白粉等，使熔渣有良好的流动性，焊接时，形成药皮套筒，使熔滴顺利向熔池过渡，减少飞溅和热量损失，提高生产率，可适应全位置焊接需要。

2. 焊条药皮的组成物

（1）按原材料的来源分类　焊条药皮按原材料的来源分类，大致可分为以下四类。

1）矿物类。矿物类主要为各种矿石、矿砂等。常用的有大理石、氟石、金红石、钛铁矿、云母、白泥等。

2）铁合金和纯金属粉类。铁合金是铁和各种元素的合金，常用的有锰铁、硅铁、钛铁、钼铁、铬铁、钒铁、钨铁、硼铁、铝铁。焊条中所需要的合金剂和脱氧剂多以铁合金的形式加入药皮中，只是在有特殊要求时才用纯金属。常用纯金属有铁粉、锰粉、铬粉及镍粉等。

3）有机物类。有机物类主要是木粉、淀粉、糊精及纤维素等。

4）化工产品类。化工产品类常用的有钛白粉、水玻璃、纯碱、高锰酸钾等。

（2）按照焊条药皮的组成物所起的作用分类　焊条药皮按其组成物所起的作用分类，可分为以下几类。

1）稳弧剂。其作用是提高电弧燃烧的稳定性，它是碱金属及碱土金属的化合物，如石灰石、大理石、长石等。

2）造渣剂。造渣剂的主要作用在于形成具有一定物理化学性能的熔渣，产生良好的机械保护作用和冶金处理作用。主要有钛铁矿、赤铁矿、金红石、大理石和长石等。

3）造气剂。造气剂主要是形成保护气氛，主要有木粉、淀粉、木屑、大理石、菱镁矿等。

4）脱氧剂。脱氧剂主要是对熔渣和焊缝金属进行脱氧，主要有锰铁、硅铁、钛铁和铝粉等。

5）合金剂。合金剂主要是向焊缝金属中渗入一定的合金成分，根据需要可选用各种铁合金如锰铁、硅铁、钼铁、钒铁、铬铁及各种纯金属粉等。

6）稀释剂。稀释剂的主要作用是改变焊接熔渣的黏度和流动性，如氟石、钛白粉、金红石等。

7）增塑剂。增塑剂主要是为改善涂料的塑性和滑性，使之易于用机器压涂药皮，如云母、白泥、钛白粉等。

8）粘结剂。粘结剂的主要作用是把药皮牢固地粘结在焊芯上，常用的有钠水玻璃、钾水玻璃和钠钾混合水玻璃等，也有使用树胶之类物质。

应特别指出，各种药皮原材料的作用往往不是单一的，而是同时有几种作用。例如，大理石在电弧高温作用下，分解为 CaO 和 CO_2，CO_2 起着保护作用，可以造渣，因此，大理石主要起到造气剂和造渣剂的作用。再如，锰铁主要是脱氧剂，但除脱氧外，多余的锰将渗入焊缝中起合金剂作用，同时作为脱氧产物的 MnO 又可以造渣。所以，在使用过程中要有主次之分，合理配方，才能够较理想地达到预期目的。各种药皮原材料的作用见表 5-7。

表 5-7　各种药皮原材料的作用

材料	主要成分	造气	造渣	脱氧	合金化	稳弧	粘结	成形	增氢	增硫	增磷	氧化
金红石	TiO_2		A			B						
钛白粉	TiO_2		A			B		A				
钛铁矿	TiO_2，FeO		A			B						B
赤铁矿	Fe_2O_3		A			B				B	B	B
锰矿	MnO_2		A								B	B
大理石	$CaCO_3$	A	A			B						B
菱苦石	$MgCO_3$	A	A			B						B
白云石	$CaCO_3+MgCO_3$	A	A			B						B
硅砂	SiO_2		A									
长石	SiO_2，Al_2O_3，K_2O+Na_2O		A			B						
白泥	SiO_2，Al_2O_3，H_2O		A					A	B			
云母	SiO_2，Al_2O_3，H_2O，K_2O		A			B		A	B			
滑石	SiO_2，Al_2O_3，MgO		A					B				
氟石	CaF_2		A									
碳酸钠	Na_2CO_3		B			B		A				
碳酸钾	K_2CO_3		B			A						
锰铁	Mn，Fe		B	A	A						B	
硅铁	Si，Fe		B	A	A							
钛铁	Ti，Fe		B	A	B							
铝粉	Al		B	A								
钼铁	Mo，Fe		B	B	A							
木粉		A		B		B			B	B		
淀粉		A		B		B			B	B		
糊精		A		B		B			B	B		
水玻璃	K_2O，Na_2O，SiO_2		B			A	A					

注：A——主要作用；B——附带作用。

3. 焊条药皮的类型

（1）钢铁材料药皮类型　根据药皮材料中主要成分不同，将焊条药皮类型划分如下。

1）钛铁矿型。药皮中钛铁矿的质量分数≥30%，熔渣流动性好，熔深较大，熔渣覆盖良好，脱渣容易，飞溅一般，焊波整齐。这类药皮焊条适用于全位置焊接，焊接电流为交、直流两用。

2）钛钙型。药皮中含有质量分数为 30% 以上的氧化钛和 20% 以下的钙或镁的碳酸盐。熔渣流动性良好，脱渣容易，电弧稳定，熔深适中，飞溅小，焊波整齐。这类药皮焊条适用于全位置焊接，焊接电流为交、直两用。

3）高纤维钠型。药皮中含有质量分数为 30% 的纤维素，其他材料为氧化钛、锰铁和钠水玻璃等。电弧吹力大，熔深较大，熔化速度快，熔渣少，易脱渣，通常限制采用大电流焊接。这类药皮焊条适用于全位置焊接。

4）高纤维钾型。药皮组成与高纤维钠型相似，但添加了少量的钙与钾的化合物，电弧稳定。这类药皮焊条焊接电流为交流或直流反接，适用于全位置焊接，当采用直流反接焊接时熔深浅。

5）高钛钠型。药皮中含有质量分数为 30% 的氧化钛，还含有少量的纤维素、锰铁、硅酸盐及钠水玻璃等。电弧稳定，再引弧容易，熔深较浅，熔渣覆盖良好，脱渣容易，焊波整齐，适用于全位置焊接。焊接电流为交流或直流正接，但熔敷金属的塑性及抗裂性较差。

6）高钛钾型。药皮组成与高钛钠型药皮相似，区别是这种药皮采用了钾水玻璃作粘结剂，电弧比高钛钠型稳定，工艺性能、焊缝成形性也比高钛钠好。这类药皮焊条适用于全位置焊接。焊接电流为交流或直流。

7）低氢钠型。药皮主要组成物是碳酸盐和氟石，碱度较高，熔渣流动性好，焊接工艺性能一般，焊波较粗，熔深适中，脱渣性较好。这类药皮焊条适用于全位置焊接，焊接电流为直流反接，熔敷金属具有良好的抗裂性和力学性能。

8）低氢钾型。药皮组成与低氢钠型相似，但添加了稳弧剂，如钾水玻璃等，所以电弧稳定。其他工艺性能与低氢钠型相近，焊接电流为交流或直流反接。这类药皮焊条的熔敷金属具有良好的抗裂性能和力学性能。

9）氧化铁型。药皮中含有氧化铁及较多的脱氧剂锰铁。这类药皮焊条的电弧吹力大，熔深较大，电弧稳定，再引弧容易，熔化速度快，脱渣性好，焊缝致密，适于平焊和角焊的高速焊。焊缝较凸并不均匀。焊接电流为交、直流。

以上为几种主要的药皮类型，其中在生产中常用的是钛钙型与低氢钠（钾）型。此外，在上述各种药皮中加入一定比例的铁粉，可构成不同类型的铁粉焊条，如铁粉钛钙型、铁粉低氢钾（钠）型药皮等。加入铁粉后，在保留原配方特点的基础上明显地提高了焊条的熔敷系数，从而大大提高了焊接生产率。

（2）非铁材料药皮类型　上述钢铁材料药皮类型，其熔渣为盐-氧化物型和氧化物型。而非铁材料药皮类型为盐型熔渣，主要是由金属的氯化物、氟化物组成，如 NaF、KF、NaCl、CaF_2 等。用于焊接非铁金属及其合金，主要是指铝及铝合金焊条。

1）铝及铝合金焊条型号执行 GB/T 3669—2001 标准，有 TAl、TAlSi、TAlMn 等铝及铝合金焊条。

2）铝及铝合金焊条牌号。在焊条牌号前加"L"（或"铝"字）表示铝及铝合金焊条。

牌号第一位数字，表示熔敷金属化学成分组成类型，其含义见表 5-8。

表5-8　铝及铝合金焊条牌号第一位数字的含义

铝及铝合金焊条	L1××	纯铝
	L2××	铝硅合金
	L3××	铝锰合金
	L4××	待发展

牌号第二位数字表示同一熔敷金属化学成分组成类型中的不同牌号，按 0、1、2、…、9 顺序排列。牌号第三位数字表示药皮类型和焊接电源种类，与原焊条牌号编制相同。

五、焊条的工艺性能

焊条的工艺性能是指焊条在使用和操作时的性能，主要包括电弧稳定性、焊缝成形性、脱渣性、发尘量和飞溅大小等。焊条的工艺性能是衡量焊条质量的一个重要指标。

1. 焊接电弧的稳定性

焊接电弧的稳定性就是保持电弧持续而稳定燃烧的能力。良好的焊接稳定性不仅能保证焊接过程顺利进行，也能保证获得良好的焊接质量。焊条本身对电弧稳定性的主要影响因素是药皮的组成。焊条药皮中加入少量的低电离电位物质，可使焊接电弧容易引燃并稳定燃烧。

2. 焊缝的成形性

良好的焊缝成形应该是表面波纹细致、美观、几何形状正确、焊缝余高适中，焊缝与母材间过渡平滑、无咬边等缺陷。焊缝的成形性与熔渣的物理性能有关。熔渣的熔点和黏度太高或太低、表面张力过大都会使焊缝成形变坏。

3. 各种焊接位置的适应性

几乎所有的焊条都能用于平焊，但有些焊条进行横焊、立焊或仰焊时就有困难。进行横焊、立焊或仰焊时，需要解决的问题主要是要克服熔滴的重力作用，使熔滴能顺利过渡，同时液体金属与熔渣不致下淌。为此，除了正确选用焊接参数，掌握操作要领外，还要求电弧与气流有较大的吹力，熔渣最好是短渣，并且具有适中的表面张力。

近年来，我国的焊条生产单位通过调整熔渣的熔点和黏度，提高药皮中造气剂的含量等措施，成功地研制了立向下焊条、管道全位置下行焊条等专用焊条，其中立向下焊条已列入国家标准。

4. 脱渣性

脱渣性是指焊渣从焊缝表面脱落的难易程度。脱渣性会显著影响生产率，在多层焊时脱渣性不好还会造成焊缝中夹渣。

影响脱渣性的因素有焊渣的膨胀系数、氧化性、疏松度和表面张力等。其中最重要的是焊渣的膨胀系数，焊缝金属与焊渣的膨胀系数相差越大，脱渣性越好。熔渣的氧化性较强，会使焊缝表面产生一层 FeO，将焊渣牢固地粘在焊缝表面，而使脱渣困难。熔渣的疏松度和脆性对角焊缝和深坡口的底层焊缝的脱渣有明显影响，结构致密而且结实的焊渣在上述情况下脱渣就比较困难。例如，钛型焊条在平板堆焊或薄板对焊时，脱渣性很好，但在深坡口焊缝中脱渣就比较困难，其主要原因是焊渣比较致密。

5. 飞溅

飞溅是指在熔焊过程中液体金属颗粒向周围飞散的现象。飞溅太多会影响焊接过程的稳定性，增加金属的损失等。

影响飞溅大小的因素很多，如熔渣黏度增大、焊接电流过大、药皮中水分过多、电弧过长、焊条偏心等都能引起飞溅增加。此外，在用直流电源时极性选择不当飞溅也会增大，如低氢钠型焊条焊接时电源正接比反接飞溅大；交流焊比直流焊时飞溅大。熔滴过渡形态、电弧的稳定性对飞溅也有很大影响。钛钙型焊条电弧燃烧稳定，熔滴以细颗粒过渡为主，飞溅较小。低氢钠型焊条电弧稳定性差，熔滴以大颗粒短路过渡为主，飞溅较大。

6. 焊条的熔化速度

影响焊条熔化速度的因素主要有焊条药皮的组成及厚度、电弧电压、焊接电流、焊芯成分及直径等。药皮类型不同，熔化速度和熔敷金属量也不同。例如，在药皮中加入较多的铁粉，不仅可以提高焊条的熔化速度，而且由于药皮导电性、导热性的提高，允许在焊接时使用较大电流，有助于焊条熔化速度的提高，工艺性能亦得到改善。

7. 药皮发红

药皮发红主要是由焊芯电阻过大引起的。药皮发红是指焊条焊到后半段时，由于焊条药皮温升过高导致发红、开裂或脱落的现象。这将使药皮失去保护作用，引起焊条工艺性能恶化，严重影响焊接质量。这个问题在不锈钢焊条的应用中更为突出。经研究测试发现，通过提高电弧能量来提高焊条熔化系数、缩短熔化时间等，可以减少焊芯的电阻热和降低焊条药皮表面的温度，从而解决药皮发红的问题。目前，我国某研究机构从熔滴过渡形式对熔化系数的影响着手，调整了药皮成分，使熔滴由短路过渡为主变成以细颗粒过渡为主，使熔化系数提高，缩短了熔化时间，基本解决了药皮发红的问题。

8. 焊接发尘量

在电弧高温作用下，焊条端部、熔滴和熔池表面的液体金属及熔渣被激烈蒸发，产生的蒸气排出电弧区外迅速被氧化或冷却，变成细小颗粒飘浮在空气中而形成焊接烟尘。焊接烟尘污染环境，影响焊工健康。

焊接时，应考虑发尘量小、烟雾少、有毒气体少，符合工业卫生的有关标准。目前，我国企业都在积极研究制订相应降尘减毒的环保措施。

为了便于对各种焊条工艺性能进行比较，现将几种常用药皮类型焊条的工艺性能简要归纳，见表5-9。

表 5-9 常用药皮焊条工艺性能比较

焊条牌号 焊条型号	J××1 E××13	J××2 E××03	J××3 E××01	J××4 E××20	J××5 E××11	J××6 E××16	J××7 E××15
药皮主要成分（质量分数）	TiO_2（45%～60%），硅酸盐，锰铁，有机物	TiO_2（30%～45%），硅酸盐，锰铁	钛铁矿（＞30%），硅酸盐，锰铁有机物	氧化铁（＞30%），硅酸盐，锰铁，有机物	有机物（＞15%），TiO_2，硅酸盐	碳酸盐（＞30%），氟石，铁合金，稳弧剂	碳酸盐（＞30%），氟石，铁合金，不加稳弧剂
熔渣特性	酸性、短渣	酸性、短渣	酸性、较短渣	酸性、长渣	酸性、短渣	碱性、短渣	碱性、短渣
电弧稳定性	柔和、稳定	稳定	稳定	稳定	稳定	较差、交直	较差、直流
电弧吹力			稍大	稍大	大	稍大	稍大

（续）

焊条牌号 焊条型号	J××1 E××13	J××2 E××03	J××3 E××01	J××4 E××20	J××5 E××11	J××6 E××16	J××7 E××15
飞溅	少	少	中	中	多	较多	较多
焊缝外观	纹细、美	美	美	美	粗	稍粗	稍粗
熔深	小	中	中	稍大	大	中	中
咬边	小	小	中	小	大	小	小
焊脚形状	凸	平	平稍凸	平	平	平或凹	平或凹
脱渣性	好	好	好	好	好	较差	较差
熔化系数	中	中	稍大	大	大	中	中
尘害	少	少	稍多	多	少	多	多
平焊	易	易	易	易	易	易	易
立向下焊	易	易	困难	不可	易	易	易
立向上焊	易	易	易	不可	极易	易	易
仰焊	稍易	稍易	易	不可	极易	稍难	稍难

六、焊条的冶金性能

焊条的冶金性能是指其脱氧、去氢、脱硫、脱磷、渗合金、抗气孔及抗裂纹的能力等。它最终反映在焊缝金属的化学成分、力学性能和焊接缺陷的敏感性等方面。因此，要想获得性能良好的焊缝，焊条必须要有良好的冶金性能。下面以生产中应用最广泛的钛钙型（酸性）和低氢钠型（碱性）两类焊条为例分析焊条的冶金性能。

1. 钛钙型焊条的冶金性能

典型的钛钙型焊条的型号为 E4303，牌号为 J422。这种焊条工艺性好，应用广泛。

（1）熔渣特点　钛钙型焊条药皮中主要以钛白粉、金红石、钛铁矿和各种硅酸盐为造渣剂，以锰铁为脱氧剂。焊芯与熔敷金属的化学成分见表 5-10。各种原材料折算后的化学成分及冶金反应后熔渣的化学成分见表 5-11。

表 5-10　E4303 型焊条焊芯和熔敷金属的化学成分（质量分数,%）

成　分	C	Mn	Si	S	P
焊芯	0.077	0.41	0.02	0.017	0.019
熔敷金属	0.072	0.35	0.1	0.019	0.035
差值	-0.005	-0.06	0.08	0.02	0.016

表 5-11　E4303 型焊条涂料和熔渣的化学成分（质量分数,%）

成分	TiO_2	SiO_2	Al_2O_3	FeO	MnO	CaO	MgO	K_2O+Na_2O	Mn	碱度 B_1
涂料	28.1	26.5	6.7	7.3		10.6	痕迹	5.06	10.6	
熔渣	28.5	25.6	6.3	13.6	13.7	10.0		3.7		0.76
差值	0.4	-0.9	-0.4	6.3	13.7	-0.6		-1.36	-10.6	

从表 5-10 与表 5-11 看出，涂料与熔渣、焊芯与熔敷金属相比，它们的化学成分发生了

较大的变化，这说明在焊接过程中确实进行了一系列的化学冶金反应。

（2）氧化、脱氧反应　从表 5-10 看出，虽然用 Mn 进行了沉淀脱氧，熔敷金属的含氧量仍高于焊芯，脱氧产物 MnO 进入熔渣中，使熔渣和焊缝里 Mn 减少，熔渣中 MnO 增加。这一方面是由于药皮内钛铁矿中 FeO 向熔池中过渡；另一方面，熔渣中较多的 SiO_2 与 Fe 发生以下反应

$$SiO_2 + 2Fe \Longrightarrow Si + 2FeO \tag{5-1}$$

反应生成物 FeO 按分配定律部分进入熔池，部分留在熔渣，其结果使熔敷金属中的氧和硅同时增加，熔渣中的 FeO 也明显上升。这一切都表明 E4303 焊条的熔渣氧化性较强。

（3）脱硫、脱磷能力　从表 5-10 可以看出，熔敷金属中硫、磷含量均比焊芯中高。这是由于 E4303 焊条的熔渣为氧化物型（如 TiO_2、SiO_2、MnO），是酸性的，熔渣中的 CaO 和 MnO 等碱性氧化物少，而药皮中虽含有锰铁，但因过渡系数小，且熔池中含锰量低，故钛钙型焊条脱硫、脱磷能力差。因此，必须严格限制药皮和焊芯中的硫、磷含量，才能把硫、磷控制在规定范围以内。

（4）抗气孔能力　E4303 焊条的熔渣中含有多量的酸性氧化物，除与碱性氧化物结合外，还存在足够的酸性氧化物可与 FeO 结合为稳定的复合盐，使 FeO 易向熔渣中分配，所以，钛钙型焊条对 FeO 不敏感，抗锈能力强。此外，熔敷金属中含硅量低，而含氧量较高，在熔池中进行激烈的氧化反应，有利于液态金属中的 H_2、N_2 等气体逸出；又因熔渣和熔池金属间的润湿性好，气渣联合保护的效果较好，故钛钙型焊条抗气孔能力较强，对焊前清理要求低些。

（5）抗裂纹能力　由于钛钙型焊条熔渣脱硫、脱磷能力较差，熔敷金属中硫、磷和扩散氢（$20 \sim 30 mL/100g$）的含量都比较高，其抗冷、热裂纹的能力低于低氢型焊条。因此，钛钙型焊条不适用于母材中含碳、硫偏高的场合。

钛钙型焊条的冶金性能特点决定了它的应用范围，即适用于焊接低碳钢或强度不高的低合金钢。除低氢型焊条外，与其他焊条相比，钛钙型焊条熔敷金属含氮、氧等杂质较少，因而具有较好的力学性能。此外，钛钙型焊条具有优良的工艺性能，因而成为生产中应用最广泛的酸性焊条。

2. 低氢钠型焊条的冶金性能

典型的低氢钠型焊条的型号为 E5015，牌号为 J507。这类焊条焊缝金属具有较高的冲击韧度值，一般用在制造承受动载荷的焊件或是刚性较大的重要构件。

（1）熔渣特点　药皮材料以大理石（$CaCO_3$）和氟石（CaF_2）为主，以 Ti、Mn、Si 为脱氧剂。其熔渣的化学成分见表 5-12，其焊芯及熔敷金属的化学成分见表 5-13。该焊条对原材料中的 FeO 和氢的来源都做了严格的控制，药皮中不用有机物造气。

表 5-12　E5015 型焊条焊接熔渣的化学成分（质量分数，%）

CaO	CaF_2	SiO_2	FeO	TiO_2	Al_2O_3	MnO	$K_2O + Na_2O$	碱度 B_1
41.91	28.34	23.76	5.78	7.23	3.57	3.74	4.25	1.89

表 5-13　E5015 型焊条焊芯及熔敷金属的化学成分（质量分数,%）

成分	C	Mn	Si	S	P	O	N
焊芯	0.085	0.45	痕迹	0.020	0.010	0.020	0.003~0.004
熔敷金属	0.065	1.04	0.56	0.011	0.021	0.030	0.0119
差值	-0.020	0.59	0.56	-0.009	0.011	0.010	约0.009

低氢钠型焊条的焊芯与钛钙型基本相同,但药皮成分有很大差别。熔渣呈碱性,属于盐-氧化物型。碱性熔渣不能很好地覆盖液体金属,降低了熔渣的保护效果。

（2）脱氧反应　由于药皮中加入了较多的脱氧剂进行先期脱氧和沉淀脱氧,使熔敷金属中氧的质量分数仅为 0.030%,比其他焊条要低很多。熔敷金属中锰和硅的增加是脱氧剂进入脱氧反应后部分留在熔滴或熔池中的结果,因此,不会造成熔渣或熔敷金属中增氧。可见此焊条具有较强的脱氧能力,对提高焊缝金属的力学性能非常有利,同时在焊接合金钢时,也可以减少合金元素的氧化损失。

（3）去氢、脱硫、脱磷能力　低氢钠型焊条药皮中,由于严格控制了氢的来源,大理石分解后产生大量 CO_2,并加入适量的 CaF_2,熔敷金属中的扩散氢含量很低,可以保证国家标准中 [H] <8mL/100g 的要求。此外,熔渣中有较多的 CaO,熔池中有较多的 Mn,脱硫能力较强,熔敷金属中的含硫量低于焊芯,但由于熔渣中 FeO 含量低,因而脱磷能力较差,熔敷金属中磷的含量比焊芯约高一倍。

（4）抗气孔能力　由于熔渣中 TiO_2、SiO_2 等酸性氧化物较少,FeO 不易形成复合盐而呈自由状态,致使熔池中 [FeO] 增加,并在熔池凝固后期与 C 作用,使 CO 气孔形成倾向增大。又由于熔池脱氧比较完全,因而 H_2、N_2 等气体一旦溶入熔池就很难逸出而形成气孔。同时因低氢型焊条熔渣对熔池金属的润湿性较差,气渣联合保护的效果不好,熔渣的覆盖性较差,在电弧较长时,空气中的 N_2 很容易侵入熔池。故低氢钠型焊条对各种气孔比较敏感,它的抗气孔能力较低,要求在焊前应严格清理焊接区,焊条需在较高温度（350 ~ 400℃）下进行焙烘,并用短弧施焊。

（5）抗裂纹能力　由于低氢钠型焊条的熔敷金属中含硫、扩散氢都比较低,故这种焊条抗热裂纹、冷裂纹能力较强。

低氢钠型焊条有优越的冶金性能,但工艺性能有不足之处,因此,它主要用于焊接合金钢或焊接质量要求高的结构。

七、焊条的选用原则

焊条的选用需在确保焊接结构安全、可靠使用的前提下,根据被焊材料的化学成分、力学性能、板厚及焊接接头形式、焊接结构特点、受力状态、结构使用条件对焊缝性能的要求、焊接施工条件和技术经济效益等综合考察后,有针对性地选用焊条,必要时还需进行焊接性能试验。

1. 强度用钢焊条的选用原则

（1）主要考虑焊缝金属力学性能　低碳钢、低合金结构钢主要用于制造各种受力构件,选择焊条时要求焊缝的强度等级与被焊材料相等,即所谓等强度原则。为此,可按被焊材料的抗拉强度等级来选择相应等级的焊条。例如,焊件材料为 Q235A 钢,其抗拉强度为

420MPa，则应选用 E43 系列的焊条。但在焊接强度较高的材料时，如果结构的尺寸较大或形状复杂，或受力情况复杂时，也可选用强度等级稍低的焊条。

对于合金结构钢，有时还要求合金成分与母材相同或接近。对于强度等级更高的低合金钢应采用低氢型焊条或超低氢高韧性型焊条。

（2）考虑焊件使用性能和工作条件　对承受动载荷和冲击载荷的焊件，除满足强度要求外，主要应保证焊缝金属具有较高的冲击韧度和塑性，选用塑性、韧性指标较高的低氢型焊条。接触腐蚀介质的焊件，应根据介质的性质及腐蚀特性，选用不锈钢类焊条或其他耐腐蚀焊条。在高温、低温、耐磨或其他特殊条件下工作的焊件，应选用相应的耐热钢、低温钢、堆焊或其他特殊用途焊条。

（3）考虑焊接结构特点及受力条件　对结构形状复杂、刚性大的厚大焊接件，由于焊接过程中产生很大的内应力，易使焊缝产生裂纹，应选用抗裂性能好的碱性低氢型焊条。对受力不大、焊接部位难以清理干净的焊件，应选用对铁锈、氧化皮、油污不敏感的酸性焊条。对受条件限制不能翻转的焊件，应选用适于全位置焊接的焊条。

（4）考虑施工条件和经济效益　在满足产品使用性能要求的情况下，应尽量选用工艺性好、价格低廉的酸性焊条。对焊接工作量大的结构，有条件时应尽量采用高效率焊条，如铁粉焊条、高效率重力焊条等可选用底层焊条、立向下焊条之类的专用焊条，以提高焊接生产率。

没有直流焊机的地方就应选用交直流两用的焊条。某些钢材（如珠光体耐热钢）需进行焊后热处理，以消除残余应力。但受设备条件限制或本身结构限制而不能进行热处理时，应选用与母材金属化学成分不同的焊条（如奥氏体不锈钢焊条），以免进行焊后热处理。此外，还应根据施工现场条件，如野外操作、焊接工作环境等，合理选用焊条。

（5）考虑改善焊接工艺和保证工人的健康　在酸性焊条和碱性焊条都可以满足的地方，鉴于碱性焊条对操作技术及施工准备要求高，故应尽量采用酸性焊条。对于在狭小或密闭容器内或通风条件差的场所焊接时，应尽量采用低尘、低毒焊条或酸性焊条。

低碳钢和低合金结构钢焊接时可参考表 5-14 选用焊条。

表 5-14　焊接低碳钢和低合金结构钢焊条选用参考表

钢　　种		焊条的选用		施 焊 条 件
		一般结构（包括壁厚不大的中、小型低压容器）	承受的载荷复杂和厚板结构、重要受压容器	
碳素钢	Q235A Q255A 08，10 15，20	E4301、E4303 E4311、E4320	E4315 E4316	一般条件不预热
	Q275 25，30	E5001 E5003	E5015 E5016	厚板结构 预热150℃以上
低合金结构钢	09MnV、 09Mn2Si、09Mn2Cu	E4301 E4303	E4315 E4316	一般情况不预热
	Q345（16Mn、 16MnCu、12MnV）	E5001 E5003	E5015 E5016	一般情况不预热
	Q390（15MnV、 15MnTi、15MnTiCu）	E5001，E5003 E5501，E5503	E5015，E5016	一般不预热，厚板结构 预热100~150℃

2. 特殊用钢焊条的选用原则

特殊用钢焊条的选用原则主要应根据化学成分确定，同时应考虑工作温度、介质、环境及结构要求。

耐热钢的焊条一般可按钢种和构件的工作温度来选用。通常选用熔敷金属化学成分与母材相同或相近的焊条，即等化学成分原则，同时兼顾力学性能，尤其是高强度性能。但焊缝金属强度不宜选得过高，否则塑性变差，造成裂纹。

对于在高温工作的耐热不锈钢，所选用的焊条主要应能满足焊缝金属的抗热裂纹性能和焊接接头的高温性能。

选用不锈钢焊条时应以与母材化学成分相近为原则。对于在各种腐蚀介质中工作的耐蚀不锈钢则应按介质和工作温度来选择。对于工作温度 300℃ 以上，有较强的腐蚀介质，必须选用含有 Ti 和 Nb 稳定化元素的焊条或超低碳不锈钢焊条。

铸铁用焊条则要保证抗裂性能，选用纯镍或含镍的高韧性焊条以满足工件的使用条件。

八、焊条的使用及保管

1. 焊条使用前的烘干要求

焊条选定后，使用前应按规定进行烘干。烘干时应遵循以下规定：

1）酸性焊条视受潮情况在 75~150℃ 烘干 1~2h；碱性低氢型焊条应在 300~400℃ 烘干 1~2h。烘干后的焊条应放在 100~150℃ 的保温箱（筒）内，随用随取。

2）低氢型焊条如果在常温下放置超过 4h 时，应将其重新烘干，重复烘干次数不应超过 3 次。

3）烘干焊条时，禁止将焊条突然放进高温炉内，或从高温炉内突然取出冷却，防止因骤冷骤热而导致药皮开裂脱落。

4）烘干焊条时应分层堆放，每层厚度不宜超过三根焊条，以避免受热不均匀，并有利于潮气排出。

5）在户外操作时，每晚应将焊条存放在低温烘干箱中恒温保存，不允许露天存放，否则，次日使用前要重新烘干。

2. 焊条的储存

1）入库的焊条应具有质量保证书和焊条型号（牌号）标志。用于焊接锅炉、压力容器等重要结构的焊条使用前必须按规定进行质量复验。

焊条必须在干燥、通风良好的室内仓库内存放，库房内不允许放置有害气体和腐蚀性介质。

2）焊条应放在架子上，架子离地面高度不小于 300mm，距离墙壁应不小于 300mm，架子应放置干燥剂，严防焊条受潮。

3）焊条堆放时，应按品种、品牌、规格、批次、入库时间分类，并应有明确标志。搬运堆放时要小心轻放，以免药皮脱落。

4）焊条出库时，应做到先入库先使用。每次出库的焊条应不超过两天的用量。

5）焊条储存库内应放置温度计和湿度计。放置低氢型焊条的仓库内温度不低于 5℃，相对湿度应低于 60%。

3. 焊条的管理

焊条的管理可分为仓库中管理和施工中管理。

（1）仓库中管理

1）焊条在供给使用单位之后至少保证 6 个月内使用，焊条发放应做到先入库先使用。

2）受潮或包装损坏的焊条未经处理的以及复验不合格的不允许入库。

3）对受潮、药皮变色、焊芯有锈蚀的焊条经烘干后进行质量鉴定，各项性能指标合格时方可入库。

4）存放一年以上的焊条在发放前应重新做各种性能试验，符合要求时方可发放。

（2）施工中管理　焊条在领用、再烘干时都必须仔细核对牌号，分清规格，做好记录。当焊条端头有油漆着色或药皮上印有字时，要仔细核对，防止用错。不同牌号的焊条不能混在同一炉中烘干。如果使用时间较长或在野外施工，最好使用焊条保温筒。

第二节　焊　　丝

焊丝是焊接时作为填充金属或同时用来导电的金属丝。常用的有埋弧焊、CO_2 气体保护焊、惰性气体保护焊等所用的实芯焊丝和药芯焊丝等。

一、焊丝分类

焊丝按制造方法进行分类，可分为实芯焊丝和药芯焊丝两大类，其中药芯焊丝除在埋弧焊中有应用外，又可分为气体保护焊焊丝和自保护焊焊丝两种，如图 5-1 所示。

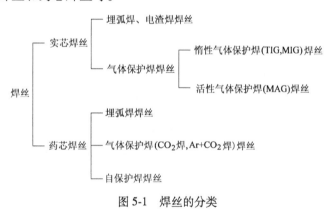

图 5-1　焊丝的分类

焊丝按焊接方法进行分类，可分为埋弧焊焊丝、气体保护焊焊丝、电渣焊焊丝、堆焊焊丝和气焊焊丝等。

焊丝按被焊材料的性质进行分类，又可分为碳钢焊丝、低合金钢焊丝、不锈钢焊丝、铸铁焊丝和非铁金属焊丝等。下面对碳钢焊丝、低合金钢焊丝进行重点介绍。

二、实芯焊丝

实芯焊丝是热轧线材经拉拔加工而成的，是应用量最大的焊丝。不同的焊接方法应采用不同直径的焊丝。埋弧焊时电流大，要采用粗焊丝，焊丝直径为 2.4~6.4mm；气体保护焊时，为了得到良好的保护效果，多采用细焊丝，焊丝直径为 0.8~1.6mm。

1. 埋弧焊用实芯焊丝

埋弧焊用实芯焊丝常可分为碳素结构钢焊丝、合金结构钢焊丝和不锈钢焊丝三大类。

（1）牌号表示方法　牌号第一个字母"H"表示焊接用实芯焊丝。H 后面的一位或两位数字表示焊丝碳的平均质量分数，接下来的化学符号及其后面的数字表示该元素大致的质量分数（%）。质量分数小于 1% 时，该合金元素化学符号后面的数字省略。在结构钢焊丝牌号尾部标有"A"或"E"时，表示焊丝的质量等级，A 表示硫、磷的质量分数要求低的高级优质钢，E 为特级钢。

焊丝牌号举例

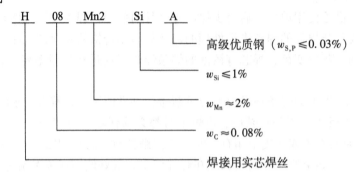

H　08　Mn2　Si　A

高级优质钢（$w_{S,P} \leqslant 0.03\%$）

$w_{Si} \leqslant 1\%$

$w_{Mn} \approx 2\%$

$w_C \approx 0.08\%$

焊接用实芯焊丝

（2）埋弧焊用实芯焊丝　国产实芯焊丝的牌号及主要成分见表5-15。

表 5-15　国产实芯焊丝的牌号及主要成分

钢种	序号	牌号	化学成分（%）										
			C	Mn	Si	Cr	Ni	Mo	V	Cu	其他	S	P
碳素结构钢	1	H08A	≤0.10	0.30~0.60	≤0.03	≤0.20	≤0.30			≤0.20		≤0.030	≤0.030
	2	H08E	≤0.10	0.30~0.60	≤0.03	≤0.20	≤0.30			≤0.20		≤0.020	≤0.020
	3	H08C	≤0.10	0.30~0.60	≤0.03	≤0.10	≤0.10			≤0.20		≤0.015	≤0.015
	4	H08MnA	≤0.10	0.80~1.10	≤0.07	≤0.20	≤0.30			≤0.20		≤0.030	≤0.030
	5	H15A	0.11~0.18	0.35~0.65	≤0.03	≤0.20	≤0.30			≤0.20		≤0.030	≤0.030
	6	H15Mn	0.11~0.18	0.80~1.10	≤0.03	≤0.20	≤0.30			≤0.20		≤0.035	≤0.035
合金结构钢	7	H10Mn2	≤0.12	1.50~1.90	≤0.07	≤0.20	≤0.30			≤0.20		≤0.035	≤0.035
	8	H08Mn2Si	≤0.11	1.70~2.10	0.65~0.95	≤0.20	≤0.30			≤0.20		≤0.035	≤0.035
	9	H08Mn2SiA	≤0.11	1.80~2.10	0.65~0.95	≤0.20	≤0.30			≤0.20		≤0.030	≤0.030
	10	H10MnSi	≤0.14	0.80~1.10	0.60~0.90	≤0.20	≤0.30			≤0.20		≤0.035	≤0.035
	11	H10MnSiMo	≤0.14	0.90~1.20	0.70~1.10	≤0.20	≤0.30	0.15~0.25		≤0.20		≤0.035	≤0.035
	12	H10MnSiMoTiA	0.08~0.12	1.00~1.30	0.40~0.70	≤0.20	≤0.30	0.20~0.40		≤0.20	Ti:0.05~0.15	0.025	0.030
	13	H08MnMoA	≤0.10	1.20~1.60	≤0.25	≤0.20	≤0.30	0.30~0.50		≤0.20	Ti:0.15（加入量）	≤0.030	≤0.030
	14	H08Mn2MoA	0.06~0.11	1.60~1.90	≤0.25	≤0.20	≤0.30	0.50~0.70		≤0.20	Ti:0.15（加入量）	≤0.030	≤0.030
	15	H10Mn2MoA	0.08~0.13	1.70~2.00	≤0.40	≤0.20	≤0.30	0.60~0.80		≤0.20	Ti:0.15（加入量）	≤0.030	≤0.030
	16	H08Mn2MoVA	0.06~0.11	1.60~1.90	≤0.25	≤0.20	≤0.30	0.50~0.70	0.06~0.12	≤0.20	Ti:0.15（加入量）	≤0.030	≤0.030

钢种	序号	牌号	化学成分(%)										
			C	Mn	Si	Cr	Ni	Mo	V	Cu	其他	S	P
合金结构钢	17	H10Mn2MoVA	0.08~0.13	1.70~2.00	≤0.40	≤0.20	≤0.30	0.60~0.80		≤0.20	Ti:0.15（加入量）	≤0.030	≤0.030
	18	H08CrMoA	≤0.10	0.40~0.70	0.15~0.35	0.80~1.10	≤0.30	0.40~0.60		≤0.20		≤0.030	≤0.030
	19	H13CrMoA	0.11~0.16	0.40~0.70	0.15~0.35	0.80~1.10	≤0.30	0.40~0.60		≤0.20		≤0.030	≤0.030
	20	H18CrMoA	0.15~0.22	0.40~0.70	0.15~0.35	0.80~1.10	≤0.30	0.15~0.25		≤0.20		≤0.025	≤0.030
	21	H08CrMoVA	≤0.10	0.40~0.70	0.15~0.35	1.00~1.30	≤0.30	0.50~0.70	0.15~0.35	≤0.20		≤0.030	≤0.030
	22	H08CrNi2MoA	0.05~0.01	0.50~0.85	0.10~0.30	0.70~1.00	1.40~1.80	0.20~0.40		≤0.20		≤0.025	≤0.030
	23	G30CrMnSiA	0.25~0.35	0.80~1.10	0.90~1.20	0.80~1.10	≤0.30			≤0.20		≤0.025	≤0.025
	24	H10MoCrA	≤0.12	0.40~0.70	0.15~0.35	0.45~0.65	≤0.30	0.40~0.60		≤0.20		≤0.030	≤0.030

2. 气体保护焊用焊丝

气体保护焊用焊丝的最新国家标准 GB/T 8110—2008《气体保护电弧焊用碳钢、低合金钢焊丝》与 GB/T 1591—2008《低合金高强度结构钢》配套，适用于碳钢、低合金钢熔化极气体保护电弧焊用的实芯焊丝，推荐用于钨极气体保护电弧焊和等离子弧焊的填充焊丝。

（1）焊丝型号　在 GB/T 8110—2008 中，气体保护电弧焊用碳钢、低合金钢焊丝按化学成分和采用熔化极气体保护电弧焊时熔敷金属的力学性能分类。焊丝型号的表示方法为 ER××-×，字母"ER"表示焊丝，ER 后面的两位数字表示熔敷金属的最低抗拉强度，短划"-"后面的字母或数字表示焊丝化学成分分类代号。根据供需双方协商可在型号后附加扩散氢代号 HX，其中 X 代表 15、10 或 5。

焊丝型号举例

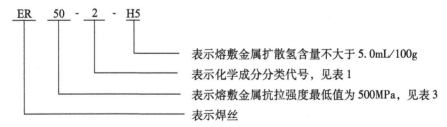

化学成分分类代号的内容是：

1）碳钢焊丝用一位数字表示，从 1~7 共 7 个型号。

2）碳钼钢焊丝用字母"A"表示。

3）铬钼钢焊丝用字母"B"表示，"B"后面数字代表同一合金系列的不同编号。

4）镍钢焊丝用字母"Ni"表示。

5）锰钼钢焊丝用字母"D"表示。

6）其他低合金钢焊丝用在"ER"后面直接加两位数字表示，两位数字后缀表示编号的一位数字，用短线与前两位数字分开，如 ER69-1、ER76-1 等。

型号最后加字母"L"，表示含碳低的焊丝（$w_C \leqslant 0.05\%$）。

在 GB/T 8110—2008 中，对焊丝的化学成分、焊丝与熔敷金属的力学性能、焊丝的外观及内在质量有明确的规定。

（2）气体保护焊用焊丝分类 气体保护焊用焊丝可分为如下几种。

1）TIG 钨极氩弧焊接用焊丝。常用钨极氩弧焊丝有 TIG-J50，用于焊接碳素结构钢。还有 TIG-R30、TIG-R31 焊丝可焊接 Cr-Mo 钢和 Cr-Mo-V 钢。

2）MIG 和 MAG 熔化极氩弧焊接用焊丝。

3）CO_2 焊接用焊丝。在我国 CO_2 焊接已得到广泛应用，主要是焊接低碳钢及低合金结构钢，最常用的焊丝是 H08Mn2Si 和 H08Mn2SiA。另外，适于 CO_2 焊接的焊丝还有 H10MnSi、H10MnSiMo、H30CrMnSi 等，可根据被焊钢种化学成分及对焊缝的性能要求进行选用。

4）自保护焊接用实芯焊丝。它是一种不需要外加保护气体或焊剂，而直接在空气中进行电弧焊即可获得质量合格焊缝的焊丝。这里说实芯自保护焊丝是利用焊丝中所含有的合金元素在焊接过程中进行脱氧、脱氮，以消除从空气中进入焊接熔池内的氧和氮的不良影响。为此，除提高焊丝中 C、Si、Mn 的含量外，还要加入强脱氧元素 Ti、Zr、Al、Ce 等。

三、药芯焊丝

药芯焊丝也称为粉芯焊丝或管状焊丝，是由薄钢带卷成圆形或异形的同时填进一定成分的药粉料，经拉制而成的焊丝。药芯焊丝可用于气体保护焊、埋弧焊等焊接方法，在气体保护焊中应用最多。

用药芯焊丝进行焊接具有生产率高、易于实现自动化、飞溅少、焊缝成形美观、合金元素过渡效果高于焊条药皮等一系列优点，是一种很有发展前途的焊接材料。

1. 药芯焊丝的分类

（1）根据外层结构分类 药芯焊丝根据其外层结构进行分类，可分为有缝药芯焊丝和无缝药芯焊丝。

1）有缝药芯焊丝。由冷轧薄钢带首先轧成 U 形，加入药芯后再轧成 O 形，折叠后轧成 E 形。

2）无缝药芯焊丝。它是用焊成的钢管加入药芯制成的。这种焊丝的优点是密封性好，焊芯不会受潮变质，在制造中可对表面镀铜，改进了送丝性能，同时又具有性能高、成本低的特点，因而已成为药芯焊丝的发展方向。

（2）根据熔渣的酸碱度分类 药芯焊丝根据熔渣的酸碱度进行分类，可分为以下三种。

1）钛型药芯焊丝（酸性渣）。它具有焊道成形美观、工艺性好、适于全位置焊的优点。缺点是焊缝的韧性不足，抗裂性稍差。

2）钙型药芯焊丝（碱性渣）。与钛型药芯焊丝相反，钙型药芯焊丝的焊缝韧性和抗裂性优良，而焊缝成形与焊接工艺性稍差。

3）钙钛型药芯焊丝（中性或碱性渣）。它的性能适中，介于上述两者之间。

（3）根据药芯焊丝横截面形状分类 常见药芯焊丝的横截面形状如图 5-2 所示。

药芯焊丝的横截面形状对焊接工艺性能与冶金性能都有很大影响。其中最简单的为 O 型（图 5-2a），又称管状焊丝。由于中间芯部的粉剂不导电、电弧容易沿四周外皮旋转，使得电弧稳定性较差。E 型横截面（图 5-2d）药芯焊丝，由于折叠的钢带偏向截面的一侧，

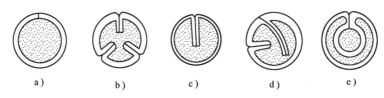

图 5-2 药芯焊丝的横截面形状

a）O 型　b）梅花型　c）T 型　d）E 型　e）双层药芯

当焊丝与母材之间的角度比较小时，容易发生电弧偏吹现象。双层药芯焊丝即中间填丝形（图 5-2e）可以把密度相差悬殊的粉末分开，把密度大的金属粉加在内层，把密度较小的矿石粉加在外层，这样可以保持粉末成分的均匀性，使焊丝的性能稳定。由于它的横截面比较对称，并且金属粉居于横截面中心，所以电弧比较稳定。双层药芯焊丝的不足在于当焊丝反复烘干时容易造成横截面变形、漏粉以及导致送丝困难。

（4）根据有无保护气体分类　药芯焊丝根据有无保护气体进行分类，可分为气体保护焊药芯焊丝和自保护焊药芯焊丝。

气体保护焊药芯焊丝的特点及应用：所采用的保护气体为 CO_2，适于自动或半自动焊接，直流或交流电源均可满足要求。目前，焊接结构钢用的药芯焊丝国内已有定型产品，可批量生产。

自保护焊药芯焊丝的特点及应用：与焊条相似，是把作为造渣、造气和起脱氧、脱氮作用的药粉和金属粉放入钢带之内，焊接时药粉在电弧的高温作用下变成气体和熔渣，起到造渣和造气保护作用，不用另加气体保护。

采用自保护焊药芯焊丝施焊时，对风的抵抗能力优于气体保护焊药芯焊丝焊接，因为不需要保护气体，适于野外或高空作业，但自保护焊接时烟尘很大，在窄小空间作业时要加强通风换气。自保护焊药芯焊接在西气东输管道焊接中已成功使用。目前主要用于焊接低碳钢和 490MPa 级高强度钢及表面堆焊等。

（5）根据其内层填料中有无造渣剂分类　药芯焊丝按其内层填料中有无造渣剂分类，可分为"药粉型"（有造渣剂）焊丝和"金属粉型"（无造渣剂）焊丝。

"金属粉型"焊丝的焊接工艺性能类似于实芯焊丝，其熔敷效率和抗裂性能优于"药粉型"焊丝，具有焊接时造渣少、效率高、飞溅少、电弧稳定等特点。据统计，采用"金属粉型"焊丝施焊时，其造渣量为使用"药粉型"焊丝时的 1/3，故不进行除渣就可连续多层焊接（3~4 层），焊接生产率得到提高。

图 5-3 所示为药芯焊丝的分类及应用。

2. 药芯焊丝的牌号与型号

（1）药芯焊丝的牌号

1）牌号的第一个字母"Y"表示药芯焊丝。第二个字母与随后的三位数字的含义与焊条牌号的编号方法相同，如 YJ×××为结构钢药芯焊丝，YR×××为耐热钢药芯焊丝。

2）牌号中短横线后的数字，表示焊接时的保护方法："1"为气体保护；"2"为自保护；"3"为气体保护和自保护两用；"4"为其他保护形式。

3）药芯焊丝有特殊性能和用途时，在牌号后面标注起主要作用的元素和主要用途的字母。

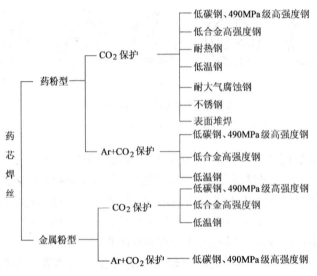

图 5-3　药芯焊丝的分类及应用

药芯焊丝牌号举例

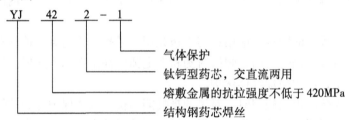

气体保护

钛钙型药芯，交直流两用

熔敷金属的抗拉强度不低于 420MPa

结构钢药芯焊丝

（2）碳钢药芯焊丝的型号　碳钢药芯焊丝的型号遵从 GB/T 10045—2001《碳钢药芯焊丝》。

1）英文字母"EF"表示药芯焊丝。代号后面第一位数字表示主要适用的焊接位置："0"表示用于平焊和横焊；"1"表示用于全位置焊。第二位数字或英文字母为分类代号，见表 5-16。

表 5-16　药芯焊丝类型划分

焊丝类型	药芯类型	保护气体	电流种类	适用性
EF×1	氧化铁型	CO_2	直流，焊丝接正	单道焊和多道焊
EF×2	氧化钛型	CO_2	直流，焊丝接正	单道焊
EF×3	氧化钙-氟化物型	CO_2	直流，焊丝接正	单道焊和多道焊
EF×4	—	自保护	直流，焊丝接正	单道焊和多道焊
EF×5	—	自保护	直流，焊丝接负	单道焊和多道焊
EF×6	—	—	—	单道焊和多道焊
EF×GS	—	—	—	单道焊

2）短横线后用四位数字表示焊缝金属的力学性能。前两位数字表示焊缝金属最小抗拉强度值。第三位数字为夏比冲击试验，$A_{KV} \nleq 27J$ 时对应的实验温度代号。第四位数字为夏

比冲击试验，$A_{KV} \not< 47J$ 时对应的实验温度代号。例如

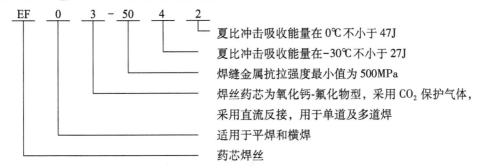

3. 药芯焊丝的特点

药芯焊丝芯部粉剂的成分与焊条的药皮相似，含有稳弧剂、脱氧剂、造渣剂和铁合金等。按粉剂成分进行分类，可分为钛型、钙型和钛钙型。粉剂中一般含有较多的铁粉，目的在于提高焊丝的熔敷系数，增加焊丝整个横截面熔化的均匀性和粉剂的流动性。

（1）药芯焊丝的优点。

1）可采用大电流进行全位置焊接。在各种焊接位置下，药芯焊丝均可采用较大的焊接电流，如 $\phi 1.2mm$ 焊丝，其电流可用到 280A，这时仍能顺利地实现向下立焊，可见其独特之处。

2）对电源无特殊要求。

3）对钢材的适应性强，通过调节焊丝芯部粉剂成分，可焊接不同化学成分的钢材。

4）熔敷速度快，选用 $\phi 1.2mm$ 药芯焊丝的熔敷速度可达 65g/min。

5）因气渣联合保护，电弧稳定，飞溅少，容易清理，烟尘量低，焊缝成形美观。

（2）药芯焊丝的不足之处　首先药芯焊丝送丝比实芯焊丝送丝困难。因为药芯焊丝的强度低，若加大送丝的外力，焊丝可能变形开裂，粉剂外漏。其次药芯焊丝外表容易锈蚀，粉剂容易吸潮，使用前常需烘烤；否则，粉剂中吸收的水分会在焊缝中引起气孔。

药芯焊丝在国外发展比较迅速，目前在我国的各个工业部门中正逐渐得到推广应用。

第三节　焊　剂

焊剂是指焊接时经加热熔化形成熔渣和气体，对熔化金属起保护和冶金处理作用的一种颗粒物质。

一、焊剂的作用及其要求

焊剂是埋弧焊和电渣焊时保证焊缝质量的重要材料，其作用表现为：焊剂熔化后形成熔渣，可以防止空气中氧、氮等气体侵入熔池，起机械保护作用；向熔池过渡有益的合金元素锰和硅，改善焊缝的化学成分，提高焊缝金属的力学性能。为此，焊剂中应含有足够数量的氧化锰和二氧化硅；焊剂能促使焊缝成形良好，防止焊缝中产生气孔和裂纹。

为保证焊缝质量和成形良好，焊剂必须满足下列要求。

1）焊剂应具有良好的冶金性能。在焊接时，配以适当的焊丝和合理的焊接工艺，焊缝金属能得到适宜的化学成分和符合要求的力学性能，并有较强的抗冷裂纹和抗热裂纹的能力和减少焊缝产生气孔的可能性。

2）焊剂应具有良好的工艺性能。焊接时电弧燃烧稳定，熔渣具有适宜的熔点、黏度和表面张力，焊缝成形良好，脱渣容易并且焊接中产生的有毒气体少。

3）焊剂的颗粒度应符合要求。每种焊剂均由不同颗粒度的粉末组成，而每种颗粒度的粉末按规定占有一定的比例。

4）焊剂中 $w_{H_2O} \leqslant 0.10\%$，焊剂不易吸潮并有一定的强度。

5）焊剂中机械夹杂物的质量分数不大于 0.30%。

6）焊剂中 $w_S \leqslant 0.060\%$，$w_P \leqslant 0.080\%$。

二、焊剂的分类

焊剂的分类方法很多，如图 5-4 所示。但无论按哪种方法进行分类，都不能概括焊剂的所有特点。

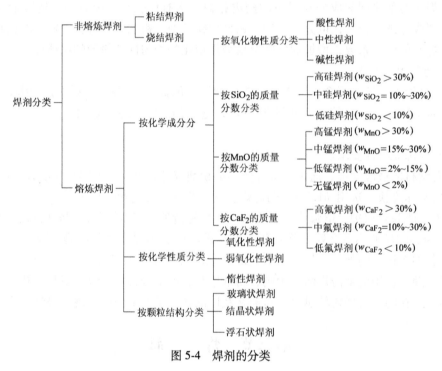

图 5-4　焊剂的分类

1. 按焊剂制造方法分类

（1）熔炼焊剂　它是按照配方将一定比例的各种配料在炉内熔炼后，经水冷粒化、烘干、筛选而制成的。

（2）非熔炼焊剂　它是将一定比例的配料粉末混合均匀并加入适量的粘结剂后经过烘焙而成。根据烘焙温度不同，非熔炼焊剂又可分为粘结焊剂和烧结焊剂。

1）粘结焊剂。它是在 400℃ 以下的低温烘焙，烘焙前先进行粒化。

2）烧结焊剂。它是在 400~1000℃ 高温下烧结成块，然后粉碎、筛选而成的。其中烧结温度为 400~600℃ 的烧结焊剂称为低温烧结焊剂；烧结温度高于 700℃ 的烧结焊剂称为高温烧结焊剂。前者可以掺合金，后者则只起造渣和保护作用。

2. 按焊剂化学成分分类

（1）按氧化物性质分类　焊剂按氧化物的性质分类，可分为酸性焊剂、中性焊剂和碱性焊剂。

（2）按氧化硅的质量分数分类　焊剂按氧化硅的质量分数分类，可分为高硅焊剂、中硅焊剂和低硅焊剂。

（3）按氧化锰的质量分数分类　焊剂按氧化锰的质量分数分类，可分为高锰焊剂、中锰焊剂、低锰焊剂和无锰焊剂。

（4）按照焊剂的主要成分特性分类　焊剂按其主要成分特性分类，可以分为氟碱型焊剂、高铝型焊剂、硅钙型焊剂、硅锰型焊剂、铝钛型焊剂。这种分类方法一般用于非熔炼焊剂。

3. 按焊剂的使用用途分类

焊剂按其使用用途分类，可分为埋弧焊焊剂、电渣焊焊剂、堆焊焊剂、气焊焊剂和钎焊焊剂。

4. 按焊剂的氧化性分类

焊剂按其氧化性分类，可分为氧化性焊剂、弱氧化性焊剂和惰性焊剂。

（1）氧化性焊剂　焊剂对焊缝金属具有较强的氧化性。可分为两种：一种是含有大量 SiO_2、MnO 的焊剂；另一种是含较多的 FeO 的焊剂。

（2）弱氧化性焊剂　焊剂含二氧化硅、氧化锰、氧化铁等氧化物较少，对金属有较弱的氧化作用，焊缝含氧量较低。

（3）惰性焊剂　焊剂中基本不含二氧化硅、氧化锰、氧化铁等氧化物，所以对于焊接金属没有氧化作用。此类焊剂是由三氧化二铝、氧化钙、氧化镁、氟化钙等组成的。

三、焊剂的型号和牌号

焊剂的型号是依据国家标准的规定进行划分的，焊剂的牌号是由生产部门依据一定的规则来编排的，同一型号的焊剂可以包括多种焊剂牌号。

1. 焊剂的型号

在国家标准 GB/T 5293—1999《埋弧焊用碳钢焊丝和焊剂》中规定，焊剂型号是根据焊丝-焊剂组合的熔敷金属力学性能、热处理状态进行划分的。

焊丝-焊剂组合的型号编制方法如下：字母"F"表示焊剂；第一位数字表示焊丝-焊剂组合的熔敷金属抗拉强度的最小值；第二位字母表示试件的热处理状态，"A"表示焊态下测试的力学性能，"P"表示经焊后热处理后测试的力学性能；第三位数字表示熔敷金属冲击吸收能量不小于 27J 时，对试验温度的要求；"-"后面表示焊丝的牌号。

任何牌号的焊剂，由于使用的焊丝、热处理状态不同，其分类型号可能有许多类别，因此，焊剂应至少标出一种或所有的试验类别型号。

完整的焊丝-焊剂型号示例如下：

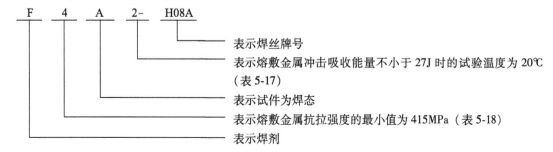

熔敷金属冲击试验结果应符合表 5-17 的规定。

表 5-17 冲击试验

焊剂型号	冲击吸收能量/J	试验温度/℃
F××0-H×××		0
F××2-H×××		−20
F××3-H×××	≥27	−30
F××4-H×××		−40
F××5-H×××		−50
F××6-H×××		−60

熔敷金属拉伸试验结果应符合表 5-18 规定。

表 5-18 熔敷金属拉伸试验

焊剂型号	抗拉强度 R_m/MPa	屈服强度/MPa	伸长率 A（%）
F4××-H×××	415~550	≥330	≥22
F5××-H×××	480~650	≥400	≥22

焊剂为颗粒状，焊剂能自由地通过标准焊接设备的焊剂供给管道、阀门和喷嘴。焊剂的颗粒度应符合表 5-19 的规定，但根据供需双方协议的要求，可以制造其他尺寸的焊剂。

表 5-19 焊剂颗粒度要求

普通颗粒度		细颗粒度	
<0.450mm（40 目）	≤5%	<0.280mm（60 目）	≤5%
>2.50mm（8 目）	≤2%	>2.00mm（10 目）	≤2%

例如，HJ402-H10Mn2 表示这种埋弧焊焊剂配合 H10Mn2 焊丝，按国家标准规定的焊接参数焊接试板，其试样状态为焊态时焊缝金属的抗拉强度为 410~550MPa，屈服强度不小于 330MPa，伸长率不小于 22%，在−20℃时冲击韧度不小于 34J/cm²。

此外，GB/T 12470—2003《埋弧焊用低合金钢焊丝和焊剂》规定焊剂的型号是根据埋弧焊焊缝金属力学性能、焊剂渣系划分的。其表示方法如下：

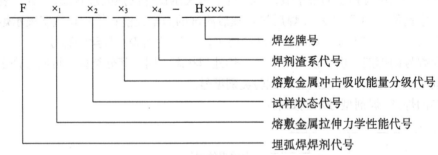

2. 焊剂的牌号

由于焊剂型号内容比较复杂，而且不够完备，在生产中更多是使用焊剂的牌号。在《焊接材料产品样本》中规定焊剂牌号编制方法如下：

（1）熔炼焊剂

1）牌号前的"HJ"表示埋弧焊及电渣焊用熔炼焊剂。

2）牌号中的第一位数字表示焊剂中氧化锰的质量分数，其系列按表 5-20 规定排列。

3）牌号中的第二位数字表示焊剂中二氧化硅、氟化钙的质量分数，其系列按表 5-21 规定排列。

4）牌号中的第三位数字表示同一类型焊剂的不同牌号，按 0、1、2、3、…、9 顺序排列。

5）对同一牌号焊剂生产两种颗粒度时，在细颗粒焊剂牌号后面加"X"。

例如

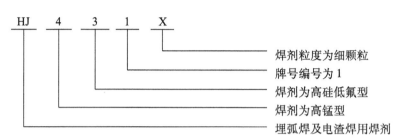

表 5-20　焊剂牌号第一位数字的含义

牌　　号	焊剂类型	氧化锰的质量分数（%）
HJ1××	无锰	<2
HJ2××	低锰	2～15
HJ3××	中锰	15～30
HJ4××	高锰	>30

表 5-21　焊剂牌号中第二位数字的含义

牌　　号	焊剂类型	二氧化硅及氟化钙的质量分数（%）
HJ×1×	低硅低氟型	$SiO_2<10$　$CaF_2<10$
HJ×2×	中硅低氟型	SiO_2 10～30　$CaF_2<10$
HJ×3×	高硅低氟型	$SiO_2>30$　$CaF_2<10$
HJ×4×	低硅中氟型	$SiO_2<10$　CaF_2 10～30
HJ×5×	中硅中氟型	SiO_2 10～30　CaF_2 10～30
HJ×6×	高硅中氟型	$SiO_2>30$　CaF_2 10～30
HJ×7×	低硅高氟型	$SiO_2<10$　$CaF_2>30$
HJ×8×	中硅高氟型	SiO_2 10～30　$CaF_2>30$
HJ×9×	其他	

常用熔炼焊剂的牌号及化学成分见表 5-22。

表 5-22　熔炼焊剂的化学成分（质量分数,%）

焊剂类型	焊剂牌号	SiO_2	Al_2O_3	MnO	CaO	MgO	TiO_2	CaF_2	NaF	ZrO_2	FeO	S	P	Na_2O $+K_2O$
无锰高硅低氟	HJ130	35～40	12～16		10～18	14～19	7～11	4～7			2	≤0.05	≤0.05	
无锰高硅低氟	HJ131	34～38	6～9		48～55			2～5			≤1	≤0.05	≤0.08	≤3
无锰中硅低氟	HJ150	21～23	28～32		3～7	9～13		25～33			≤1	≤0.08	≤0.08	≤3

（续）

焊剂类型	焊剂牌号	SiO_2	Al_2O_3	MnO	CaO	MgO	TiO_2	CaF_2	NaF	ZrO_2	FeO	S	P	Na_2O $+K_2O$
无锰低硅高氟	HJ172	3~6	28~35	1~2	2~5			45~55	2~3	2~4	≤0.8	≤0.05	≤0.05	≤3
低锰高硅低氟	HJ230	40~46	10~17	5~10	8~14	10~14		7~11			≤1.5	≤0.05	≤0.05	
低锰中硅中氟	HJ250	18~22	18~23	5~8	4~8	12~16		23~30			≤1.5	≤0.05	≤0.05	≤3
低锰中硅中氟	HJ251	18~22	18~23	7~0	3~6	14~17		23~30			≤1.0	≤0.08	≤0.05	
低锰高硅中氟	HJ260	29~34	19~24	2~4	4~7	15~18		20~25			≤1.0	≤0.07	≤0.07	
中锰高硅低氟	HJ330	44~48	≤4	22~26	≤3	16~20		3~6			≤1.5	≤0.08	≤0.08	≤1
中锰中硅中氟	HJ350	30~35	13~18	14~19	10~18			14~20			≤1.0	≤0.06	≤0.01	
中锰高硅中氟	HJ360	33~37	11~15	20~26	4~7	59		10~19			≤1.0	≤0.10	≤0.10	
高锰高硅低氟	HJ430	38~45	≤5	38~47	≤6			5~9			≤1.8	≤0.06	≤0.08	
高锰高硅低氟	HJ431	40~44	≤6	34~38	≤8	5~8		3~7			≤1.8	≤0.06	≤0.08	
高锰高硅低氟	HJ433	42~45	≤3	44~47	≤4			2~4			≤1.8	≤0.06	≤0.08	≤0.5

（2）烧结焊剂

1）牌号前的"SJ"表示埋弧焊用烧结焊剂。

2）牌号中的第一位数字表示焊剂熔渣的渣系，其系列按表 5-23 编排。

表 5-23　烧结焊剂牌号中第一位数字的含义

焊剂牌号	熔渣渣系类型	主要成分（质量分数）（%）
SJ1××	氟碱型	$CaF_2 > 15$，$CaO+MgO+MnO+CaF_2 > 50$，$SiO_2 < 20$
SJ2××	高铝型	$Al_2O_3 > 20$，$Al_2O_3+CaO+MgO > 45$
SJ3××	硅钙型	$CaO+MgO+SiO_2 > 60$
SJ4××	硅锰型	$MnO+SiO_2 > 50$
SJ5××	铝铁型	$Al_2O_3+TiO_2 > 45$
SJ6××	其他	

3）牌号中的第二、三位数字表示同一类型渣系焊剂中的不同牌号，从 01~09 中择一表示。例如：

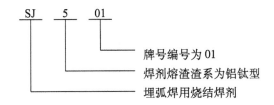

牌号编号为01

焊剂熔渣渣系为铝钛型

埋弧焊用烧结焊剂

四、常用焊剂的性能及用途和焊丝的选用

1. 常用熔炼焊剂的性能及用途

（1）高锰焊剂　实际生产中用的高锰焊剂多为高锰高硅低氟型，牌号为 HJ430、HJ431、HJ433、HJ434 等，其中以 HJ431 与 HJ430 应用最多。

HJ431 的成分为 $w_{MnO} = 34\% \sim 38\%$，$w_{SiO_2} = 40\% \sim 44\%$，$w_{CaF_2} = 3\% \sim 7\%$。HJ431 为红棕色至黄色的玻璃状颗粒，其工艺性能好、电弧稳定、可交直流两用。由于 SiO_2 与 MnO 含量比较高，焊接过程中与液体金属之间反应激烈，使焊缝金属增 Si、Mn 和氧。焊缝的抗热裂纹能力较强，配合 H08A 或 H08MnA 可以焊接各种重要的碳钢和低合金钢结构。

HJ430 中的 CaF_2 比 HJ431 高 5% ~ 9%，因而抗气孔能力较强，但焊接过程中放出有害气体较多，需要良好的通风条件。HJ433 的特点是 MnO 的质量分数更高（$w_{MnO} = 44\% \sim 47\%$）而 CaF_2 的质量分数少（$w_{CaF_2} = 2\% \sim 4\%$），特别适用于快速焊接，主要用于输油、输气管道的焊接。

（2）中锰焊剂　中锰焊剂中，w_{MnO} 在 15% ~ 30% 范围内，目前应用最多的是 HJ350 和 HJ360。这类焊剂的氧化性比高锰焊剂弱，因而焊缝金属的韧性指标较高。这类焊剂的工艺性能好，可交直流两用。焊剂中扩散氢含量低，抗冷裂纹能力优于低锰焊剂。HJ350 配合适当焊丝可焊接 16Mn、15MnV、15MnVN 等低合金高强度钢的重要结构，如船舶、锅炉、高压容器等。HJ360 主要用于电渣焊，配合 H10MnSiA、H10Mn2、H08Mn2MoVA 等焊丝焊接低碳钢和某些低合金钢大型结构，如轧钢机架、大型立柱等。

（3）低锰焊剂　低锰焊剂中，w_{MnO} 在 2% ~ 15% 范围内，常用的牌号为 HJ250 和 HJ230。其中，HJ250 具有良好的工艺性能，要求采用直流电源，焊丝接正极，焊出的焊缝中硫、磷含量非常低，故冲击韧度，特别是低温冲击韧度较高，与高锰、中锰焊剂相比较，焊缝的塑性更高，但缺点是扩散氢含量比较高，对冷裂纹比较敏感。配合适当的焊丝可焊接低合金钢和-70℃低温用钢，为了防止冷裂纹，施焊时应适当预热，焊后进行脱氢处理。

HJ230 工艺性能好，可交直流两用，焊缝成形美观。由于 SiO_2 含量较高（$w_{SiO_2} = 40\% \sim 46\%$），所以很少用于焊接高强度钢。使用时应采用含锰焊丝，如 H08MnA、H10Mn2A。通过焊丝向熔池过渡锰，可防止焊剂中锰矿中的磷向焊缝过渡，有利于提高焊缝的韧性及脱硫。一般用于焊接低碳钢和 16Mn 钢。

（4）无锰焊剂　无锰焊剂中，$w_{MnO} < 2\%$，常用的牌号为 HJ172 和 HJ130。HJ172 为无锰低硅高氟焊剂，氧化性极弱，用于焊接高合金钢，如含铌和钛的 18-8 钢或高铬马氏体热强钢。焊接时用直流电源，焊丝接正极。HJ130 焊接工艺性能好，可交直流两用，脱渣性好。主要用于焊接低碳钢或低合金钢（如 16Mn）结构。施焊时应配合含锰焊丝以对熔池进行脱氧，同时向焊缝中过渡锰可提高其强度和韧性。

目前我国生产的焊剂大部分是熔炼焊剂，有 30 余个品种，其中 HJ431 的产量占熔炼焊剂总产量的 80% 左右。国产常用熔炼焊剂的用途及配用焊丝见表 5-24。

表 5-24　国产常用熔炼焊剂的用途及配用焊丝

焊剂牌号	焊剂类型	配用焊丝	焊剂用途
HJ130	无锰高硅低氟	H10Mn2	低碳结构钢、低合金钢，如 16Mn 等
HJ131	无锰高硅低氟	配 Ni 基焊丝	焊接镍基合金薄板结构
HJ230	低锰高硅低氟	H08MnA、H10Mn2	焊接低碳结构钢及低合金结构钢
HJ260	低锰高硅中氟	Cr19Ni9 型焊丝	焊接不锈钢及轧辊堆焊
HJ330	中锰高硅低氟	H08MnA、H08Mn2、H08MnSi	焊接重要的低碳和低合金钢，如 Q235、15G、16Mn、15MnVTi 等
HJ430	高锰高硅低氟	H08A、H10Mn2A、H10MnSiA	焊接低碳钢及低合金结构钢
HJ431	高锰高硅低氟	H08A、H08MnA、H08MnSiA	焊接低碳钢及低合金结构钢
HJ433	高锰高硅低氟	H08A	焊接低碳结构钢
HJ150	无锰中硅中氟	配 20Cr13 或 3Cr2W8	堆焊轧辊、焊铜
HJ250	低锰中硅中氟	H08MnMoA、H08Mn2MoA、H08Mn2MoVA	焊接 15MnV、14MnMoV、18MnMoNb 及 14MnMoVB 钢等
HJ350	中锰中硅中氟	配相应焊丝	焊接锰钼、锰硅及含镍低合金高强度钢
HJ172	无锰低硅高氟	配相应焊丝	焊接高铬铁素体热强钢（如 15Cr11CuNiWV）或其他高合金钢

2. 烧结焊剂的性能及用途

烧结焊剂是继熔炼焊剂后发展起来的新型焊剂，目前国外已广泛用它来焊接碳钢、高强度钢和高合金钢。常用国产烧结焊剂的特点及用途见表 5-25。

表 5-25　常用国产烧结焊剂的特点及用途

牌号	渣系	特　点	用　途
SJ101	氟碱型	属于碱性焊剂，含 SiO_2 量低，电弧燃烧稳定，脱渣容易，焊缝成形美观，焊缝金属具有较高的低温韧性，可交直流两用	配合 H08MnA、H08MnMoA、H08Mn2MoA、H10Mn2 等焊丝可焊接多种低合金钢，如锅炉、压力容器等，还适合于多丝焊接，特别是大直径容器的双面单道焊
SJ301	硅钙型	属于中性焊剂，含 SiO_2 量较多，焊接工艺性能良好，电弧稳定，脱渣容易，成形美观，可交直流两用	配合适当焊丝可焊接普通结构钢、锅炉用钢、管线用钢等；还适合于多丝快速焊接，特别是双面单道焊
SJ401	硅锰型	属于酸性焊剂，主要由 MnO 和 SiO_2 组成。具有良好的焊接工艺性能和较高的抗气孔能力	配合 H08A 焊丝可焊接低碳钢、低合金钢，用于机车车辆、矿山机械等金属结构的焊接
SJ501	铝钛型	属于酸性焊剂，具有良好的焊接工艺性能和较强的抗气孔能力，对少量铁锈膜和高温氧化膜不敏感	配合 H08A、H08MnA 等焊丝焊接低碳钢及某些低合金钢，如锅炉、船舶、压力容器等，还适合于多丝快速焊，特别是双面单道焊
SJ502	高铝型	具有良好的焊接工艺性能，焊缝强度比用 SJ501 时稍高	配合 H08A 焊丝可焊接较重要低碳钢及某些低合金钢结构，适合于快速焊

由于烧结焊剂具有明显的优越性，近年来发展迅速，已研制出多种不同特性的新型烧结焊剂，如抗潮焊剂、抗锈性焊剂、高碱度焊剂、双丝焊接用渣壳导电焊剂及横向埋弧焊用焊剂等。

3. 焊剂的保管与使用

为了保证焊接质量，焊剂必须存放在干燥的库房内，分类、分牌号堆放，避免混杂错用；在保存时应注意防止受潮，搬运焊剂时，防止包装破损。焊剂使用前，必须按规定温度烘干并保温，酸性焊剂在250℃烘干2h；碱性焊剂在300~400℃烘干2h，焊剂烘干后应立即使用。烘干时焊剂厚度要均匀且不得大于30mm。使用回收的焊剂，应清除其中的渣壳、碎粉及其他杂质，再经烘干与新焊剂按比例（一般回用焊剂不得超过40%）混均匀后使用，不得单独使用。回收使用次数不得多于三次。使用直流电源时，均采用直流反接。

第四节　焊接用气体

焊接用保护气体既是焊接区的保护介质，也是产生电弧的气体介质，而焊割用气体的特性（如物理特性和化学特性等）不仅影响保护效果，也影响到火焰的点燃及焊接、切割过程的稳定性。因此，焊接用气体常分为两类：一类主要是指气体保护焊（二氧化碳气体保护焊、惰性气体保护焊）中所用的保护性气体如二氧化碳（CO_2）、氩气（Ar）、氦气（He）、氮气（N_2）等；另一类是气焊、切割时用的气体如助燃性气体 O_2、可燃气体乙炔（C_2H_2）、液化石油气（C_3H_6）、天然气、氢气（H_2）和混合气体等。下面就常用气体进行介绍。

一、常用焊接气体的性质及技术要求

1. 氩气（Ar）

氩是目前工业上应用很广的稀有气体。它的性质极不活泼，是一种无色无味的单原子气体，既不能燃烧，也不助燃。在常温下与其他物质均不起化学反应，在高温下不分解，不溶于液态金属中，故在焊接非铁金属时更能显示其优越性。所以，利用氩气作为焊接用保护气体，电弧的热量不易散失，电弧燃烧稳定，热量集中，合金元素烧损少，不易出现气孔等焊接缺陷，又因为氩气比空气重，能在熔池上方形成一层稳定的覆盖气流层，保护效果好。另外，在焊接过程中用氩气保护时，产生的烟雾较少，便于控制焊接熔池和电弧，可获得优质的焊接接头。同时氩气对电极具有一定的冷却作用，可提高电极的许用电流值。对电弧的热收缩效应较小，加上氩弧的电流密度不大，维持氩弧燃烧的电压较低，一般10V 即可。故焊接时拉长电弧，其电压改变不大，电弧不易熄灭，这点对钨极氩弧焊非常有利。但是，由于氩气的电离电位高，对电弧的引燃不利，一旦引燃却非常稳定。

氩气是制氧的副产品，一般由空气液化后用分馏法制取氩。因为氩气的沸点介于氧、氮之间，差值很小，所以，在氩气中常残存一定量的杂质，影响焊缝质量，极易产生气孔、夹渣等缺陷，并使钨极的烧损量也增加。因此，按我国现行规定，氩气纯度应达到 99.99%。

焊接用氩气大多装入钢瓶中供使用。氩气瓶是一种钢制圆柱形高压容器，其外表面涂成灰色并注有绿色"氩"标志字样。目前，我国常用氩气瓶的容积为33L、40L、44L，最高工作压力为 15MPa。

2. 二氧化碳（CO_2）

CO_2 是无色、有酸味的气体，比空气重。CO_2 有三种状态：固态、液态和气态。固态 CO_2 气体中含有大量水分，不能用于焊接。另外 CO_2 气体的纯度对焊缝金属的致密性和塑性有很大的影响。CO_2 气体中的主要杂质是水分和氮气。氮气一般含量较少，危害较小。水分的危害较大，随着 CO_2 气体中水分的增加，焊缝金属中的扩散氢含量也增加，焊缝金属的塑性变差，容易出现气孔，飞溅较大，还可能产生冷裂纹。焊接用 CO_2 气体的纯度不应低于99.5%（体积法）。

工业上使用的瓶装液态 CO_2 既经济又方便。钢瓶主体呈银白色，用黑漆标明"二氧化碳"字样。

3. 氧气（O_2）

在常温常压下，氧气是一种无色、无味、无毒的气体，在标准状态下，密度为 $1.429kg/m^3$，比空气略重。当气温降到 $-182.96℃$ 时，气态氧变成极易挥发的液态氧，温度降到 $-218℃$ 时，液态氧则变成淡蓝色的固态氧。

氧气本身不能燃烧，但它是一种化学性质极为活泼的助燃气体。它几乎能与所有的可燃气体和液体燃料的蒸气混合，发生强烈的氧化现象，构成爆炸性混合物，当遇有明火或高温条件即发生爆炸，同时又可促使某些易燃物质自燃。正是由于氧气的强氧化性而成为导致火灾爆炸事故的重要因素之一。

气焊与气割正是利用乙炔在氧气中燃烧放出的热量作热源。气焊与气割使用的氧气纯度一般分为两级：一级纯度不低于99.2%；二级纯度不低于98.5%。氧气纯度越高，与可燃气体混合燃烧的火焰温度则越高，它直接影响着气焊、气割工艺质量的效率。所以，气焊与气割所使用的氧气纯度不应低于二级，但对质量要求较高时，应采用一级纯度的氧气。

工业用氧采用空气低温分离法制取，再经压缩机将氧气压缩到 $12\sim15MPa$ 特制的钢瓶或管道内供使用。氧气瓶是一种钢制高压容器，其外表面涂成天蓝色并注有黑色"氧气"标志字样。

4. 乙炔（C_2H_2）

乙炔是一种非饱和碳氢化合物，在常温常压下是一种无色、高热值的易燃易爆气体，比空气轻。工业用乙炔因含有硫化氢和磷化氢等杂质具有一种特殊的刺鼻臭味和较弱的毒性，有轻度的麻醉作用。乙炔气微溶于水，易溶于丙酮等有机溶剂中。乙炔化学性质极不稳定，在一定条件下，可能由于摩擦或冲击而发生爆炸。

（1）乙炔的燃烧性　乙炔是气焊、气割使用的所有可燃气体中自燃点最低的气体，为 $305℃$。如果乙炔在空气中受热，当温度大于自燃点时，不需任何火源就可引起乙炔的自行燃烧，导致爆炸。乙炔与氧气混合燃烧时火焰温度可达 $3100\sim3300℃$，产生的火焰温度较高。

（2）乙炔的爆炸性　乙炔的爆炸性能主要取决于乙炔瞬间的温度和压力，及它所接触的介质、火源、散热条件等因素。例如，乙炔与空气或氧气混合均能生成爆炸性混合气体。乙炔长期与银或含铜在70%以上铜合金及其盐类接触，可生成爆炸性化合物。乙炔与氯、次氯酸盐等化合，在日光照射下以及加热等外界条件下也会发生燃烧和爆炸。

乙炔的分解爆炸与存放的容器形状和大小有关。容器的直径越小越不容易爆炸。目前使用的乙炔胶管孔径不太大，管壁也较薄，对防止乙炔在管道内爆炸是有利的。利用乙炔可以溶解于液体的特性，将乙炔大量溶解于丙酮中，并储存在由多孔物质组成填料的溶解乙炔瓶中，可提高乙炔在运输和使用中的安全。

乙炔瓶体表面涂成白色并标注有红色的"乙炔"和"不可近火"字样。

5. 液化石油气

液化石油气是石油炼制工业的副产品，其主要成分是丙烷（C_3H_8），大约占 50%~80%，其余是丙烯（C_3H_6）、丁烷（C_4H_{10}）、丁烯（C_4H_8）等。在常温和大气压力下，组成石油气的这些碳氢化合物以气态存在。但只要加上不大的压力（一般为 0.8~1.5MPa）即变为液体，液化后便于装入瓶中储存和运输。在标准状态下，石油气的密度为 1.8~2.5kg/m³，比空气重。

石油气燃烧的温度比乙炔火焰温度低，用于气割时，金属预热时间稍长，但可减少切口边缘的过烧现象，切割质量较好，在切割多层钢板时，切割速度比用乙炔快 20%~30%。石油气除越来越广泛地应用于钢材的切割外，还用于焊接非铁金属。国外还采用乙炔与石油气混合后作为焊接气源。

焊接常用气体的主要性质和用途见表 5-26。

表 5-26　焊接常用气体的主要性质和用途

气体	符号	主　要　性　质	在焊接中的应用
二氧化碳	CO_2	化学性质稳定，不燃烧、不助燃，在高温时能分解为 CO 和 O_2，对金属有一定的氧化性。能液化，液态 CO_2 蒸发时吸收大量热，能凝固成固态二氧化碳，俗称干冰	焊接时可作为配用焊丝的保护气体，如 CO_2 气体保护焊和 CO_2+O_2、CO_2+Ar 等混合气体保护焊
氩气	Ar	惰性气体，化学性质不活泼，常温和高温下不与其他元素起化学作用	在氩弧焊、等离子焊接及切割时作为保护气体，起机械保护作用
氧气	O_2	无色气体，助燃，在高温下很活泼，能与多种元素直接化合。焊接时，氧进入熔池会氧化金属元素，起有害作用	与可燃气体混合燃烧，可获得极高的温度，用于焊接和切割，如氧乙炔火焰、氢氧焰。与氩、二氧化碳等按比例混合，可进行混合气体保护焊
乙炔	C_2H_2	俗称电石气，微溶于水，能溶于酒精，大量溶于丙酮，与空气和氧混合形成爆炸性混合气体，在氧气中燃烧产生 3300℃ 高温和强光	用于氧乙炔火焰焊接和切割
氢气	H_2	能燃烧，常温时不活泼，高温时非常活泼，焊接时能大量溶于液态金属，冷却时析出，易形成气孔	焊接时作为还原性保护气体。与氧混合燃烧，可作为气焊的热源

二、焊接用气体的选择与使用

焊接用气体的选择主要取决于焊接、切割方法，还与被焊金属的性质、焊接接头质量要求、焊件厚度和焊接位置及工艺方法等因素有关。

1. 焊接用气体的选用

根据不同的焊接方法选用焊接气体，如气焊、气割时选用氧气和乙炔气体；惰性气体保护焊采用氩气、氦气及两种气体混合作为保护介质；而二氧化碳气体保护焊则主要采用二氧化碳气体作为保护介质，或在二氧化碳气体的基础上加入氧气等的焊接保护混合气。

焊接方法与焊接用气体的选用见表 5-27。

表 5-27　焊接方法与焊接用气体的选用

焊　接　方　法		焊　接　气　体				
气焊		$C_2H_2+O_2$		H_2		
气割		$C_2H_2+O_2$	液化石油气$+O_2$	天然气$+O_2$		
等离子弧切割		空气	N_2	$Ar+N_2$	$Ar+H_2$	N_2+H_2
钨极惰性气体保护焊（TIG）		Ar	He	Ar+He		
实芯焊丝	熔化极惰性气体保护焊（MIG）	Ar	He	Ar+He		
	熔化极活性气体保护焊（MAG）	$Ar+O_2$	$Ar+CO_2$	$Ar+CO_2+O_2$		
	CO_2 气体保护焊	CO_2	CO_2+O_2			
药芯焊丝		CO_2	$Ar+O_2$	$Ar+CO_2$		

　　根据被焊材料选用焊接气体。对于低碳钢、低合金高强度钢、不锈钢和耐热钢等，焊接时宜选用活性气体（如 CO_2、$Ar+CO_2$ 或 $Ar+O_2$）保护，以细化过渡熔滴，克服焊道边缘咬边等缺陷。有时也可采用惰性气体保护。但对于氧化性强的保护气体，应匹配高锰高硅焊丝，而对于富 Ar 混合气体，则应匹配低硅焊丝。

　　对于铝及铝合金、铜及铜合金、镍及镍合金、高温合金等容易氧化或难熔的金属，焊接时应选用惰性气体（如 Ar 或 Ar+He 混合气体）作为保护气体，以获得优质的焊缝金属。

　　从生产率方面考虑，钨极氩弧焊时在 Ar 中加入 He、N_2、H_2、CO_2 或 O_2 等气体可增加母材的热量输入，提高焊接速度。例如，焊接厚度大的铝板，推荐选用 Ar+He 混合气体；焊接低碳钢或低合金钢时，在 CO_2 气体中加入一定量的 O_2，或者在 Ar 中加入一定量的 CO_2 或 O_2，可产生明显效果。此外，采用混合气体进行保护，还可增大熔深，消除未焊透、裂纹及气孔等缺陷。不同材料焊接用保护气体及适用范围见表 5-28。

表 5-28　不同材料焊接用保护气体及适用范围

被焊材料	保护气体	化学性质	焊接方法	主　要　特　性
铝及铝合金	Ar	惰性	TIG、MIG	TIG 焊采用交流电源。MIG 焊采用直流反接，有阴极破碎作用，焊缝表面光洁
铜及铜合金	Ar	惰性	TIG 、MIG	产生稳定的射流电弧，但板厚大于 5～6mm 时需预热
	N_2	—	熔化极气保焊	输入热量大，可降低或取消预热，有飞溅及烟雾，一般仅在脱氧铜焊接时使用氮弧焊，氮气来源方便，价格便宜
不锈钢及高强度钢	Ar	惰性	TIG	适用于薄板焊接
碳钢及低合金钢	CO_2	氧化性	MAG	适于短路电弧，有一定飞溅
镍基合金	Ar	惰性	TIG、MIG	对于射流、脉冲及短路电弧均适用，是焊接镍基合金的主要气体

2. 焊接用气体使用的注意事项

　　焊接用气体在使用中储存在气瓶里，其工作压力常常高达 15MPa，属于中、高压容器，因此，对气瓶的使用、储存和运输都有严格的规定。

（1）气瓶的储存与保管　储存气瓶的库房应没有腐蚀性气体，保持通风、干燥，不受日光曝晒。库房内温度不得超过35℃，地面必须平整、耐磨、防滑。气瓶储存时，应旋紧瓶帽，放置整齐，留有通道，妥善固定；立放时应设栏杆固定，以防倾倒；卧放时，应防滚动，头部应朝向一方，且堆放高度不得超过5层。对空瓶与实瓶、不同介质的气体气瓶，必须分开存放，且有明显标志。对氧气瓶和可燃气瓶必须分室储存，在其附近应设有灭火器材。

（2）气瓶的使用　气瓶不得用电磁起重机等搬运，禁止碰撞、敲击。气瓶不得靠近热源，离明火距离不得小于10m。焊接或切割时不得将气瓶内的气体用尽，应留有余气。使用氧气瓶时不得接触油脂。气瓶应直立使用，应有防倒固定架，尤其是使用乙炔气瓶时不得卧放，以防瓶内丙酮液体流出，带出乙炔，引起火灾等危险。开启瓶阀应缓慢，头部不得面对减压阀。夏天时，要防止日光暴晒。

第五节　焊接材料的历史与发展

焊接材料行业是在20世纪发展起来的。1892年俄罗斯人斯拉维扬诺夫成功研究出金属电弧焊接的实用方案。特别是1904年瑞典人奥斯卡·凯吉尔伯格建立了世界上第一个涂料焊条厂，即现在著名的瑞典伊萨公司（ESAB公司），在1917年开始用机械化方法压制和生产焊条。

焊条产业从20世纪20年代快速发展起来，20世纪30年代以后发展厚药皮焊条；埋弧焊的焊丝和焊剂产业是从20世纪40年代发展起来的；CO_2气体保护焊的实芯焊丝产业是从20世纪50年代发展起来的，20世纪70年代以后发展了气体保护焊药芯焊丝。由此可见，焊接材料的发展与焊接方法的改进密切相关。

一、我国焊接材料的发展及现状

我国的焊条制造始于1949年，开始是采用半机械气动焊条压涂机生产焊条。1952年上海电焊条厂成功研制了螺旋式压涂机用来生产焊条，并有了切丝机、送丝机等焊条生产的附属设备，所生产的焊条主要是以氧化矿物型药皮为主的低碳结构钢焊条。随后大量采用机械化方式进行焊条生产，焊条品种也逐步扩大，钛铁矿型、钛型、钛钙型和低氢型等类型的焊条相继研制成功并得到广泛应用。我国主要是生产钛钙型通用焊条，而优质高品位的焊条如全位置立向下焊条、高效铁粉焊条、高纤维素焊条、700MPa以上高强度系列焊条、优质不锈钢和耐热钢焊条等正在不断研制开发和生产，已逐步取代进口焊条。

我国焊接材料的生产企业很多，产品结构上也在发生着改变，其生产总体趋势是焊条的产量由增加趋向稳定，焊丝（包括气体保护焊焊丝和埋弧焊焊丝）产量逐年不断增加，烧结焊剂和钎料的产量也在逐年上升，焊接材料总产量的增长也由快至缓慢。特别是近20年来，CO_2实芯焊丝和药芯焊丝得到长足发展，这类焊丝从无到有，在国内市场上有了立足之地。目前我国已成为世界焊接材料生产和消费大国。

二、我国焊接材料发展的特点

在焊接材料的生产和使用中有以下几个特点：

近几年从焊接材料行业中各种材料的发展来看，适应焊接生产向高效率、高质量、低成本及自动化方向发展的焊接材料正在不断增加，适应电子技术发展的钎焊材料也在快速发展，一直以来焊接材料中80%为焊条，而实芯焊丝、药芯焊丝的比例低，小于10%。由于与焊接相关行业的焊接技术发展的不平衡，导致焊接材料使用情况有所不同。例如，在造船业实芯焊丝、药芯焊丝的应用比例约占35%，但在压力容器、建筑安装、桥梁等行业焊条电弧焊仍占主导地位，气体保护焊及其他高效焊接技术正逐步得到重视和发展。

普通焊条产品已经开始逐渐由巅峰产量下降，而相应焊条的产品结构得到调整，特种焊条（如低氢、耐热钢、不锈钢、镍基及堆焊焊条等）使用的比例将逐渐提高。

气体保护焊实芯焊丝目前品种少，但其需求量与产量逐年在增加，药芯焊丝的产量增长率较高，尤其是气体保护碳钢药芯焊丝。实芯焊丝不能提供的用于低温钢、耐候钢、耐热钢、耐海水腐蚀钢及高强度结构钢用的焊丝将由药芯焊丝产品逐步填补。另外，用于输油、输气管道焊接的自保护药芯焊丝及各行业表面修复用的堆焊用药芯焊丝产品将不断开发与利用。总体来看，药芯焊丝在产量和品种上将会得到迅速发展。

埋弧焊剂和埋弧焊丝，其总产量将保持在一定的范围内（约占焊接材料总量的10%~13%），但埋弧焊剂的结构将会发生一定的变化，即在埋弧焊剂的总量中，烧结焊剂的比例将会增加，而熔炼焊剂的比例将会有所下降。

对于钎焊材料的需求由于家电行业、微电子行业及信息产业的快速发展，也在不断增加，适应新技术发展的新型钎料产品将不断被开发出来，钎料产量占焊材总产量的比例将有所增加。

三、今后我国焊接材料的发展趋向

焊接材料总的发展目标是向高质量、高效率、低成本、低污染方向发展，如焊条业，其品种需求出现多样性，质量要求进一步提高；实芯焊丝、药芯焊丝、埋弧焊丝和一些高级别的特种焊材会有一定的发展；对MIG和MAG实芯焊丝主要改进目标是减少飞溅、改善成形，对药芯焊丝主要的改进要求是减少烟尘、减少气孔倾向并进一步减少飞溅。对自保护药芯焊丝因使用量较少，改进要求也较少，但从总体要求来看，改进目标集中在较低的飞溅、烟尘及焊丝的全位置焊接适应性等方面。

根据我国焊接材料的特点来看，未来焊接材料的发展大致表现在以下几个方面。

（1）实芯焊丝　进一步降低成本，改善焊缝成形，降低飞溅。国外已研究出不锈钢的实芯焊丝，在焊丝外涂一层防锈的飞溅涂层，以提高焊接质量。

（2）药芯焊丝　为适应材料的发展应扩大品种，开发抗气孔性优良的金属药芯焊丝，降低各类药芯焊丝含氢量，同时发展各类气体保护堆焊药芯焊丝，不断降低发尘量，预计在未来几年，发尘量将会是焊接材料市场的主要竞争指标。

（3）埋弧焊丝　为适应不同结构和材料的需要，要开发大热量输入埋弧焊丝，如造船行业大量使用的三丝、四丝高速单面埋弧焊材。

（4）焊条　提高碱性焊条的工艺性、降低烟尘；研究无须焊前烘干的焊条；开发特殊品种如铬钼钢、双相钢及纤维素立向下全位置焊条等方面将会有更大的发展。

（5）不断开发新的焊接用混合气体　如焊接奥氏体不锈钢采用 $Ar+30\%He+1\%O_2$ 这种混合气体在短弧焊、脉冲焊和射流焊时不仅工艺性能良好，而且减轻了氧化程度，此外还可用 $Ar+CO_2$、$Ar+5\%O_2+5\%H_2$ 等焊接用混合气体。

我国焊接材料未来消费的特点仍是以焊条为主，但焊条的产量会逐渐下降。实芯焊丝产量会比较快地增长，药芯焊丝、埋弧焊丝的产量也会增大，但增幅不会太快。

随着我国造船业向国际化进程发展，各类不锈钢、双相钢及非铁金属焊接材料将会有一定的需求。在桥梁行业，低碳低合金钢实芯焊丝、适用于机器人和自动化焊接的药芯焊丝会有一定发展。在储罐和压力容器行业，各类高强度钢、Cr-Mo 耐热钢、不锈钢的高质量的埋弧焊丝、MIG 实芯焊丝和金属型药芯焊丝及非铁金属焊材将占据一定市场。药芯焊丝向"宽电流幅度""低尘低飞溅""快速焊"的方向发展。

综上所述，我国焊接材料研究和发展的根本动力是降低成本和提高焊接质量。同时，我们要积极开展环保绿色型焊接材料的理论研究和应用开发，全面降低焊接材料发尘量，以减少环境污染，保护焊工健康，改善焊工的劳动条件为主要发展目标。

📖 本章小结

本章阐述了焊条、焊丝、焊剂和焊接气体等方面内容，详细介绍了焊接材料的组成、作用、分类、牌号，重点掌握酸性焊条与碱性焊条在生产中的工艺性能及冶金性能、熔炼焊剂与烧结焊剂的应用及焊接与切割用气体的使用与保管。同时还介绍了我国焊接材料发展状况。通过学习，掌握不同焊接方法所选用的各类焊接材料，以及各种焊接材料在生产中的应用，学会根据不同钢种来正确使用合适的焊接材料。

习题与思考题

一、名词解释

1. 焊接材料 2. 焊条工艺性能 3. 焊条冶金性能 4. 药芯焊丝 5. 碱性焊条

二、填空题

1. 焊芯和焊丝的主要作用是_____和_____。

2. 常用的低碳钢、低合金钢焊芯（丝）有 H08A、H08E，其中 H 表示_____，08 表示_____，A、E 分别表示高级优质、特级优质钢。

3. 焊条药皮的主要作用是保证_____、造气、造渣、防止空气侵入、_____、向焊缝渗入合金元素。

4. 焊剂按氧化物性质分类，可分为_____焊剂、中性焊剂和_____焊剂。

5. 焊条药皮中的脱氧剂主要有_____、_____、_____、铝粉，其作用是对焊缝金属脱氧。

6. E4303 焊条，其牌号为_____，其中 0 表示适于_____焊接，03 表示焊条药皮为_____，适于交、直流电源。

7. 焊条必须分类、分牌号、批号存放，离地面、墙壁至少_____m，库房内相对湿度应控制在_____以下。

8. 焊条在使用前必须进行烘干，碱性焊条应烘焙至_____℃，保温 1~2h；酸性焊条烘焙至_____℃；保温 1~2h。

9. 氧气瓶应涂_____色，用_____色标明"氧气"字样。

10. 焊接用焊丝的钢种有_____、_____和不锈钢三类。

11. 焊丝根据其外层结构分类，可分为_____焊丝、_____焊丝两大类。

三、选择题

1. 碳钢、低合金钢的焊条选择通常根据其（　　）等级、结构刚性、工作条件等选择相应等级的焊条。

    A. 强度　　　　　　　　B. 厚度　　　　　　　　C. 焊缝质量要求

2. 低氢型焊条的焊缝金属含氢量低主要是因为（　　　）。

    A. 药皮中含有 CaF_2　　B. 焊条烘干温度高　　C. 药皮中含有碳酸盐

3. 碱性焊条比酸性焊条的焊缝抗裂性（　　　）。

    A. 好　　　　　　　　　B. 差　　　　　　　　　C. 相同

4. 稳弧性、脱渣性、熔渣的流动性和飞溅大小等是指焊条的（　　　）。

    A. 冶金性能　　　　　　B. 焊接性　　　　　　　C. 工艺性能

5. 在焊条药皮中，常用的造气剂有淀粉、（　　　）、纤维素和大理石等。

    A. 木炭　　　　　　　　B. 木粉　　　　　　　　C. 石墨

6. 对焊缝冲击韧度、塑性要求较高的工件，应选用（　　　）焊条。

    A. 酸性　　　　　　　　B. 碱性　　　　　　　　C. 不锈钢

7. 对 16MnR、16MnG、15MnVR 钢进行焊接时，宜选用（　　　）焊条。

    A. E4315　　　　　　　B. E5015　　　　　　　C. E5003

8. HJ431 属于（　　　）锰、高硅、低氟型熔炼焊剂。

    A. 低　　　　　　　　　B. 中　　　　　　　　　C. 高

9. SJ102 焊剂属于（　　　）焊剂。

    A. 熔炼　　　　　　　　B. 粘结　　　　　　　　C. 烧结

10. 焊丝的表面质量，如直径偏差、表面硬度均匀性、有无油脂、锈蚀等都将影响（　　　）的稳定性和焊缝质量。

    A. 焊接工艺过程　　　　B. 电弧燃烧　　　　　　C. 熔滴过渡

11. 储存二氧化碳气体的气瓶外表涂（　　　）颜色，并标有"二氧化碳"字样。

    A. 蓝　　　　　　　　　B. 黑　　　　　　　　　C. 银白

12. CO_2 气体保护焊时，所用的二氧化碳气体的纯度不得低于（　　　）。

    A. 99.5%　　　　B. 99.2%　　　　C. 98.5%　　　　　　　D. 97.5%

四、判断题

1. 焊条药皮中的稳弧剂能改善引弧性能，提高电弧燃烧稳定性。　　　　　　　　　　（　　　）

2. 目前我国生产的氩气纯度可达 99.99%。　　　　　　　　　　　　　　　　　　（　　　）

3. 焊条药皮熔化后形成的熔渣覆盖在焊缝表面，会增大焊缝产生气孔的倾向。　　　（　　　）

4. 储存气体的气瓶应该卧放，气瓶不易倾倒，使用时更安全。　　　　　　　　　　（　　　）

5. SJ101 属于熔炼焊剂，而 HJ431 属于烧结焊剂。　　　　　　　　　　　　　　（　　　）

6. 氧气是助燃气体，而乙炔气体为可燃气体。　　　　　　　　　　　　　　　　　（　　　）

五、简答题

1. 焊接材料主要包括什么？

2. 何谓自保护焊接用实芯焊丝？

3. 焊接用保护气体有哪几种？

六、课外交流与探讨

针对酸性、碱性焊条性能要求，试分析 E4303，E5015 在什么场合下应用，选用上有什么区别？

第六章 焊接冶金缺陷的产生与防止

焊接质量必须从两个方面来保证：其一是焊接接头的性能与母材相匹配，以满足产品工作条件的要求；其二是焊接接头中不存在影响结构安全运行的焊接缺陷。

本章主要介绍焊接冶金缺陷的种类、特征、产生的原因及防止方法。

第一节 焊接缺陷的种类

焊接缺陷就是焊接过程中，在焊接接头中产生的金属不连续、不致密或连接不良的现象。因此，为了获得合格的焊接接头，防止焊接缺陷，必须掌握有关缺陷的产生、影响因素及防止措施的知识。

按照缺陷的性质，金属熔焊接头常见的缺陷可分为气孔、固体夹杂、裂纹、未熔合、未焊透和形状缺陷等几类。每类缺陷按状态、形成位置或产生的条件分类，又可分为若干小类。

一、焊接工艺缺陷

1. 未熔合

在焊缝金属和母材之间或焊道和焊道之间未完全熔化结合的部分称为未熔合，它可以分为侧壁未熔合（图6-1a）与层间未熔合（图6-1b）等形式。

未熔合一般很窄，作用相当于裂纹，在外力作用下很容易扩展而形成开裂。

2. 未焊透

焊接时焊接接头根部未完全熔透的现象称为未焊透，如图 6-2所示。

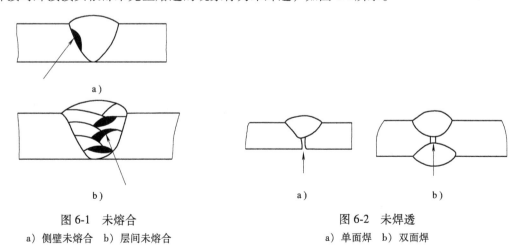

图 6-1 未熔合
a）侧壁未熔合 b）层间未熔合

图 6-2 未焊透
a）单面焊 b）双面焊

3. 焊缝形状缺陷

凡是焊缝的表面形状与原设计几何形状有偏差的现象均属于形状缺陷。焊接形状缺陷有以下几种：

（1）咬边 由于焊接参数选择不当或操作方法不正确，沿焊缝与母材交界处的母材部位产生的沟槽或凹陷称为咬边。咬边可能是连续的（图 6-3a）或是间断的（图 6-3b）。

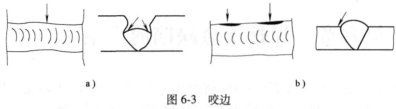

图 6-3　咬边

a）连续咬边　b）间断咬边

（2）焊缝超高　焊缝超高包括对接焊缝表面上焊缝的余高超过设计要求（图 6-4a）与角焊缝表面的凸度过大（图 6-4b）两种形式。

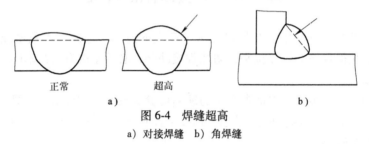

图 6-4　焊缝超高

a）对接焊缝　b）角焊缝

（3）下塌　焊缝根部有过多金属的现象称为下塌（图 6-5）。

（4）焊瘤　在熔焊过程中，熔化金属流到焊缝之外未熔化的母材上所形成的金属瘤称为焊瘤（图 6-6）。

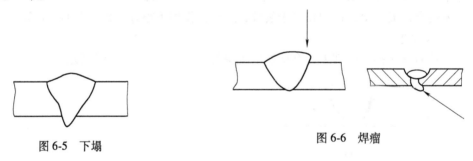

图 6-5　下塌

图 6-6　焊瘤

（5）烧穿　在焊接过程中，熔化金属从坡口背面流出，形成穿孔的缺陷称为烧穿（图6-7）。

（6）未焊满　由于填充金属不足，在焊缝表面形成的连续或断续的沟槽（图 6-8）。

图 6-7　烧穿

图 6-8　未焊满

4. 焊缝尺寸不合格

焊缝尺寸不合格主要包括焊缝成形差、余高超高、凹陷、焊脚不对称、焊缝宽度过大（或偏窄）等。

在上述几类缺陷中，未熔合、未焊透和焊缝形状缺陷的产生主要是由操作方法不正确、焊接参数选用不当造成的。而气孔、夹杂和焊接裂纹则与材料和冶金过程有密切关系，习惯上称为焊接冶金缺陷。下面重点介绍焊接冶金缺陷。

二、气孔的分类及特征

1. 气孔的定义及危害

焊接时，熔池中的气泡在凝固时未能逸出而残留下来所形成的空穴称为气孔。气孔的危害首先是影响焊缝的致密性（气密性或水密性），其次是将减小焊缝的有效横截面积。此外，气孔还将造成应力集中，对焊缝的强度和韧性有明显的影响。实验证明，少量气孔对焊缝力学性能影响不大，但随着气孔的尺寸和数量的增大，焊缝的强度、塑性和韧性都将明显降低，特别是对结构的动载强度影响更大。

2. 气孔的分类

（1）按气孔的分布情况分类

1）均匀气孔。大量气孔比较均匀地分布在整个焊缝金属中，如图 6-9a 所示。

2）局部密集气孔。集中分布在焊缝金属中的气孔群，如图 6-9b 所示。

3）链状气孔。与焊缝轴线平行的成串气孔，如图 6-9c 所示。

4）条状气孔。长度方向与焊缝轴线近似平行的非球形的长气孔，如图 6-9d 所示。

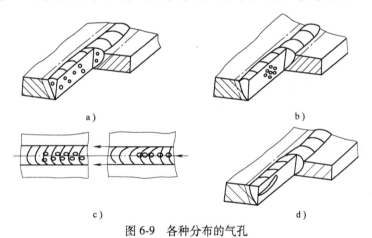

图 6-9　各种分布的气孔

a）均匀气孔　b）局部密集气孔　c）链状气孔　d）条状气孔

（2）按气孔所在位置分类

1）表面气孔。暴露在焊缝表面的气孔，如图 6-10a 所示。

2）内部气孔，如图 6-10b 所示。

（3）按生成气孔的气体分类　最常见的是氢气孔与一氧化碳气孔，有时也会出现氮气孔。

三、固体夹杂的分类及特征

1. 固体夹杂的定义

固体夹杂是指在焊缝中残留的固体夹杂物。

2. 固体夹杂的分类

（1）根据在焊缝中的分布形式分类　固体夹杂可分为线状夹杂、孤立夹杂和其他形式夹杂（图6-11）。

（2）根据固体夹杂的化学成分分类　固体夹杂可分为氧化物夹杂、硫化物夹杂和氮化物夹杂。

a)　　　　　　　　　　　　　　　　　　b)

图 6-10　焊缝气孔的位置

a）表面气孔　b）内部气孔

a）　　　　　　　　b）　　　　　　　　c）

图 6-11　焊缝中的夹杂类型

a）线状夹杂　b）孤立夹杂　c）其他形式夹杂

四、焊接裂纹

1. 焊接裂纹的定义

焊接裂纹是指在焊接应力及其他致脆因素的共同作用下，焊接接头中局部地区的金属原子结合力遭到破坏而形成的新界面所产生的缝隙。焊接裂纹具有尖锐的缺口和大的长宽比等特征。

2. 焊接裂纹的危害

焊接裂纹是焊接生产中常见的缺陷之一，也是危害最严重的缺陷。它不仅会造成废品，而且可能造成灾难性事故。据统计，焊接结构所发生的事故除少数是由设计错误和产品运行违反操作规程造成的外，绝大多数是由焊接裂纹造成的。1930～1940 年的 10 年间，在比利时、南斯拉夫、法国，先后有数座桥梁由于焊接裂纹扩展而倒塌或断裂，甚至发生在桥梁没有载荷的情况下突然断裂的事故。近年来，焊接压力容器在能源与化工行业中得到广泛应用，但由于焊接裂纹扩展而发生的破坏事故常常会造成巨大的损失（图6-12），特别是在容器中装有可燃的气体或液体时，破坏往往会引起连锁性爆炸和大火，不仅造成经济损失，而且还会有人员伤亡。焊接裂纹之所以有如此严重的危害，主要是因为焊接裂纹两端的尖锐缺口造成严重的应力集中使裂纹很容易扩展成为大的裂口或整体断裂。

3. 焊接裂纹的分类

（1）按焊接裂纹生成温度分类　焊接裂纹可分为热裂纹和冷裂纹。

1）热裂纹。在焊接过程中，焊缝和热影响区金属冷却到固相线附近高温区产生的焊接裂纹。

2）冷裂纹。焊接接头冷却到较低温度下（对钢而言在 Ms 温度以下）时产生的焊接裂纹。

图 6-12　压力容器因焊接裂纹扩展
而导致爆炸的实例

（2）按焊接裂纹产生的原因分类

焊接裂纹可分为以下几类：

1）结晶裂纹。结晶裂纹又称为凝固裂纹，是焊缝金属在凝固过程中因性能的变化与力的因素共同作用所导致的焊接裂纹。

2）高温液化裂纹。高温液化裂纹又称为热影响区液化裂纹，发生在熔合线附近的热影响区和多层焊的层间部位。如果被焊金属含有较多的低熔共晶体，则在焊接热循环峰值温度的作用下，低熔共晶体被重新熔化，在拉应力的作用下会沿奥氏体晶界发生开裂。高温液化裂纹与结晶裂纹同属于焊接热裂纹。

3）氢致冷裂纹。焊接接头中的氢导致焊后一段时间出现的焊接裂纹。

4）脆化冷裂纹。焊接接头冷却至低温时，由于收缩时引起的应变超过其本身的变形能力而产生开裂。

5）层状撕裂。在焊接构件中沿钢板轧层形成的呈阶梯状的一种焊接裂纹。

（3）按焊接裂纹产生的位置及走向分类　焊接裂纹可分为以下几类：

1）纵向裂纹。基本上与焊缝轴线平行的焊接裂纹。

2）横向裂纹。基本上与焊缝轴线垂直的焊接裂纹。

3）放射状裂纹。具有某一公共点并呈放射状分布的焊接裂纹，也可称为星形裂纹。

4）弧坑裂纹。在焊缝收弧弧坑处的焊接裂纹。

5）焊缝裂纹。

6）热影响区裂纹。

第二节　气孔与夹杂

气孔与夹杂都是在熔池凝固过程中产生的焊接缺陷。

一、气孔产生的原因

1. 形成气孔的气体及来源

形成气孔的气体按来源不同可分为两种类型：

1）高温时能大量溶解于液体金属，而在金属凝固时溶解度突然下降的气体，如氢、氮。

2）在熔池进行化学冶金反应中形成的不溶解于液体金属的气体，如一氧化碳、水蒸气。

焊接低碳钢和低合金钢时，形成气孔的气体主要是氢和一氧化碳。因为两者的来源与化学性质不同，气孔的形成条件与分布也不一样。

2. 氢气孔

氢是还原性气体，并具有很高的扩散能力。在低碳钢焊缝中的氢气孔大都分布在焊缝表面，断面为螺钉状，内壁光滑，上大下小呈喇叭状。在焊条药皮中含有结晶水时，或焊接密度较小的轻金属时，氢气孔也会出现在焊缝内部。

氢在液态铁中的溶解度很高，在高于熔点的温度下，随着温度降低，溶解度逐渐下降，熔池开始凝固后氢在固相中的溶解度发生突变。随着固体的增加，剩余液体中氢的浓度必然逐渐增大，并且聚集在固体的前沿。这样，在枝晶前沿，特别是在相邻晶粒之间低谷处的液体金属中氢的浓度不仅高于其在熔池中的平均浓度 H_0，而且超过了饱和浓度。如图 6-13 所示，氢在谷底处的最大浓度可达平均浓度的 2~2.2 倍。当谷底处氢的浓度高到不能继续以过饱和状态溶解时，就会形成气泡。这些气泡如果在熔池凝固前未能浮出，就形成了氢气孔。

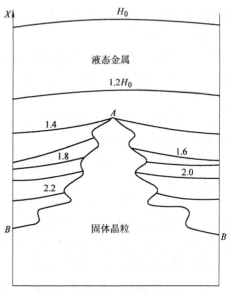

图 6-13　熔池凝固中某瞬时氢的分布

氢气泡形成后，其本身的扩散能力将促使其浮出，但同时又受到液体金属的阻力和晶粒的阻碍，在两者的综合作用下，气孔就形成了上大下小的形状，并往往出现在焊缝表面。

氮气孔形成的过程与氢气孔相似，但在保护正常的条件下焊接区的氮气很少，不足以形成气孔。氮气孔多在保护遭到破坏的条件下出现。

3. 一氧化碳气孔

CO 主要是 C 与 O、FeO 或其他氧化物作用的产物。C 对 O 的亲和力随温度升高而增大，高温时，C 比 Fe、Mn、Si 等元素对 O 的亲和力都高，因此，在熔滴区和熔池前部将进行下列反应：

$$[C] + [O] = CO \tag{6-1}$$

$$[FeO] + [C] = [Fe] + CO \tag{6-2}$$

$$[MnO] + [C] = [Mn] + CO \tag{6-3}$$

$$[SiO_2] + [2C] = [Si] + 2CO \tag{6-4}$$

CO 不溶于液态铁，因此高温时形成的 CO 很容易形成气泡并浮出，不仅不会形成气孔，而且气泡排出时使熔池沸腾，还有助于其他气体和杂质从熔池中排出。

形成气孔的 CO 是在熔池结晶后期形成的。熔池开始凝固后，液体金属中 C 和 FeO 的浓度随固体的增加而增加，并聚集在一起形成局部高浓度，从而促使式（6-2）反应进行。

由于 CO 比 H_2 的扩展能力小，气泡上浮的速度较慢，因此，CO 气孔多在焊缝内部沿结晶方向分布在枝间，呈条虫状，内部有氧化颜色。

不同气孔的分布特点不是固定不变的，有时也会有例外情况出现，但上述规律对判断气孔的成因有一定的参考价值。此外，气孔中的气体并不总是单一的，往往是几种气体并存。可以认为，在一定的条件下，某一种气体对气孔的形成起主要作用，而其他气体则使气泡迅速长大。

二、影响气孔形成的因素

气孔形成的过程可以概括为熔池吸收了超过溶解度的（或不溶于熔池的）气体，过饱和气体形成气泡，气泡上浮受到阻碍等几个阶段。这几个阶段都与参加化学冶金反应的物质与条件有关，也就是说与母材的化学成分、熔渣的组成与性能、焊接的工艺条件等有关。影响气孔形成的因素如下。

1. 熔渣的氧化性

熔渣氧化性的强弱对气孔的形成有明显的影响。实践证明，无论是酸性熔渣还是碱性熔渣，当氧化性过强时都会出现一氧化碳气孔，而当还原性过强（如熔池中含氢量过高）时会出现氢气孔，只有当氧化性（或还原性）在适当的范围内时才不会产生气孔。这一现象是由氧的双重作用造成的，即氧一方面可与氢形成稳定的 OH，降低电弧气氛中氢的分压，而抑制了氢气孔的形成；另一方面，氧又可与碳作用生成 CO，使形成 CO 气孔的可能性增加。反之，当还原性过强时，则会使 CO 气孔的形成受到抑制而形成氢气孔的可能性增大。

2. 铁锈、水分及母材表面其他杂质

母材表面的氧化皮、铁锈、水分、油渍以及焊接材料中的水分也是导致气孔形成的重要因素，其中以铁锈影响最大。

氧化皮的主要成分是 Fe_3O_4，有时含有少量的 Fe_2O_3。铁锈的化学成分一般表达为 mFe_2O_3，其中 Fe_2O_3 的质量分数大致为 83.3%，并含有一定的结晶水。加热时，铁的氧化物和结晶水将按下列各式分解：

$$3Fe_2O_3 = 2Fe_3O_4 + O \tag{6-5}$$

$$2Fe_3O_4 + H_2O = 3Fe_2O_3 + H_2 \tag{6-6}$$

$$Fe + H_2O = FeO + H_2 \tag{6-7}$$

氧化铁与铁作用生成氧化亚铁，即

$$Fe_3O_4 + Fe = 4FeO \tag{6-8}$$

$$Fe_2O_3 + Fe = 3FeO \tag{6-9}$$

结晶水分解后将产生 H_2、H、O 及 OH 等。

上述反应的结果，氧化性及氢的分压均有所提高，因而使一氧化碳气孔与氢气孔形成的倾向都要增大。焊接材料中残存的水分和金属表面的油渍在高温下分解后也会增加气孔形成的倾向。

3. 焊条药皮和焊剂的组成

焊条药皮和焊剂的组成都比较复杂，而且随被焊金属的不同而异。现仅对焊接低碳钢或低合金钢时，焊条药皮和焊剂中对气孔形成影响较大的成分加以分析。

CaF_2（氟石）是碱性焊条与焊剂中常用的材料之一。碱性焊条药皮中加入 CaF_2 可以脱氢，从而降低氢的分压，有效地防止氢气孔。高锰高硅焊剂中加入 CaF_2，与 SiO_2，作用生成 SiF_4，SiF_4 与 H 或 H_2O 作用生成稳定的 HF，就可有效地防止氢气孔。具体反应过程如下：

$$2CaF_2 + 3SiO_2 = SiF_4 + 2CaSiO_3 \tag{6-10}$$

$$SiF_4 + 2H_2O = 4HF + SiO_2 \tag{6-11}$$

$$SiF_4 + 3H = SiF + 3HF \tag{6-12}$$

实践证明，熔渣中的 SiO_2 与 CaF_2 的去氢作用有互补性，即当 CaF_2 较多、SiO_2 较少时可以脱氢，而 CaF_2 较少、SiO_2 较多时也可达到相同的脱氢效果。上述反应只有在自由状态的 SiO_2 分子较多时才能顺利进行，也就是说在酸性熔渣中较为明显。

CaF_2 可以有效地防止氢气孔，但含量过高时会使电弧稳定性变坏，同时还会产生不利于焊工身体健康的可溶性氟。

酸性焊条药皮中不含 CaF_2，一般加入一定数量的氧化剂（如 MnO、Fe_2O_3 等），氧化剂分解后与氢结合成稳定的自由氢氧基 OH，也可起到防止氢气孔的作用。

为了提高电弧稳定性，可在低氢型焊条药皮中加入一些低电离电位的物质（如 K_2CO_3、$KHCO_3$、Na_2CO_3 等），但会使气孔形成倾向增大。因为高温时，K、Na 对 F 的亲和力比 H 大，可将 HF 中的 H 取代而生成 NaF、KF，使 H 呈游离状态，从而导致氢分压上升。所以，低氢钾型焊条比低氢钠型焊条对气孔更为敏感。

4. 被焊金属的性质

焊缝金属的密度、热导率以及气体在金属中溶解度的变化都会对气孔形成倾向有一定的影响。

气泡在熔池内形成后能否上浮并从熔池中排出，取决于气泡上浮的速度和熔池存在的时间。气泡上浮的速度可按下式进行估算：

$$v_{泡} = \frac{2}{9} \frac{\rho_1 - \rho_2}{\eta} gr^2 \tag{6-13}$$

式中　$v_{泡}$——气泡上浮的速度（cm/s）；

　　ρ_1、ρ_2——熔池液体金属与气体的密度（g/cm^3）；

　　　g——重力加速度（cm/s^2）；

　　　r——气泡半径（cm）；

　　　η——液体金属黏度（Pa·s）。

式（6-13）说明气泡上浮的速度与 $\rho_1 - \rho_2$ 成正比。一般情况下，ρ_2 比 ρ_1 小得多，因此，$v_{泡}$ 的大小主要取决于 ρ_1 值。这样，在焊接轻合金时（如 Al、Mg 及其合金），气泡上浮速度比焊接钢时要小，气孔形成倾向要大得多。熔池存在的时间除与焊接参数、结构尺寸有关外，与被焊金属的热导率有密切关系。热导率高的金属（如 Al、Cu 等）焊接时冷却速度高，熔池存在的时间短，气泡往往来不及析出。

此外，气体在液态和固态金属中的溶解度相差越悬殊，在熔池凝固过程中越容易形成过饱和状态，也越容易形成气孔。

5. 焊接参数

（1）焊接热输入　焊接热输入 E 决定熔池存在的时间（t_s），两者的关系可表示为

$$t_s = K \frac{UI}{v} = KE \tag{6-14}$$

式中　U——弧焊电压（V）；

I——焊接电流（A）。

v——焊接速度（mm/min）

K——与被焊金属物理性能有关的系数；

由式（6-14）可知，t_s 与 E 成正比。增加 E 可延长 t_s，使气泡有充分的时间排出。但是，增加电弧功率也有不利的一面，焊接电流增加，熔滴变细，比表面积（即单位质量的表面积）增加，高温时会吸收更多的氢，气孔形成倾向增大。提高电弧电压，弧长加大，增加了熔滴过渡的距离，不仅使熔滴与周围气体接触的机会增加，而且影响保护的效果，使氢气孔、氮气孔的形成倾向都会加大，加之焊接热输入的调整范围有限，所以通过 E 的变化来防止气孔形成的效果并不明显。

（2）电流的种类与极性　电流的种类与极性主要对氢气孔的敏感性有影响。在使用未经烘干的焊条焊接时，使用交流电最容易产生气孔。直流正接时气孔较少，而用直流反接时气孔最少。对上述现象目前的解释是：氢是以离子 H^+ 的形式溶入液体金属中的，在形成 H^+ 时要放出一个电子，即

$$H = H^+ + e^- \tag{6-15}$$

在直流反接时，熔池为阴极，表面有较多的电子，促使式（6-15）向左进行，H^+ 减少，熔池中的 H 也相应减少，所以直流反接时氢气孔最少。直流正接时，熔池为阳极，有利于在熔池表面形成 H^+，但形成的 H^+ 并未完全进入熔池，而是有一部分在电场力的作用下向阴极运动，所以，气孔的形成倾向虽然大于直流反接，但并不很大。在交流焊接时，氢离子在电流改变方向通过零点的瞬时顺利进入熔池，所以以气孔形成的倾向最大。

三、防止气孔产生的措施

除考虑焊接材料与母材熔化的冶金因素外，从工艺上防止气孔的措施主要有：

（1）尽可能减少形成气孔的气体来源

1）焊前仔细清理坡口表面及焊缝两侧 20~30mm 范围内的铁锈、油渍。

2）焊条与焊剂应合理存放，防止受潮或污染，在使用前应按规定进行烘干。

（2）加强对熔池的保护

1）采用短弧焊接，不使用药皮脱落的焊条，尽量不用药皮偏心的焊条。

2）在埋弧焊和气体保护焊时，焊剂和保护气体不要中断。

3）装配间隙不应过大，以免空气从根部侵入熔池。

（3）正确选择焊接参数　在条件许可的情况下，适当加大焊接电流，降低焊接速度。在使用直流电源焊接时，应考虑极性对气孔的影响。

（4）认真进行点固焊或定位焊　由于点固焊和定位焊一般是在冷态工件上进行的，焊缝很短，因而保护情况不好，且冷却速度快，所以很容易出现气孔。有时焊点上的气孔还会成为正式焊缝上气孔的起源。为了防止气孔，要求点固焊使用与正式焊接时质量完全相同的焊条，并认真操作。定位焊时，应选用直径较小的焊条，焊接电流比正式焊接时的焊接电流要高 10% 左右，以保证焊透。

（5）预热工件　对于导热快、散热面积大的焊件，如果施工环境温度较低，可适当进行预热，以降低冷却速度。

四、焊缝中的夹杂物

如前所述，焊缝中残留的固体夹杂可分为夹渣与夹杂物两类。夹渣是指残留在焊缝中的

熔渣，在焊接参数选择合理、操作技术熟练的条件下很少出现。而各种夹杂物则与化学冶金过程有密切的关系。这里我们重点讨论夹杂物产生的原因及防止措施。

1. 夹杂物产生的原因及其危害

金属中存在的夹杂物会使金属的塑性和韧性降低，焊缝中存在的夹杂物还会增加产生裂纹的可能性。

氧化物夹杂产生的原因主要是熔池脱氧不完全，其中的 FeO 与其他元素作用的结果，主要以硅酸盐的形式存在。这类夹杂物的熔点一般比焊缝金属的熔点低，在焊缝结晶过程中最后凝固。少量液体夹杂物存在于固体晶粒之间，在焊接应力作用下，有可能形成裂纹。

当焊接材料或母材中含硫较高时，就会在焊缝中形成硫化物夹杂。硫在铁中的溶解度随温度的降低而降低，并与 Fe 或 Mn 化合成为 FeS 或 MnS 夹杂。其中以 FeS 的危害最为严重，它是引起焊缝中结晶裂纹的主要原因之一。

氮主要来自于空气，氮化物夹杂主要出现在保护不良的情况下。在焊接低碳钢和低合金钢时，氮化物夹杂主要以 Fe_4N 的形式存在。Fe_4N 一般是在焊后放置一段时间后，从过饱和固溶体中析出的。当氮化物较多时，金属的强度、硬度上升，塑性、韧性下降。

2. 防止焊缝中形成夹杂物的措施

夹杂物造成的危害程度与其分布状态有关。分布均匀的细小显微夹杂物对塑性和韧性的影响较小，还可以使焊缝的强度有所提高，所以要采取措施加以防止的是宏观的大颗粒夹杂物。

1）限制夹杂物来源。首先要从控制母材与焊材入手，正确选用焊条或焊剂的渣系，以保证熔池能够充分脱氧、脱硫。此外，对母材、焊丝及药皮（或焊剂）原材料中的杂质含量应严加控制，以杜绝夹杂物的来源。

2）选用合适的热输入，保证熔池有必要的存在时间。

3）在多层焊时，每一层焊缝（特别是打底焊缝）焊完后必须彻底清理焊缝表面的焊渣，以防止残留的焊渣在焊接下一层焊缝时进入熔池而形成夹杂物。

4）焊条电弧焊时，将焊条做适当的摆动以利于夹杂物的浮出。

5）施焊时注意保护熔池，包括控制电弧长度。埋弧焊时保证焊剂层有足够的厚度。气体保护焊时要有足够的气体流量，以防止空气侵入。

第三节　结 晶 裂 纹

一、结晶裂纹的特征

结晶裂纹主要产生于含硫、磷或其他杂质偏高的碳钢、低合金钢以及单相奥氏体钢焊缝中（图 6-14），一般沿焊缝柱状晶界处扩展（图 6-15），宏观位于焊缝中心线的纵向结晶裂纹较为常见（图 6-16）。结晶裂纹表面无金属光泽，常有氧化颜色，焊缝表面的裂纹中往往填满焊渣。结晶裂纹的以上特征表明，它是在焊缝结晶后期熔渣尚未凝固的温度下形成的。

二、结晶裂纹形成的原因

结晶裂纹是金属在高温下塑性下降和拉应力的作用下生成的。在熔池中结晶后期，固体多于液体，少量低熔点的残液被固体包围而形成低熔点液体薄膜（图 6-17），这时，即使有很小的拉应力存在，由于没有足够的液体补充，也很容易开裂，也就是说，在这个温度范围内金属的塑性最低，结晶裂纹就是在此温度范围内产生的。这个温度范围称为"脆性温度区间"，它的上限低于焊缝的液相温度，下限略低于固相温度。合金的液固相温度差越大，杂质含量越高，越容易产生结晶裂纹。

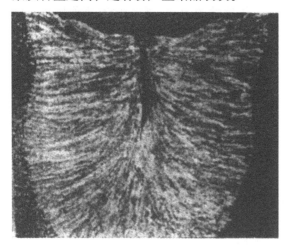

图 6-14　焊缝中的结晶裂纹

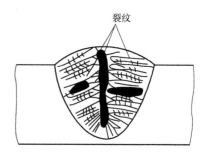

图 6-15　焊缝中结晶裂纹出现的位置

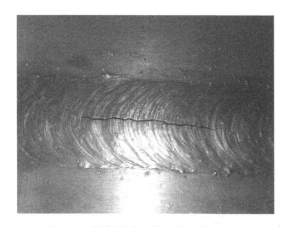

图 6-16　沿焊缝中心线的纵向结晶裂纹

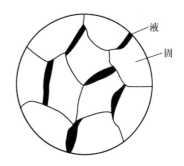

图 6-17　焊缝金属结晶后期的液体薄膜间层

力的作用是产生裂纹的必要条件。结晶裂纹产生于焊后高温条件下，显然，造成开裂的拉应力和变形不是来自于外力，而是焊缝冷却过程中所产生的内应力作用的结果。焊接时进行局部加热，焊件上温度分布不均匀，熔池在凝固时的收缩就要受到周围冷金属的限制，使实际的收缩量达不到应有的大小，相当于非自由伸长，这个拉伸变形就是导致结晶裂纹之力的因素。

上述脆性温度区间的存在与拉伸变形两个因素几乎对所有的焊缝金属都是存在的，但只有在拉伸变形超过金属在脆性温度区间的变形能力时才会产生结晶裂纹。

三、影响结晶裂纹形成的因素

合金在脆性温度区间的宽度主要取决于合金的化学成分，而在力的作用下所产生的拉伸变形则与其结构和焊接工艺有关。

1. 化学成分的影响

在钢中的合金元素及杂质中，凡是扩大结晶温度区间（$T_L \sim T_s$）或可以形成低熔点共晶体的元素都可增加结晶裂纹的敏感性，而能够脱硫或细化晶粒的元素都可使结晶裂纹的敏感性降低。下面就低碳钢和低合金钢中常见合金元素的影响加以介绍。

（1）硫、磷的影响　硫和磷都是提高结晶裂纹敏感性的元素。它们的有害作用来自以下几方面：首先，钢中含有微量的硫或磷时，结晶温度区间明显增大。w_S 增加 0.2%，结晶温度区间增加 100℃；w_P 增加 1%，结晶温度区间增加 100℃。其次，硫和磷在钢中可以形成多种低熔点共晶体，这些共晶体的熔点大多低于 1000℃，在焊缝结晶后期就会形成液体薄膜间层。最后，硫与磷都是容易偏析的元素，在局部聚集后更有助于形成低熔点共晶体或化合物。

（2）碳的影响　碳是钢中必不可少的元素，但也是提高结晶裂纹敏感性的主要元素之一。碳使结晶温度区间加宽，并使硫、磷的有害作用加剧。因此，对含碳量较高的钢，对硫、磷的限制要更加严格。

（3）锰的影响　锰可以脱硫。脱硫产物 MnS 不溶于铁而可以进入熔渣，从而可抑制硫的有害作用，而且适当提高焊缝中的含锰量还有助于提高其塑性。为了充分发挥锰的有利作用，要求焊缝中应保证一定的 w_{Mn}/w_S 值。具体要求是：

$w_C \leq 0.10\%$ 时　　　　　　　　　$w_{Mn}/w_S \geq 22$

$w_C = 0.10\% \sim 0.125\%$ 时　　　　　$w_{Mn}/w_S \geq 30$

$w_C = 0.126\% \sim 0.155\%$ 时　　　　$w_{Mn}/w_S \geq 59$

图 6-18 所示为 C、Mn、S 共存时对结晶裂纹的影响。可以看出，w_C 越高，无裂纹的区域越小，也就是说当含硫量一定时，含碳量越高，防止结晶裂纹所需要的含锰量也越高。

（4）硅的影响　硅对结晶裂纹的影响依含量不同而不同。硅在含量较低时，有利于防止结晶裂纹，但当 $w_{Si} \geq 0.42\%$ 时，由于会形成低熔点的硅酸盐，反而使裂纹形成倾向加大。

此外，Ti、Zr 和一些稀土金属由于可以形成高熔点的硫化物，能够脱硫，对防止结晶裂纹是有利的。但这些元素对氧的亲和力都比较强，焊接时通过焊接材料过渡到熔池中比较困难。

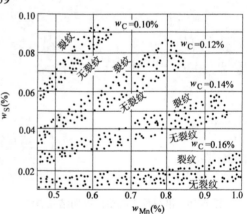

图 6-18　C、Mn、S 共存时对结晶裂纹的影响

各元素对低碳钢和低合金钢焊缝结晶裂纹的影响可以划分为四种类型，见表 6-1。

表 6-1　各元素对低碳钢和低合金钢焊缝结晶裂纹的影响

增加形成结晶裂纹	增加开裂倾向	降低焊缝的裂纹形成倾向	尚未取得一致意见
C、S、P、 Cu 、Ni （当有 S、P 同时存在时）	$w_{Si} > 0.4\%$， $w_{Mn} > 0.8\%$， $w_{Cr} > 0.8\%$	Ti、Zr、 稀土、Al 等， $w_{Cr} < 0.8\%$	N、O、As

2. 拘束应力的影响

如上所述，产生结晶裂纹的力的因素是焊缝收缩受限制而产生的拉伸变形，变形越大，则越容易开裂。焊接结构的拘束应力决定拉伸变形。拘束应力大小受许多因素影响，包括结构的几何形状、结构的尺寸（主要是板厚）、结构的复杂程度、焊缝的数量及分布、焊接顺序及装配方案等。一般来说，结构的尺寸越大、越复杂，越容易产生结晶裂纹。在结构一定时，装配方案及焊接顺序对结晶裂纹的产生会有重要影响，所以，可通过工艺对力的因素加以控制来防止结晶裂纹。

四、防止结晶裂纹产生的措施

防止结晶裂纹主要从冶金和工艺两个方面着手，其中冶金措施更为重要。

1. 防止结晶裂纹的冶金措施

（1）控制焊缝中硫、磷、碳等有害元素的含量　硫、磷、碳等元素主要来源于母材与焊接材料，因此，首先要杜绝其来源。具体措施是：第一，对焊接结构用钢的化学成分在国家或行业标准中都做了严格的规定，如锅炉及压力容器用钢一般规定 w_S、w_P 均不大于 0.035%，强度级别较高的调质钢则要求更严；第二，为了保证焊缝中有害元素低于母材，对焊丝用钢、焊条药皮和焊剂原材料中的碳、硫、磷含量也做了更严格的规定，如焊丝中的碳、硫、磷含量均低于同牌号的母材。

（2）对熔池进行变质处理　通过变质处理细化晶粒，不仅可以提高焊缝金属的力学性能，还可提高抗结晶裂纹能力。

（3）调整熔渣的碱度　实验证明，焊接熔渣的碱度越高，熔池中脱硫、脱氧越完全，其中杂质越少，越不易形成低熔点化合物，可以显著降低焊缝金属的结晶裂纹倾向。因此，在焊接较重要的产品时，应选用碱性焊条或焊剂。

2. 防止结晶裂纹的工艺措施

在产品一定的条件下，工艺措施不仅可通过调节冷却速度来影响变形率，而且通过熔合比及焊缝成形系数的变化也能影响焊缝的化学成分和偏析情况。防止结晶裂纹的工艺措施如下：

1）调整焊接参数以得到抗裂能力较强的焊缝成形系数。成形系数 $\phi(B/H)$ 不同时，影响柱状晶长大的方向和区域偏析的情况如图 6-19 所示。

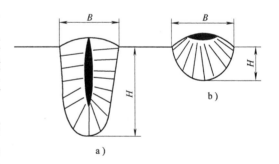

图 6-19　不同成形系数 ϕ（B/H）时的
结晶和区域偏析情况
a）成形系数小　b）成形系数大

一般来说，提高成形系数可以提高焊缝的抗裂能力。从图 6-20 可以看出，当焊缝中 w_C 提高时，为防止结晶裂纹所需的成形系数也相应提高，以保证枝晶呈人字形向上生长，避免因晶粒相对生长而在焊缝中心形成杂质聚集的脆弱面。为此，要求 $\phi>1$，但也不宜过大。当 $\phi>7$ 时，由于焊缝过薄，抗裂能力反而下降。

为了调整成形系数，必须合理选用焊接参数。一般情况下，成形系数随电弧电压升高而增加，随焊接电流的增加而减小。当热输入不变时，焊速越快，裂纹形成倾向越大。

2）调整冷却速度。冷却速度越快，变形增长率越大，结晶裂纹形成倾向也越大。降低冷却速度可通过调整焊接参数或预热来实现。通过增加热输入来降低冷却速度的效果是有限的，采用预热的方式则效果较明显。但要注意，结晶裂纹形成于固相线附近的高温，需用较高的预热温度才能降低高温的冷却速度。高温预热将提高成本，恶化劳动条件，有时还会影响焊接接头金属的性能，应用时要全面权衡利弊。在生产中，只在焊接一些钢或某些高合金钢时才用预热来防止结晶裂纹。

3）调整焊接顺序，降低拘束应力。焊接接头刚性越大，焊缝金属冷却收缩时受到的拘束应力就越大。在产品尺寸一定时，合理安排焊接顺序，对降低焊接接头的刚度、减小内变形有明显效果，从而可以有效防止结晶裂纹。图6-21所示的钢板拼接可选择不同的焊接顺序：方案Ⅰ是先焊焊缝1，后焊2、3；方案Ⅱ为先焊焊缝2、3，后焊1。方案Ⅰ，各条焊缝在纵向及横向都有收缩余地，内变形较小。方案Ⅱ，在焊接焊缝1时其横向和纵向收缩都受到上下两焊缝的限制，纵向收缩也较困难，很容易产生纵向裂纹。又如，锅炉管板上管束的焊接若采用同心圆或平行线的焊接顺序，会因刚度大而导致开裂，而采用放射交叉式的焊接顺序就可获得较好的效果（图6-22）。

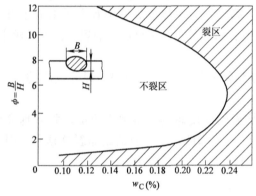

图6-20　碳钢焊缝的成形系数与结晶裂纹的
关系（$w_{Mn}/w_s \geq 18$　$w_S = 0.02\% \sim 0.025\%$）

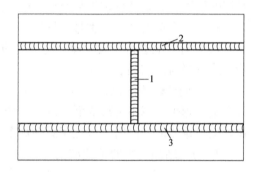

图6-21　钢板拼接

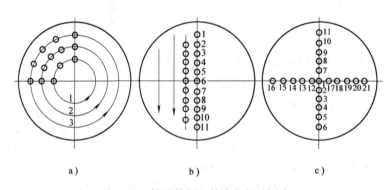

图6-22　锅炉管板上管束的焊接顺序
a）同心圆式（不好）　b）平行线式（不好）　c）放射交叉式（好）

上面结合影响结晶裂纹的因素介绍了一些主要的防止结晶裂纹的措施。生产中的实际情况比较复杂，必须根据具体条件（材料、产品结构、技术要求、工艺条件等）抓住主要问题，才能做到有针对性地采取措施。目前，结晶裂纹的形成与扩展规律已基本被人们所掌握，并在钢种设计、冶炼与焊接材料设计制造中采取了必要措施。因此，在焊接低碳钢和低合金可焊钢种时，只要做到选材正确、工艺合理和检验严格，结晶裂纹是完全可以避免的。

第四节　焊接冷裂纹

焊接接头冷却到较低温度（对于钢来说在 Ms 温度以下）时产生的焊接裂纹，称为冷裂纹。由冷裂纹所造成的事故约占裂纹引发事故中的90%。本节主要讨论氢致冷裂纹。

一、冷裂纹的特征

冷裂纹的特征是由其产生的条件与形成原因所决定的，因此，其特征可以作为判断裂纹性质的主要依据。

（1）冷裂纹形成的温度　冷裂纹形成的温度较低，对钢材来说大体在 $-100 \sim 100℃$ 之间，具体温度随母材与焊接条件的变化而不同。

（2）产生冷裂纹的材料　冷裂纹多产生于有淬硬倾向的低合金高强度钢以及中碳钢、高碳钢的焊接接头中。裂纹大多在热影响区，通常起源于熔合区，有时也出现在高强度钢或钛合金的焊缝中。

（3）冷裂纹的延迟性　冷裂纹有些在焊接过程中或焊后立即出现，但较多的是在焊后延续一段时间才产生。延迟的时间可能是几小时、几天或几十天。一般把有延时现象的裂纹称为延迟裂纹。

（4）断口及分布特征　冷裂纹的断口具有脆性断裂的特征，表面有金属光泽。在显微镜下可以看到裂纹多起源于粗大奥氏体的晶界相交处。与热裂纹不同的是，冷裂纹常常是晶间与晶内断裂的组合，有的裂纹沿晶界扩展，也有的是穿晶扩展（图6-23）。

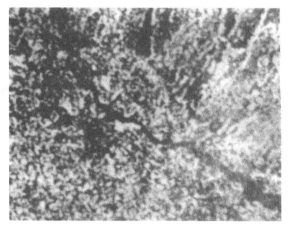

图 6-23　15MnVN 钢焊接接头冷裂纹的显微照片

根据分布特点，冷裂纹可以分为四种类型。

（1）焊道下裂纹　焊道下裂纹是在靠近堆焊道的热影响区所形成的焊接冷裂纹。走向与熔合线方向大体平行（图6-24），一般不显露于焊缝表面。裂纹产生的部位没有明显的应力集中，也无大的收缩应力，但晶粒明显粗化。

（2）焊趾裂纹　焊缝表面与母材交界处称为焊趾。在应力集中的焊趾处所形成的焊接冷裂纹即为焊趾裂纹（图 6-24）。裂纹一般向热影响区粗晶区扩展，有时也扩展到焊缝，图 6-25 所示为焊趾裂纹的照片。

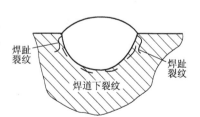

图 6-24　焊道下裂纹及
焊趾裂纹

（3）焊根裂纹　沿应力集中的焊缝根部所形成的焊接冷裂纹称为焊根裂纹。裂纹从焊根开始，可能在热影响区粗晶区开裂，也可能出现于焊缝中。图 6-26 所示为焊根裂纹的照片。

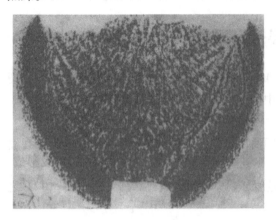

图 6-25　焊趾裂纹的照片

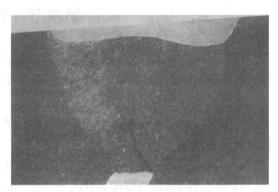

图 6-26　焊根裂纹的照片

焊趾裂纹与焊根裂纹均属于缺口裂纹，缺口处应力集中严重，裂纹容易产生也容易扩展。

（4）横向裂纹　横向裂纹沿垂直焊缝长度方向扩展，起源于熔合线，扩展到焊缝和热影响区。当扩展到母材时，会引起整体断裂。

二、形成冷裂纹的基本因素及其影响因素

大量实验研究结果证明，冷裂纹的产生是扩散氢、淬硬组织及拘束应力三者共同作用的结果，通常称之为形成冷裂纹的三要素。

1. 扩散氢的作用

扩散氢是指以原子或质子形式存在于金属晶格中，而且由于其半径很小能够在金属中自由扩散的氢。

焊接结束后，焊缝中氢分布均匀，在热应力和相变应力作用下金属中出现一些微观缺陷，氢开始向缺陷前沿高应力部位迁移。焊缝中氢平均浓度越高，则迁移的氢数量越多，迁移速度也越高。当氢聚集到发生裂纹所需的临界浓度时，便开始产生微裂。由于裂纹尖端的应力集中，促使氢进一步向尖端高应力区扩散，导致裂纹扩展。

实验结果表明，随着焊缝中扩散氢量的提高，冷裂纹数量增加，而且扩散氢还影响延迟裂纹延时的长短，扩散氢越高，延时越短。

2. 焊接接头中淬硬组织的影响

焊接接头中形成的淬硬组织越多，组织本身的硬度越高，韧性越低，就越容易产生冷裂纹。

马氏体是典型的淬硬组织，在焊接条件下，过热区在加热时晶粒严重粗化，快速冷却后转变为粗大硬脆的马氏体。马氏体的数量取决于钢的淬透性，而其硬度取决于钢中碳的质量分数，碳的质量分数越高，马氏体的硬度越高，韧性越低，越易产生冷裂纹。当钢材一定时，焊接接头的组织则随冷却速度而变化。钢中各种组织对冷裂纹的敏感程度大致按下列顺序递增：

铁素体或珠光体→贝氏体→板条状马氏体→马氏体+贝氏体→针状马氏体

马氏体对冷裂纹的影响除了因本身的脆性使裂纹容易扩展外，还与马氏体转变中晶格缺陷较多有关。这些缺陷集中的部位往往成为裂纹的起源，对冷裂纹的形成起促进作用。

3. 焊接接头的拘束应力

焊接接头的应力包括因局部加热而产生的热应力、相变应力和结构的几何因素所决定的内应力。这三种应力都是不能完全避免的，总称为拘束应力。拘束应力在形成冷裂纹的过程中起着决定性的作用。在其他条件一定时，拘束应力在达到一定数值时就会产生裂纹。

上述三要素在不同条件下，起主要作用的因素不同。例如，焊道下裂纹产生的部位应力较小，开裂主要起作用的因素是扩散氢与粗大的淬硬组织；焊趾裂纹与焊根裂纹所处的位置都有明显的应力集中，由应力集中产生的高应力往往是开裂的主要原因，即使扩散氢含量不高时也易产生冷裂纹。

形成冷裂纹的三个要素的作用又是相互联系、相互制约的，在形成冷裂纹的过程中有着叠加的关系。例如，当焊缝中扩散氢含量一定时，应力越大，开裂的延时越短，应力大到一定程度时立即断裂，没有延时现象；而当应力低于一定值时，延时无限延长，不发生开裂。反之，当应力水平一定时，扩散氢含量越高，开裂延时越短。这种规律的出现主要与氢的扩散有关。

当扩散氢含量与应力水平一定时，是否会产生冷裂纹则取决于焊接接头的组织。也就是说，如果焊接接头是硬脆的组织，在扩散氢含量或应力水平较低时就会开裂，而且延迟的时间也短。因此，淬硬倾向较大的钢对冷裂纹更为敏感。

三、防止冷裂纹产生的措施

根据形成冷裂纹的三要素及其产生的条件，防止冷裂纹产生一般采取以下措施：

1. 选用低碳钢材

母材的化学成分不仅决定了其本身的组织与性能，而且决定了所用的焊接材料，因而对焊接接头的冷裂纹敏感性有决定性作用。近年来，国内外先后研制了一批不同强度等级的低裂纹敏感性的钢种（如 CF 系列）。这些钢的共同特点是其碳的质量分数很低（一般 $w_C \leqslant 0.10\%$），并采用多种元素提高淬透性。例如，屈服强度 ≥490MPa 的 WCF62 钢，当板厚不太大时，焊前不预热也不会产生冷裂纹。

2. 严格控制氢的来源

1）选用优质焊接材料（如超低氢型焊条）或低氢的焊接方法（如 CO_2 气体保护焊或氩弧焊）。目前，对各种强度级别的钢都有配套的焊条、焊丝和焊剂，基本可满足生产需求。

2）严格按规定对焊接材料进行烘焙及焊前清理。

3. 焊前预热

焊前预热可以降低冷却速度，从而改善焊接接头组织，降低拘束应力，避免淬硬组织，并有利于扩散氢的释出，是防止冷裂纹的有效措施。

焊前预热温度选取要考虑钢材的强度等级、坡口形式、环境温度等因素，最终预热温度是根据被焊金属材料的实验结果进行确定的。

4. 选用低氢、高塑性焊条

不同类型焊条的焊缝金属中，其扩散氢含量是不同的，其塑性指标亦有差别，预热温度应随之改变。焊缝中扩散氢含量越低，预热温度越低。例如，用低氢型或超低氢型焊条焊接高强度钢，可以降低预热温度，同时焊缝金属又有优良的塑性。用奥氏体钢焊条焊接时，焊缝中的扩散氢含量最低，在焊接高强度钢时可以不预热。因此，用奥氏体钢焊条焊接某些对冷裂纹特别敏感的中合金钢、低合金钢，可以较好地防止冷裂纹。这种办法多用于零件的补焊。

5. 焊后热处理

焊后进行不同的热处理可分别起到消除扩散氢，降低和消除残余应力，改善组织或降低硬度等作用。为了防止冷裂纹，常用的热处理措施是消氢处理和消除应力退火。只有淬硬倾向大的钢（如中碳调质钢），为了全面满足产品质量的要求，应采用焊前退火，焊后进行淬火+回火的热处理措施。

6. 降低焊接接头的拘束应力

拘束应力的降低将有效地减少冷裂纹的发生。通过在结构设计中选择合理的焊接工艺可以减少拘束应力。

总之，防止冷裂纹可以从多方面采取措施。目前比较一致的看法认为，最根本的措施是选用冷裂纹敏感性比较低的母材。当然，在强调化学成分的同时，也不能忽视工艺条件、产品几何尺寸等因素的作用。在钢铁材料一定的条件下，焊接工艺是否正确往往会起到决定性作用。

第五节 其他焊接裂纹

一、高温液化裂纹

在焊接过程中的焊接热循环峰值温度作用下，在母材近缝区与多层焊的层间金属中，由于低熔点共晶体（或低熔点化合物）被加热熔化，在一定收缩应力作用下沿奥氏体晶界产生的开裂称为高温液化裂纹（图6-27）。

高温液化裂纹与结晶裂纹一样，都属于与液体薄膜有关的高温裂纹。但高温液化裂纹产生的部位是在近缝区或多层焊的层间，在正常情况下这些部位应该保持固态，所以导致高温液化裂纹的局部熔化属于不正常的熔化。高温液化

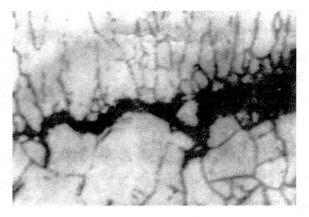

图6-27 高温液化裂纹照片

裂纹产生的部位峰值温度稍低于固相温度，因而其形成温度比结晶裂纹低。从钢材的化学成分看，高温液化裂纹主要产生于低锰、高镍的合金钢中。

高温液化裂纹的产生主要与低熔点物质的偏析和过热有关，因此，钢中碳、硫的含量就有一定的影响。当碳和硫含量都很低时，即使含镍量较高也不会产生高温液化裂纹；反之，低碳钢中碳、硫的含量偏高且偏析明显时，也有可能出现高温液化裂纹。

高温液化裂纹主要产生在热影响区或层间金属的过热区，常会出现于过热比较明显的熔合线凹进的地方（图6-28）。凹进度越大，高温液化裂纹出现的概率越高。

高温液化裂纹和结晶裂纹虽然都与局部液化和应力有关，但因产生的位置不同，应力状态不同。热影响区与层间金属在整个焊接过程中宏观上始终保持为固态，应力应是加热与冷却过程中应力的叠加，受力情况更为复杂。因此，在单道焊时并未出现结晶裂纹的焊缝金属，在相同焊接条件下进行多层焊时，作为层间金属却出现了高温液化裂纹。

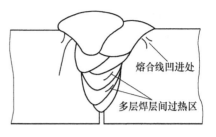

图 6-28 出现高温液化裂纹的部位

防止高温液化裂纹，主要采取以下措施。

（1）选用对高温液化裂纹敏感性较低的母材 可选用含碳、硫、磷和镍较低，并有较高 Mn/S 值的母材。对含镍的低合金钢，Mn/S 值最好大于 50；含镍较高的钢，则应严格限制杂质含量。

（2）减小焊缝的凹度 实验表明，当焊缝断面呈蘑菇状时，在凹入处很容易产生微小的裂纹，而且裂纹产生的概率随凹度 d 的增加而增加。凹度 d 的大小与焊接方法及焊接参数有关。埋弧焊和气体保护焊的焊缝横截面多呈蘑菇状（也称指状），而且电流越大就越明显。

为了减小焊缝的凹度，可采用焊条电弧焊盖面或将焊丝倾斜等方法（图6-29）。

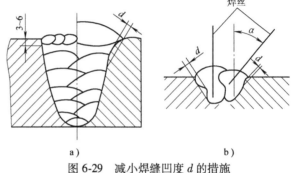

a)   b)

图 6-29 减小焊缝凹度 d 的措施
a）焊条电弧焊盖面 b）焊丝倾斜一定角度

（3）采用较小的热输入 母材过热往往是产生高温液化裂纹的重要原因之一，降低热输入可以减少高温液化裂纹产生的倾向。但对一些高温液化裂纹敏感性强的金属，仅依靠调整热输入并不能解决根本问题，只有同时减小焊缝凹度或提高母材的纯度，才能有效地防止高温液化裂纹。

二、再热裂纹

焊后焊件在一定温度范围内再次加热时，由于高温和残余应力的共同作用而产生的晶间裂纹，称为再热裂纹。

有关再热裂纹的报道，国外最早见于 20 世纪 60 年代初。国内在 20 世纪 70 年代初，用进口 BHW-38 钢制造的厚壁锅炉气包，在进行消除应力退火后，也发现了再热裂纹，随着焊接结构的大型化，为了防止残余应力对产品安全运行的不利影响，大都要求焊后进行消除应力处理。为此，防止再热裂纹的问题引起国内外焊接工作者的高度重视。

1. 再热裂纹的特征

1）产生于焊后在一定温度范围再次加热的条件下。对于一般低合金高强度钢，最易产生再热裂纹的温度范围为 500~700℃ 之间，在这一温度区间裂纹产生概率最高而且开裂所需的时间最短，因此，再热裂纹多产生于焊后进行消除应力退火的条件下。

2）再热裂纹大部分产生在熔合区附近的粗晶区，有时也可能产生于焊缝中，具有典型的晶间开裂性质。裂纹沿原奥氏晶界扩展，终止在细晶区（图 6-30）。

3）再热裂纹的产生与大的残余应力有必然的联系，因此，常见于刚性大的大型产品上应力集中的部位（图6-31中的*A*，*B*）。

图 6-30　再热裂纹沿晶界开裂情况

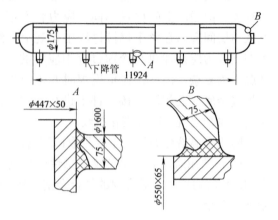

图 6-31　气包示意图及再热裂纹产生的部位

4）与母材的化学成分有直接关系。含有 Cr、Mo、V 等沉淀强化元素的钢对再热裂纹比较敏感，而且上述元素的含量越高，对再热裂纹敏感性越强。

2. 再热裂纹产生的原因

根据再热裂纹产生的特征可以看出，它的产生与应力状态、母材的化学成分及加热条件有关。

存在残余应力的构件，在温度升高时，应力逐渐下降，最终消失。与此同时，与应力成正比的弹性变形转化为塑性变形。残余应力值越高，塑性变形的增加量越大。这个塑性变形就是产生再热裂纹的作用力。

含有沉淀强化元素的合金钢，焊接过程中，过热区加热到1300℃以上的高温，钢中的沉淀强化相溶入奥氏体中，并保持到冷却以后，再次加热时，强化相重新在晶内析出，使晶内抵抗塑性变形的能力提高而强化。结果，所增加的塑性变形集中在晶界，当变形量超过晶界的变形能力时，就形成了沿晶界开裂的裂纹。

3. 防止再热裂纹的措施

防止再热裂纹主要从选材和降低过热区应力水平两方面入手。

（1）选用对再热裂纹敏感性低的母材　在制造焊后必须进行消除应力退火的结构时，应选用对再热裂纹敏感性低的母材，最好选用沉淀强化元素含量低，而且杂质较少的材料。

（2）选用低强度、高塑性的焊接材料　再热裂纹多发生在过热区的应力集中部位，这是因为这些部位在再热过程中产生较大蠕变，同时晶界强度又低。如果能使蠕变集中在体积较大而塑性又高的焊缝，就可以防止再热裂纹的产生。采用强度较低、塑性较高的焊接材料就可以满足这一要求，但这一措施只有当焊缝强度足够时才可应用。

（3）控制结构刚性与焊接残余应力　通过改进焊接接头的形式可以降低结构的刚性，从而防止再热裂纹。

（4）工艺方面的措施　有以下几个方面。

1）预热。预热是防止再热裂纹的有力措施之一，在 200 ~ 450℃ 温度范围内预热可以取得较好的效果。为了防止再热裂纹，应将原定的预热温度适当提高。

2）焊后及时进行后热。后热可以起到与预热相同的效果，并可降低预热温度。以

18MnMoNb 钢为例，为防止冷裂纹及再热裂纹，则应将预热温度 t_0 提高到 230℃。如果在焊后及时进行 180℃×2h 后热，则 t_0 可降低到 150℃。

3）控制热输入。热输入对再热裂纹的影响比较复杂，与钢种的化学成分、热影响区状态和残余应力的分布等因素有关。对于条件一定的具体结构而言，一般的规律是增大热输入，可以降低冷却速度，减少残余应力，使再热裂纹产生的倾向减小。但热输入过大，则会使热影响奥氏体晶粒粗化，反而使再热裂纹产生的倾向增大。

三、层状撕裂

层状撕裂是指焊接时在焊接构件中沿钢板轧层形成的呈阶梯状的一种裂纹，如图 6-32 所示。

图 6-32　层状撕裂照片

1. 层状撕裂的特征及形成原因

（1）层状撕裂的特征　层状撕裂多发生在轧制厚板的角接头、T 形接头或十字接头的热影响区及其附近的母材中。有时也见于厚板的对接接头（图 6-33）。开裂沿母材轧制方向平行于钢板表面扩展为裂纹平台，平台之间由与板面垂直的剪切壁连接而成阶梯形。

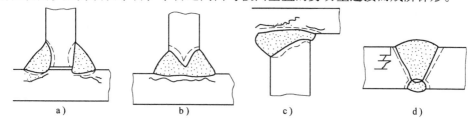

a)　　　　　　　b)　　　　　　　c)　　　　　　　d)

图 6-33　各种接头的层状撕裂
a）T 形接头　b）深熔 T 形接头　c）角接头　d）厚板对接接头

层状撕裂产生的位置有些在热影响区内，也有些在热影响区以外的母材上，但都发生在焊接结构件上，因此属于焊接缺陷。工程中最常见的是热影响区内的层状撕裂，其中有一部分是由焊趾或焊根的冷裂纹诱发而成的。

层状撕裂一般发生在钢板内部，不易发现，而且即使发现修复也十分困难，往往会造成严重的损失。

（2）层状撕裂产生的原因　层状撕裂属于低温开裂，它的产生与钢的强度并无直接关系。但几乎所有的层状撕裂的裂纹平台部位都发现不同种类的夹杂物。说明层状撕裂产生的根本原因是钢中存在的夹杂物，其中以硫化物夹杂更为常见。钢中的夹杂物在轧制过程中被轧成片状，平行于钢板表面沿轧制方向分布，大大削弱了钢板在厚度方向（Z 向）的力学性能，特别是 Z 向的断面收缩力 ψ_z 大为降低。

厚板结构的 T 形接头、角接头在冷却收缩时，会产生垂直于板面（Z 向）的拉应力与拉伸变形。同时由于板厚较大，在板厚方向又存在温度差，这个温差使 Z 向的拉应力和变形增大，而形成了产生层状撕裂的力。如果 Z 向拉应力作用在片状夹杂物两侧，就会形成层状撕裂。

2. 防止层状撕裂的措施

（1）控制夹杂物　主要是控制硫化物夹杂。片状夹杂物是钢中原有的夹杂物经轧制后形成的。所以钢中夹杂物越少，形成片状夹杂物的可能性就越小。最根本的办法是降低钢中的含硫量并加入微量 V、Nb、Ti 等元素使夹杂物破碎、球化。我国研制的抗层状撕裂钢 D36（船用结构钢）就是根据上述原理设计的。

（2）防止母材脆化　焊接接头中可能出现的过热区脆化、应变时效脆化及氢脆等都将会降低母材的变形能力和对裂纹扩散的阻力，使层状撕裂敏感性增加。因此，当结构形式有产生层状撕裂的可能时，应尽量避免选用淬硬倾向大的钢材，并在焊接过程中采取预热、后热和控制层间温度等措施来控制冷却速度。

（3）设计和工艺上的措施　设计和工艺采取措施的主要目的是尽可能降低 Z 向拉应力和应力集中。

1）尽量选用双侧焊缝，避免单侧焊缝，可以使焊根的应力分布均匀并减小应力集中，如图 6-34a 所示。

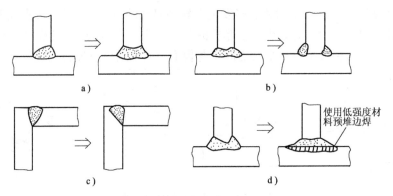

图 6-34　防止层状撕裂所采用的设计与工艺措施

2）在强度允许的条件下，尽量以焊接量较小的对称角焊缝取代全焊透的焊缝，从而减小熔化金属量和收缩应力，如图 6-34b 所示。

3）将坡口开在承受 Z 向拉应力的一侧，如图 6-34c 所示。

4）可在 T 形接头的横板表面预先堆焊一层低强度高塑性金属，以防止出现焊根裂纹，并可缓解作用在横板上部分 Z 向的拉应力，如图 6-34d 所示。

【史海探析——泰坦尼克号】　1909 年 3 月 31 日泰坦尼克号（图 6-35）开始建造，1912 年 4 月 10 日从英国南安普敦港出发，向着计划中的目的地美国纽约，开始了"梦幻客轮"的处女航。泰坦尼克号被认为是一个技术成就的杰作。它有两层船底，带 15 道自动水密门隔墙，其中任意 2 个隔舱灌满了水，它仍能行驶，4 个隔舱灌满了水，也可以保持漂浮状态。在当时被认为是"根本不可能沉没的船"。1912 年 4 月 14 日晚 11 点 40 分，泰坦尼克号在北大西洋撞上冰山，仅2小时40分钟后就沉没了，造成了当时最严重的一次航海事故。关于泰坦尼克号迅速沉没的原因有多种，其中之一就是：当时的炼钢技术并不十分成熟，炼出的钢铁按现代的标准根本不能造船。泰坦尼克号上所使用的钢板含有许多化学杂质硫化锌，再加上长期浸泡在冰冷的海水中，使得钢板更加脆弱。因此，即使设计先进，也未能防止它的沉没。

图 6-35　泰坦尼克号

📖 本章小结

本章阐述了常见的焊接冶金缺陷，包括气孔及夹杂、结晶裂纹、冷裂纹、高温液化裂纹、层状撕裂等。重点介绍了上述焊接冶金缺陷的特征、产生的原因，分析焊接冶金缺陷影响因素，得出预防焊接冶金缺陷的措施。通过本章学习，可以帮助我们在编制工艺时，根据母材与结构特点，对可能出现的焊接缺陷提出一些预防办法，并在焊接工艺中予以体现；另一方面，在产品出现缺陷时，可以利用这些知识对缺陷的性质及产生原因进行初步分析、确认，提出对焊接工艺的改进意见。

习题与思考题

一、名词解释

1. 气孔　2. 夹杂物　3. 结晶裂纹　4. 冷裂纹　5. 高温液化裂纹　6. 层状撕裂

二、填空题

1. 焊接工艺缺陷有_____、_____、_____。

2. 按生成气孔的气体分类，气孔分为_____、_____、_____。

3. 按裂纹生成温度分类，焊接裂纹分为_____和_____。

4. 按裂纹产生的原因分类，裂纹分为_____、_____、_____、_____等。

5. 母材表面的_____、_____、_____以及焊接材料中的水分都是导致气孔形成的重要因素。

6. 焊缝金属的_____、_____以及气体在金属中溶解度的变化都会影响气孔的产生。

7. 使用_____电最容易产生气孔。

8. 形成冷裂纹的因素有_____、_____、_____。

三、判断题

1. 结晶裂纹是冷裂纹的一种。 （　　）
2. 一氧化碳气孔是冶金反应过程中产生 CO 气体来不及从熔池逸出形成的。 （　　）
3. 氢气孔断面为螺钉状，内壁光滑，上大下小呈喇叭孔形。 （　　）
4. 碳含量增加，焊缝结晶裂纹产生的倾向加大。 （　　）
5. 低塑性脆化裂纹是由于材料的塑性较低形成的。 （　　）
6. 焊缝夹杂物的存在会使结构材料塑性、韧性降低。 （　　）
7. S、P 含量增加会导致焊缝中低熔点共晶物的增加。 （　　）
8. 要想减少焊接中氢气孔必须严格控制焊材中水分的含量。 （　　）
9. 交流焊时，氢气孔产生的倾向较大。 （　　）
10. 层状撕裂主要发生在对接接头中。 （　　）

四、选择题

1. 熔渣的氧化性增加，形成（　　）气孔的可能性增加。
   A. 氢气孔   B. 氮气孔   C. 一氧化碳气孔   D. 氧气孔

2. 结晶裂纹属于（　　）裂纹。
   A. 热裂纹   B. 高温液化裂纹   C. 冷裂纹   D. 氢致延迟裂纹

3. 氮化物夹杂主要以（　　）存在。
   A. Fe_3N B. Fe_4N C. FeN D. Fe_2N

4. 表面有金属光泽，在显微镜下裂纹起源与粗大奥氏体的交界处的裂纹是（　　）。
   A. 热裂纹   B. 高温液化裂纹   C. 冷裂纹   D. 氢致延迟裂纹

5. （　　）是典型的淬硬组织。
   A. 奥氏体   B. 铁素体   C. 马氏体   D. 贝氏体

6. 焊后焊件在一定温度范围内再次加热时，产生的裂纹是（　　）。
   A. 热裂纹   B. 高温液化裂纹   C. 冷裂纹   D. 氢致延迟裂纹

7. 钢中存在的夹杂物将会导致（　　）。
   A. 热裂纹   B. 高温液化裂纹   C. 层状撕裂   D. 氢致延迟裂纹

8. 焊前预热是防止（　　）的最有效措施。
   A. 热裂纹   B. 高温液化裂纹   C. 层状撕裂   D. 延迟裂纹

五、简答题

1. 形成气孔的气体来自哪里？
2. 防止气孔的措施有哪些？
3. 防止焊缝中夹杂物的措施有哪些？
4. 形成结晶裂纹的原因是什么？
5. 防止结晶裂纹的冶金措施有哪些？
6. 防止冷裂纹的措施有哪些？

六、课外交流与探讨

为什么低合金高强度钢焊接时容易出现冷裂纹，一般应采用哪些措施防止？

参 考 文 献

［1］张连生．金属材料焊接［M］．北京：机械工业出版社，2004．

［2］丁建生．金属学与热处理［M］．北京：机械工业出版社，2004．

［3］伍千思．中国钢及合金实用标准牌号1000种［M］．北京：中国标准出版社，2007．

［4］全国钢标准化技术委员会．GB/T 228.1—2010金属材料 拉伸试验 第1部分：室温试验方法［S］．北京：中国标准出版社，2010．

［5］中国机械工程学会焊接学会．焊接手册（2）材料的焊接［M］．3版．北京：机械工业出版社，2014．

［6］陈祝年．焊接工程师手册［M］．2版．北京：机械工业出版社，2010．

［7］毛卫民．金属材料结构与性能［M］．北京：清华大学出版社，2008．

［8］余永宁．材料科学基础［M］．北京：高等教育出版社，2006．

［9］孙茂才．金属力学性能［M］．哈尔滨：哈尔滨工业大学出版社，2003．

［10］刘瑞堂．工程材料性能［M］．哈尔滨：哈尔滨工业大学出版社，2001．

［11］杨跃，扈成林．电弧焊技能项目教程［M］．北京：机械工业出版社，2013．

［12］杜力，王英杰．机械工程材料［M］．北京：机械工业出版社，2014．

［13］吴志亚．走进焊接［M］．北京：机械工业出版社，2015．

［14］劝洪军．金属熔焊原理［M］．2版．北京：机械工业出版社，2016．

［15］王英杰．金属工艺学［M］．2版．北京：机械工业出版社，2016．